Andreas Gruschke

Neulanderschließung in
Trockengebieten der Volksrepublik China
und ihre Bedeutung für die Nahrungsversorgung
der chinesischen Bevölkerung

MITTEILUNGEN
DES INSTITUTS FÜR ASIENKUNDE
HAMBURG

-------------------------------------- Nummer 194 --------------------------------------

Andreas Gruschke

Neulanderschließung in Trockengebieten der Volksrepublik China

und ihre Bedeutung für die Nahrungsversorgung der chinesischen Bevölkerung

Hamburg 1991

Redaktion der Mitteilungsreihe des Instituts für Asienkunde:
Dr. Brunhild Staiger

Gesamtherstellung: Lit Verlag, Münster-Hamburg
Textgestaltung: Wiebke Timpe

ISBN 3-88910-087-2
Copyright Institut für Asienkunde
Hamburg 1991

**VERBUND STIFTUNG
DEUTSCHES ÜBERSEE-INSTITUT**

Das Institut für Asienkunde bildet mit anderen, überwiegend regional ausgerichteten Forschungsinstituten den Verbund der Stiftung Deutsches Übersee-Institut.

Dem Institut für Asienkunde ist die Aufgabe gestellt, die gegenwartsbezogene Asienforschung zu fördern. Es ist dabei bemüht, in seinen Publikationen verschiedene Meinungen zu Wort kommen zu lassen, die jedoch grundsätzlich die Auffassung des jeweiligen Autors und nicht unbedingt des Instituts für Asienkunde darstellen.

Inhaltsverzeichnis

Verzeichnis der Abbildungen	8
Verzeichnis der Tafeln (Tafeln nach S.112)	9
Verzeichnis der Tabellen	10
Liste der Abkürzungen	12
Vorwort	13
Einleitung	17

A.	**Einführung in die Thematik**	19
A.1	Zur Forschungsfrage und zum Stand der Forschung über Neulanderschließung und ihre Probleme in Chinas Trockengebieten	19
A.1.1	Stand der Forschung in der Volksrepublik China	21
A.1.2	Stand der Forschung in der westlichen Welt	23
A.2	Theoretische Grundlagen und inhaltliche Schwerpunkte	25
A.2.1	Welternährungsprobleme	26
A.2.2	Die Ernährungsprobleme in China	27
A.2.3	Ansätze zur Lösung der Ernährungsprobleme	31
A.2.4	Die chinesische Auffassung von Unterentwicklung und die entwicklungstheoretische Beleuchtung der wichtigsten in China getroffenen entwicklungspolitischen Maßnahmen und Ergebnisse	33
A.3	Zusammenfassung der Fragestellungen der vorliegenden Arbeit	37
A.4	Neulanderschließung als Mittel zur Nahrungssicherung einer wachsenden Bevölkerung? Zehn Arbeitsthesen als Ausgangspunkt	38
B.	**Das Untersuchungsgebiet: Die Trockengebiete der VR China**	40
B.1	Abgrenzung des ariden und semiariden Raumes Chinas	40
B.2	Naturräumliche Gliederung der chinesischen Trockengebiete	44
B.3	Agrarpotential und Gliederung der Wirtschaftsräume	47
B.4	Bevölkerungsdichte und Ackerflächen der Trockengebiete	50
C.	**Neulanderschließung als ein Weg aus dem Nahrungsproblem?**	53
C.1	Ziele und Aufgaben der Neulanderschließung in China	53
C.2	Neulanderschließungsprojekte in Trockengebieten Chinas - Fallbeispiele	57
C.2.1	Xinjiang - Ziel chinesischer Agrarkolonisation seit der Seidenstraßen-Blüte	57
C.2.1.1	Die Manas-Region als chinesisches Modell einer durch Neulanderschließung ausgelösten integrierten ländlichen Entwicklung	59
C.2.1.2	Das Tarim-Becken: Exzessive Erschließung eines überschätzten Landnutzungspotentials in den Randbereichen der Wüste Taklimakan	69

C.2.1.3	Landgewinnung am Keriya Darya (Oase Yutian): Neulanderschließung im landwirtschaftlichen Rückzugsgebiet an der südlichen Seidenstraße	76
C.2.1.4	Zusammenfassende Beurteilung der in der AR Xinjiang vorgenommenen Neulanderschließungen	82
C.2.2	Neulanderschließung in der Inneren Mongolei: Auf dem schwierigen Weg zur Harmonisierung von Ackerbau und Viehzucht	86
C.2.2.1	Hulunbuir: Umwandlung bester Weidegründe in schlechtes Ackerland	88
C.2.2.2	Erschließungsmaßnahmen in anderen innermongolischen Weidegebieten	91
C.2.2.3	Bewertung der Erschließungstätigkeiten in der Inneren Mongolei und Schlußfolgerungen	95
C.2.3	Tibet - das extremste Hochland der Welt: Keine Chance für Ackerbau?	100
C.2.3.1	Das Qaidam-Becken in Qinghai: Entwicklung einer bescheidenen Landwirtschaft zur Grundversorgung einer jungen industriellen Bevölkerung	101
C.2.3.2	Staatsfarmen in der AR Xizang (Tibet): Landwirtschaftspolitik als Mittel staatlicher Herrschaftssicherung	107
C.2.3.3	Die Entwicklung der Ernährungssituation in Tibet seit Beginn der chinesischen Einflußnahme	112
C.3	Bilanz der ersten drei Jahrzehnte Neulanderschließung in den chinesischen Trockengebieten	115
C.3.1	Nationale Anstrengungen um Erweiterung der Getreideanbaufläche	115
C.3.2	Erörterung der durch die Agrarkolonisation neu geschaffenen Probleme	115
C.3.3	Maßnahmen zur Wiederherstellung des ökologischen Gleichgewichts und zur Konsolidierung der Neulanderschließungsprojekte	118
C.4	Umsetzung der Konsolidierungsmaßnahmen - aufgezeigt an einigen Fallbeispielen	120
C.4.1	Meliorierung primär versalzter Böden durch die Staatsfarm Nr.29	120
C.4.2	Eindämmung der Desertifikation: Sandbefestigungen in den Wüsten des Gansu-Korridors	123
C.4.3	Einführung neuer Bewässerungsmethoden in der Dsungarei	128
C.4.4	Verbesserung der Bodenfruchtbarkeit auf der Staatsfarm Nr.43	131
C.4.5	Diversifizierung und Spezialisierung der Staatsfarmen	136
C.4.6	Integrierte regionale Planung der Neukulturen	138
C.4.7	Veränderung des Bodennutzungssystems: Aufgabe des Getreideanbaus auf der Staatsfarm Nr.28	141
C.4.8	Administrative Maßnahmen: Einführung des "Systems der Produktionsverantwortlichkeit"	141
C.5	Evaluierung der Fallbeispiele: Hoffnungsvolle Ansätze zur Konsolidierung eines angeschlagenen Agrarökosystems	143

D.	**Der Beitrag der Neulanderschließung zur Verbesserung der Ernährungslage in China**	148
D.1	Allgemeine Entwicklung der Ernährungslage	148
D.1.1	Ernährungslage in China vor 1949: Hungersnöte trotz annähernd ausgeglichenem Verhältnis zwischen Bevölkerungswachstum und Nutzflächenerweiterung	148
D.1.2	Entwicklung der Ernährungslage seit 1949: Trend zur Verbesserung der Nahrungsmittelversorgung trotz Bevölkerungsexplosion	149
D.1.3	Situationsbild der Ernährungslage zu Ende der 80er Jahre: Gesicherte Nahrungsversorgung einer mäßig anwachsenden Bevölkerung	150
D.2	Der Beitrag der in den chinesischen Trockengebieten vorgenommenen Neulanderschließungen zur Nahrungsversorgung der Bevölkerung	151
D.2.1	Die Größe der landwirtschaftlichen Nutzfläche in der VR China: Anmerkungen zu einer kaum diskutierten Verwirrung um die Angaben über die in China zur Verfügung stehende Ackerfläche	152
D.2.2	Kriterien zur Einschätzung von Erfolg oder Mißerfolg von Neulanderschließungen	157
D.2.3	Kurze Zusammenfassung der Ergebnisse der Neulanderschließung in den Trockengebieten Chinas	159
D.2.4	Auswirkung der Neulanderschließungen auf die Ernährungslage Chinas	160
D.3	Überprüfung der Arbeitshypothesen und Ausblick	164
Anmerkungen		169
Anhang:	Statistische Materialien	187
	Klimadiagramme	199
LIT 1:	Literatur	201
LIT 1.1	Zeitschriften	201
LIT 1.2	Bücher und Aufsätze	202
LIT 2:	Abbildungs- und Kartennachweis	223
LIT 2.1	Abbildungsnachweis (Satellitenbilder)	223
LIT 2.2	Kartennachweis	223
Summary in English		224
Übersichtskarte		228

Verzeichnis der Abbildungen

Abb.1:	Trocken- und feuchtklimatische Regionalisierung der VR China	41
Abb.2:	Ariditätskarte Chinas	42
Abb.3:	Verlauf der 200-mm- und 400-mm-Jahresisohyeten in China	43
Abb.4:	Verteilung der in der Neulanderschließung tätigen Staatsfarmen in den chinesischen Trockengebieten (1980)	55
Abb.5:	Die Autonome Region Xinjiang	58
Abb.6:	Die Erschließungsgebiete entlang des Tarim He (Xinjiang)	70
Abb.7:	Keriya-Flußgebiet	79
Abb.8:	Verwaltungsgliederung und die wichtigsten naturräumlichen Einheiten der AR Innere Mongolei	87
	Abb.8a: Gebietsabtrennungen während der Kulturrevolution	87
Abb.9:	Bewässerungsfeldbau in Neulanderschließungsgebieten der Bünde Ju Ud und Jirem in der südöstlichen Inneren Mongolei	92
Abb.10:	Ulan-Buh-Wüste in der Inneren Mongolei	95
Abb.11:	Lage des Qaidam-Beckens im Nordteil der Provinz Qinghai	102
Abb.12:	Autonome Region Xizang (Tibet)	102
	Abb.12a: Zentral- und Westtibet	102
	Abb.12b: Lhasa	102
Abb.13:	Satellitenaufnahme des nördlichen Qaidam-Beckens um Lenghu	103
Abb.14:	Ackerbau-Oasen im Gansu-Korridor und Lage der Kreise Linze und Minqin	124
Abb.15:	Satellitenaufnahme des Hei He (Edsin Gol) und der Wüste Badain Jaran (Gansu/Innere Mongolei) vom 8. bzw. 20. Oktober 1975	126
Abb.16:	Schematischer Querschnitt durch ein für die ÜFB-Technik vorbereitetes Baumwollfeld (Staatsfarm Nr.130)	130
Abb.17:	Satellitenaufnahme der AR Ningxia vom 29.Juni 1976	140

Klimadiagramme von
    Ürümqi, Karamay, Altay, Kuqa, Hotan und Ruoqiang (Xinjiang);
    Hohhot, Xilinhot, Hailar (Innere Mongolei); Golmud (Qinghai);
    Lhasa und Gartok (Tibet)   199
Übersichtskarte   nach Seite 227

Verzeichnis der Tafeln

nach Seite 112

Tafel 1:	Flußtal des Tsangpo (Oberlauf des Brahmaputra)
Tafel 2:	Bewässerungskanäle und Felder bei Korla (Tarim-Becken)
Tafel 3:	Hoher Grundwasserstand führt zu Versalzung (bei Luntai/Tarim-Tal)
Tafel 4:	Wasser-Rückhaltebecken eines Erschließungsgebietes am Südrand des Tarim-Beckens (Distrikt Hotan)
Tafel 5:	Baumreihen schützen Felder und Verkehrswege vor Wind und Sand (Oase Yarkant, westliches Tarim-Becken)
Tafel 6:	In der Inneren Mongolei wurde die landwirtschaftliche Erschließung seit Gründung der VR China vor allem entlang der Bahnlinien vorangetrieben (Bund Xilin Gol)
Tafel 7:	Erosionslandschaft im Bund Ih Ju (bei Ejin Horo Qi/Innere Mongolei)
Tafel 8:	Ackerflächen im innermongolischen Kernland aus der chinesischen Agrarkolonisation im frühen 20. Jh. (Salaqi, rechtes Tumd-Banner)
Tafel 9:	Alluvialebene im südöstlichen Qaidam-Becken (zwischen Nomhon und Xiangride)
Tafel 10:	Oase Xiangride am Südostrand des Qaidam-Beckens
Tafel 11:	Lhasas Staatsfarm "Erster August". Weideflächen im Kyichu-Tal
Tafel 12:	Flugsanddünen bedrohen Ackerland in weiten Teilen der chinesischen Trockengebiete (Huang He im Kreis Zhongwei/Ningxia)
Tafel 13:	Bewässerungskanal der Oase Pishan (Guma/Xinjiang)
Tafel 14:	Sandbefestigungen in Dünenfeldern der Tengger-Wüste (bei Shapotou/ Ningxia)
Tafel 15:	Das über die Sanddünen gelegte Strohgeflecht soll den Sand der Tengger-Wüste fixieren (bei Shapotou/Ningxia)
Tafel 16:	Sandbefestigungen werden teilweise auch bewässert (Shapotou)
Tafel 17:	Die Spezialisierung auf Weinbau ist in Xinjiang weit verbreitet (Kreis Shanshan, Turpan-Senke)
Tafel 18:	Uigurische Bauern in der Oase Hotan (Tarim-Becken) bei der Ernte

Verzeichnis der Tabellen

Tab.1:	Übersicht über die Klimafaktoren in den Trockengebieten der VR China	46
Tab.2:	Bevölkerung der Trockengebiete Chinas	50
Tab.3:	Landwirtschaftliche Nutzfläche in der VR China	51
Tab.4:	Übersicht über die Neulanderschließungen im Manas-Gebiet	64
Tab.5:	Abflußmenge und Wasserqualität des Tarim	75
Tab.6:	Zusammenhang von Neulanderschließung und ökologischen Schäden entlang des Tarim-Flusses	76
Tab.7:	Entwicklung der Anbaufläche in Xinjiang	83
Tab.8:	Entwicklung der Ackerfläche in der Inneren Mongolei (1873-1985)	97
Tab.9:	Staatsfarmen in der AR Innere Mongolei	97
Tab.10:	Viehbestand, tierische und pflanzliche Produktion der Staatsfarmen in der AR Innere Mongolei	98
Tab.11:	Landwirtschaftliche Produktion in der Inneren Mongolei	99
Tab.12:	Ackerland in der Provinz Qinghai (1938-1986)	107
Tab.13:	Basisdaten zweier Staatsfarmen in Zentraltibet	111
Tab.14:	Ackerland und Getreideerträge in der AR Tibet	112
Tab.15:	Hektarerträge von Weizen und Qingke-Gerste auf staatlichen Farmen und Experimentierstationen in der AR Tibet	114
Tab.16:	Wirkung des Anbaus von Wasserreis auf den Salzgehalt im Boden	122
Tab.17:	Veränderung der Bodenversalzung im dreijährigen Anbauzyklus von Wasserreis auf der Staatsfarm Nr.29 (Xinjiang)	123
Tab.18:	ÜFB-Technik auf Staatsfarmen in Xinjiang (1987)	131
Tab.19:	Einfluß der Anreicherung organischen Materials im Boden auf die Ertragsleistung - am Beispiel der Staatsfarm Nr.43 (SW-Xinjiang)	134
Tab.20:	Baumwollerträge bei unterschiedlichen Düngemethoden [Staatsfarm Nr.43]	134
Tab.21:	Ausweitung des Traubenanbaus auf der Obstfarm Shanshan	137
Tab.22:	Historische Neulanderschließungen in der Ningxia-Flußoase	139
Tab.23:	Land- und viehwirtschaftliche Produktion in Ningxia 1985	139
Tab.24:	PAK-Staatsfarmen in Nord- und Westchina	146
Tab.25:	Ackerflächen in der VR China [1949/1984]	153
Tab.26:	Landnutzung in der VR China 1982	154
Tab.27:	Zunahme des Anbaus von Wirtschaftspflanzen in den Trockengebieten	162

MAT 1/1:	Von 1949 bis 1984 in der VR China neu erschlossenes Ackerland	187
MAT 2/1:	Bevölkerungsentwicklung in den Trockengebieten Chinas	188
MAT 3/1:	Die Entwicklung der Flächenerträge von Getreide in den Trockengebieten Chinas seit 1949	188
MAT 3/2:	Flächenerträge ausgewählter Feldfrüchte in den Trockengebieten Chinas in den Jahren 1980 und 1986	189
MAT 4/1:	Übersicht über die Exportentwicklung von Gütern der Neulanderschließungsunternehmen (Auswahl von für die Staatsfarmen in Chinas Trockengebieten relevanten Exportgütern) [1978--1984]	190
MAT 4/2:	Die wichtigsten Exportgüter der Neulanderschließungsunternehmen im Jahr 1984	190
MAT 4/3:	Exporterträge der Neulanderschließungsunternehmen (1984)	191
MAT 5/1:	Ausdehnung des Gemüseanbaus in den Trockenregionen Chinas [1979/1985]	191
MAT 6/1:	Gründünger-Flächen in Chinas Trockengebieten [1979/1985]	192
MAT 7/1:	Landwirtschaftlicher Investbau der Staatsfarmen in der VR China [1980-1984] - Anteile der verschiedenen Verwendungszwecke an der Gesamt-Investitionssumme	192
MAT 8/1:	Erntemengen ausgewählter Feldfrüchte in den Trockengebieten Chinas [1985] (a)	193
MAT 8/2:	Erntemengen ausgewählter Feldfrüchte in den Trockengebieten Chinas [1985] (b)	193
MAT 8/3:	Produktionsmengen tierischer Erzeugnisse in Chinas Trockengebieten [1985]	193
MAT 9/1:	Ausweitung des Obstanbaus in Chinas Trockengebieten [1979-86]	194
MAT 9/2:	Erntemengen ausgewählter, in den chinesischen Trockengebieten angebauter Früchte [1979-1986]	194
MAT 10/1:	Nahrungsversorgung der Bevölkerung in Chinas Trockengebieten: Pro-Kopf-Produktion von Getreide, Fleisch und Obst [1985/86]	195
MAT 11/1:	Die Aussaatflächen der Trockengebiete im Vergleich	195
MAT 12/1:	Entwicklung der Bevölkerung und der Ackerfläche (seit 1380)	196
MAT 12/2:	Entwicklung der landwirtschaftlichen Nutzfläche (VR China)	197
MAT 12/3:	Entwicklung der landwirtschaftlichen Produktion (VR China)	197
MAT 12/4:	Entwicklung der Getreideimporte seit 1961 (VR China)	198
MAT 12/5:	Einige Strukturdaten der VR China in den 80er Jahren	198
MAT 12/6:	Veränderung der Geburtenrate seit 1949 (VR China)	198

Liste der Abkürzungen

AR	Autonome Region
BZPB	Bundeszentrale für Politische Bildung
CA	*China im Aufbau*
CASS	Chinese Academy of Social Sciences
CB	*China im Bild*
CD	*China Daily*
CHS	China Handbook Series (China-Buchreihe)
FERI	Far Eastern and Russian Institute
FW	*Fischer Weltalmanach* (Frankfurt a.M.)
k.A.	keine Angaben verfügbar
KZB	*Keaide Zuguo Bianjiang*
LZPB	Landeszentrale für Politische Bildung
MLVF	Ministerium für Landwirtschaft, Viehzucht und Fischerei
MVR	Mongolische Volksrepublik
NHZG	*Ningxia Huizu Zizhiqu Gaikuang*
OBZPB	Ostkolleg der Bundeszentrale für Politische Bildung
PAK	Produktions- und Aufbaukorps
PSQXP	Proceedings of Symposium on Qinghai-Xizang [Tibet] Plateau
RMRB	*Renmin Ribao* (=Volkszeitung)
SB	Statistisches Bundesamt
SLB	Wasserwirtschaftsamt (Shuilibu)
SSB	State Statistical Bureau People's Republic of China
SY	*Stateman's Yearbook*
XH	*Xinjiang Huabao*
XNA	Xinhua News Agency
XNK	*Xinjiang Nongken Keji*
XSXD	Xibei Shifan Xueyuan Dilixi
XZG	*Xizang Zizhiqu Gaikuang*
ZZX	*Zhisha Zaolin Xue*

Vorwort

Neulanderschließung in Ländern der Dritten Welt wird zumeist unter dem Aspekt von Bevölkerungsumsiedlung betrachtet, die überfüllte Lebensräume durch Ansiedlung von Menschen in als "menschenleer" betrachteten Räumen entlasten soll, wie dies beispielsweise bei der Transmigrasi in Indonesien der Fall ist. Wenn ich diese Arbeit vor die Aufgabe stelle, die Bedeutung von Neulanderschließung für die Ernährungssicherung in der VR China herauszuarbeiten, ist mir dabei sehr wohl bewußt, daß mich die äußerst knappe Quellensituation vor große Probleme stellt. Zum einen findet sich im Westen nur wenig statistisches Zahlenmaterial zu diesem Thema, und dieses ist zumeist nur sehr selten in kleinräumliche Einheiten aufgeschlüsselt; zum andern muß man sich über die Problematik von uns zugänglichem statistischen Zahlenmaterial im klaren sein, denn die Lesart von offiziösen Meldeorganen in sozialistischen Ländern ist eine andere als die bei uns im Westen gewohnte und deshalb oft besonders kritisch zu hinterfragen. Die Auswahl und die Bewertung widersprüchlichen statistischen Materials beruht auf vor Ort gemachten eigenen Erfahrungen und auf von Einheimischen erhaltenen Informationen. Sie sind sicher nicht frei von Subjektivität, können aber bei der vorliegenden Themenstellung dennoch äußerst hilfreich sein.

Die Umschrift chinesischer Namen hält sich in aller Regel an die offizielle chinesische *Pinyin*-Transkription. Im Falle der Regionen, in denen Namen und Ortsangaben der Minderheitenvölker übertragen wurden, kommt ebenfalls die *Pinyin*-Umschrift zum Tragen, wie sie in der *Hanyu Pinyin*-Ausgabe des "Zhonghua renmin gongheguo fen sheng dituji" (s. LIT 2.2) wiedergegeben ist. Im Falle der Namen, deren offizielle Transkription nicht auffindbar war, habe ich sie der chinesischen Aussprache entsprechend übertragen. Ausnahmen sind bei geographischen Namen in Tibet gemacht worden, und zwar dann, wenn die Verwirrung um die Lokalisierung dies hat sinnvoll erscheinen lassen. So habe ich z.B. den Oberlauf des Brahmaputra mit dem tibetischen Namen Tsangpo wiedergegeben, da sein chinesischer Name Yarlung Zangbo Jiang eine Verwechslung sowohl mit einem Tsangpo-Seitenarm, dem Yarlung-Tal, als auch dem ebenfalls auf dem Hochland von Tibet entspringenden Yangzi-Nebenfluß Yalong Jiang möglich macht.

Um die Eindeutigkeit der Namen zitierter chinesischer Autoren sicherzustellen, sind sie im Text häufig und im Literaturverzeichnis immer mit vollständigem Nach- und Vornamen wiedergegeben, was weiterhin eine Abkürzung der Namen westlicher Autoren nicht hat sinnvoll erscheinen lassen. Quellenverweise sind in der Form "(Erscheinungsjahr:Seitenzahl)" angegeben.

Für die Anregungen zu vorliegender Arbeit möchte ich ganz herzlich Herrn Prof. Jörg Stadelbauer am Geographischen Institut der Universität Mainz danken. Herrn Prof. Hans-Georg Bohle, Freiburg, gilt meine Anerkennung für äußerst wertvolle Denkanstöße zum theoretischen Rahmen, in dem ich die Ergebnisse meiner Arbeit betrachtet habe.

Andreas Gruschke
Freiburg, im Februar 1990

Wir wissen, daß Asien für uns wichtig ist. Wir wissen eine Menge über Asien. Aber wir wissen nicht genug - oder genauer: nicht genügend Menschen bei uns wissen genug, damit wir mit Asien so zusammenleben und zusammenarbeiten können, wie es die Zukunft, ja schon das Heute erfordert.

Bundespräsident R. von Weizsäcker*

---

* In einer am 1.3.1985 beim traditionellen Liebesmahl des Ostasiatischen Vereins in Hamburg vorgetragenen Rede, zitiert nach *Fischer Weltalmanach 1987*, S.54 ff. und nach Storkebaum [1989:6].

Einleitung

Von den Ländern in Asien, die seit Mitte dieses Jahrhunderts in den Blickpunkt wissenschaftlicher, insbesondere geographischer Forschung gerückt sind, hat kaum ein Land so viel Beachtung gefunden wie China. Ebenso ist fast kein anderes Land ähnlich kontrovers diskutiert worden wie die Volksrepublik China, die seit ihrem Bestehen und vor allem in den ersten Jahrzehnten nach ihrer Ausrufung überaus lobende Erwähnung fand bei allem, was ihre Regierung in die Hände nahm. Zweifellos wären nicht wenige Erfolge seit 1949 ohne die sozialistische Revolution Mao Zedongs undenkbar gewesen; doch der Maßstab der teilweise überaus chaotischen Verhältnisse der Zeit der Chinesischen Republik verführte über Gebühr zu einem kritiklosen Beklatschen der durchgesetzten Veränderungen.

Nun hat sich mit der Öffnung des Landes seit Ende der siebziger Jahre eine neue, kritischere Informationsflut über China auf uns ergossen - nicht zuletzt auch kritischere Beiträge aus der Volksrepublik China selbst. Dies wiederum hat nicht nur dazu geführt, all jene zuvor etwas vorschnell bejubelten Errungenschaften der chinesischen Entwicklung kritischer zu betrachten, sondern im Spiegel westlicher Publikationen scheint nun jede Erfolgsmeldung de facto eine Niederlage oder wenigstens ein Potemkinsches Dorf gewesen zu sein.

Während eines zweijährigen Studienaufenthaltes in der Volksrepublik China war es mir nicht selten möglich, die zum Teil gravierenden Unterschiede zwischen Realität und Presseberichten - nicht nur chinesischen, sondern auch westlichen, insbesondere deutschen Nachrichten - zu erleben. Aufgrund des vormals übertriebenen Jubels über Errungenschaften der ersten volksrepublikanischen Jahrzehnte konnte ich mich hin und wieder nicht des Eindrucks erwehren, daß nun im Westen, besonders der BR Deutschland, eine Art Nachholbedarf für (über-)kritische Betrachtungen existiert. Zweifellos war und ist manches in China nicht so rosig, wie es zuweilen von chinesischen Behörden dargestellt wird; dies sollte jedoch keineswegs dazu führen, die tatsächlich positiven Entwicklungen - so wenig auffällig sie auch sein mögen - unter den Tisch fallen zu lassen.

Noch 1977 waren nicht wenige Politiker und Wissenschaftler - Geographen, Ökonomen, Soziologen u.a. - davon überzeugt, China habe "grundlegende Probleme gelöst, mit denen Entwicklungsländer - meist vergeblich - kämpfen: - das Problem der Ernährung, - das Problem der Beschäftigung, - das Problem elementarer Erziehung und Bildung für alle, - das Problem der medizinischen

Versorgung und der Hygiene!"[1] Heutzutage werden diese Errungenschaften von vielen nicht nur grundsätzlich in Zweifel gezogen, sondern die sie betreffenden Annahmen und Aussagen geradezu ins Gegenteil verkehrt. Als Geograph haben mich meine persönlichen Erfahrungen im Land dazu veranlaßt, meine Interessen besonders auf die Auseinandersetzung mit der Ernährungsproblematik zu lenken.

Nach den anfänglich großen Erfolgen in der Bevölkerungskontrolle und der seit einigen Jahren neuerlich steigenden Geburtenrate[2] haben die Aufgaben der Nahrungsversorgung des bevölkerungsreichsten Staates der Welt eine veränderte Dimension bekommen. Nach einer tatsächlich festzustellenden Verbesserung der Ernährungssituation des chinesischen Volkes seit der kommunistischen Machtübernahme[3] im Jahre 1949 stellt sich erneut die von Stadelbauer (1984a:570, 572) erhobene Frage, ob angesichts der wieder angestiegenen Geburtenrate, der gerade im Bereich der agronomischen Trockengrenze ausgeweiteten Anbauflächen und der beträchtlichen Verluste an Altland die Sicherung der Ernährungsbasis möglich sein wird. Welchen Anteil an einer solchen Sicherung die Neulanderschließung in den Trockengebieten hatte und hat und welche Perspektiven sich für die zu konsolidierenden Neulanderschließungsprojekte ergeben könnten, mit dieser Frage will sich die vorliegende Arbeit beschäftigen.

A. Einführung in die Thematik

A.1 Zur Forschungsfrage und zum Stand der Forschung über Neulanderschließung und ihre Probleme in Chinas Trokkengebieten

Was gibt Veranlassung, die Projekte der Neulanderschließung in den ariden und semiariden Räumen der Volksrepublik China in den Mittelpunkt geographischer Untersuchungen zu stellen? Auch stellt sich die Frage, inwiefern es gerechtfertigt sein kann, die Erschließungen in den Trockengebieten von jenen anderer Räume getrennt zu untersuchen.

Die VR China ist mit über 9,6 Mio.qkm Fläche ein Staat kontinentalen Ausmaßes, der nicht nur in der Bevölkerung eine große Zahl unterschiedlicher ethnischer Strukturen, sondern auch im Naturraum extreme Variationsbreiten aufweist. Naturräumlich hat dieses Land Anteil an fast jeder Klima- und Vegetationszone, das Naturlandschaftsgefüge ist äußerst vielfältig. Trotz dieser Vielfalt sind große Räume der Volksrepublik von ähnlicher Struktur, geprägt von gleichartigen problematischen Lebensbedingungen: Je nach Definition werden bis zu zwei Dritteln der Gesamtfläche Chinas von Trockengebieten eingenommen.

Die Auseinandersetzung sowohl mit den lebensfeindlichen Bedingungen des von Wüsten und Steppen geprägten Nordens und Westens des Riesenreiches als auch mit den dort lebenden, auf die schwierigen ökologischen Bedingungen angepaßten Völkern zieht sich wie ein roter Faden durch die chinesische Geschichte. In einem langen historischen Prozeß sind diese Trockengebiete in das chinesische Kaiserreich eingefügt wurden, die Herrschaft darüber jedoch oft erst im 19. Jh. endgültig gesichert, teilweise gar erst im 20. Jh. Die Volksrepublik China, die sich als Nachfolgerin des klassischen China sieht, erkennt sich, daraus resultierend, den legitimen Anspruch auf diese Gebiete zu und betont, daß das staatstragende Volk der Han(-Chinesen) den dort lebenden Ethnien als "Brudervolk" und nicht als "Kolonialmacht" beggene. Die Begriffe "Kolonial-" oder "Imperialmacht" zur Beschreibung der Beziehung Beijings zu den Trockengebieten heranzuziehen, erscheint den Chinesen blasphemisch, weil es ihrem Empfinden nach nur eine ungeteilte chinesische Nation geben kann, die durch die heutigen Grenzen der VR China umrissen ist.

Gleichwohl haben Verhalten und Politik der ersten Jahrzehnte seit 1949, dem Gründungsjahr des "Neuen China", oft krasse Unterschiede zwischen dem chinesischen Bewußtsein als "Brudervolk" und dem zuweilen tatsächlich eher kolonialen Gebaren zutage gefördert. Die ethnische Problematik kann hier nicht diskutiert werden, doch sei an die massive Ansiedlung von Han-Chinesen in Xinjiang und der Inneren Mongolei erinnert wie auch an die politisch-kulturellen Verwicklungen in Tibet, das besonders stark von den kulturrevolutionären Zerstörungen betroffen war.

Die schon angesprochene Besiedlungspolitik (Stichwort "Agrarkolonisation") weist auf eine seit dem Sturz der Kaiserdynastie aufgetauchte, seit Gründung der VR China aber intensivierte Wechselbeziehung zwischen der großen Bevölkerung des Landes und den mehr oder weniger als "menschenleer" betrachteten Räumen der Trockengebiete hin. In vielen Ländern der Dritten Welt wurden - und werden teilweise noch - diese wenig besiedelten Räume zu Zielräumen für die massive Umsiedlung von Menschen aus den übervölkerten Kernräumen. Sie sollen also in erster Linie zum Ausgleich einer ungleichen Verteilung verschieden großer Bevölkerungsdichten dienen - eine Aufgabe, der sie im allgemeinen in keiner Weise gerecht werden (z.B. Transmigrasi in Indonesien).

Auch in China gab es solche Massenumsiedlungen. Sie dienten jedoch nicht - zumindest nie in erster Linie - der Entlastung des Bevölkerungsdrucks in den Ballungsgebieten Ostchinas. Landwirtschaftliche Erschließung von brachliegendem Neuland sollte zusammen mit anderen Maßnahmen ein Weg sein, die Ernährung einer wachsenden Bevölkerung zu sichern. Zwischenzeitlich wurde auch das Ziel verfolgt, jede Region - sei sie noch so sehr von natürlicher Ungunst - zu einer wirtschaftlich autarken Zelle umzugestalten, d.h. auch auf dem Gebiet der Landwirtschaft und der Ernährung.

Wenn also die "Landnahmen der Chinesen stets mit dem Ziel vorgenommen werden, primär Nahrungsmittel für Han-Chinesen zu erwirtschaften, sei es zum Zwecke der Selbstversorgung oder der Ablieferung an den Staat" (Hoppe 1984: 100), so erhebt sich - nach inzwischen vier Jahrzehnten VR China - die Frage, inwiefern die Programme zur Neulanderschließung ihrer Aufgabe gerecht werden konnten, die Ernährung des bevölkerungsreichsten Landes der Erde zu sichern. Ob sie tatsächlich einen Beitrag hierzu leisten und - wenn ja - auf welche Weise dies geschieht, soll in der vorliegenden Arbeit untersucht werden.

Neulanderschließungen gibt es in allen Teilen der VR China. Gleichwohl nehmen die Trockengebiete den größten Teil des Landes ein und bilden - bei aller Heterogenität - den größten zusammenhängenden Komplex mit ähnlichen naturräumlichen Bedingungen. Auch liegen die Grenzen des Untersuchungsgebietes meist so nahe zu administrativen Grenzen, daß es in etwas größerem Maße möglich ist, Schlüsse aus statistischem Material zu ziehen, als dies in anderen Regionen der Fall wäre. Außerdem lokalisieren chinesische Forschungen annähernd die Hälfte aller ihrer Meinung nach erschließbaren Flächen in Chinas Trockengebieten.[4] Diese Faktoren bestimmen die in der Arbeit vorgenommene Beschränkung auf den ariden und semiariden Raum der VR China.

Den Stand der Forschung zu diesem Thema abzuklären, ist der erste Schritt zur Festlegung der Ausgangsposition der vorliegenden Arbeit.

A.1.1 Stand der Forschung in der Volksrepublik China

Staatlich gelenkte Neulanderschließung wurde in China seit über zwei Jahrtausenden als Militärkolonisation *(tuntian)* betrieben und gehörte spätestens seit der Han-Zeit (3.Jh. v.Chr. - 3.Jh. n.Chr.) zur alltäglichen Macht- und Wirtschaftspolitik. Untersuchungen über solche historischen Erschließungen (z.B. Zang 1987) werden in China gerne zu Vergleichszwecken herangezogen, um die landwirtschaftliche Entwicklung, aber auch Wüstungen und Desertifikation in entsprechenden Gebieten besser zu verstehen.

Die wissenschaftlichen Untersuchungen über Tragfähigkeit und Erschließungsmöglichkeiten der Trockengebiete, die in der republikanischen Periode (1912-1949) begonnen worden waren, sind nach Gründung der Volksrepublik China mit Eifer fortgeführt worden. In den frühen 60er Jahren wurden vor allem die Erschließungsmöglichkeiten in Xinjiang geprüft, und zwar von Zhao Ji (1960) auf den günstigeren Schwemmfächern und in den Alluvialebenen und von Zhu (1961) in den erheblich benachteiligten Wüstenzonen und -randlagen. In diesem Zusammenhang entwickelte die Wüstenforschung den speziellen Zweig der "Sandkontrolle", die wiederum von Zhu et al. (1964) durch Beschäftigung mit Dünenwanderungen eingeleitet wurde. Verbunden mit Experimentierstationen in Gansu, deren Erfahrungen von Geng (1961), Su u.a. (1961) ausgewertet wurden, entwickelten sich Sandkontrollmaßnahmen zu einem wesentlichen Glied der Neulanderschließung in den Trockengebieten, wie auch eine nur der "Sandkontrolle und Aufforstung" gewidmete Monographie beweist (ZZX 1984).

Die Forschungen waren interdisziplinär angelegt. So entwickelten Botaniker wie Wang Hesheng (1963) nicht nur Übersichten von auf Erschließungsmöglichkeiten hinweisende Zeigerpflanzen, sondern erhöhten wie Liu Yingxin[5] die Kenntnisse über Pflanzengesellschaften, die zur Fixierung von Dünen und Meliorierung von Böden genutzt werden können. Die Analysen der Pedologen (Wang Jiuwen 1961, Huang et al. 1963, Luo 1985) waren vor allem wegen der großen Zahl von Salzböden von grundlegender Bedeutung. Eine Auswertung der knappen Wasserressourcen in den ariden Gebieten wurde vor allem von den Hydrologen Yang Lipu (1964) und Han Qing (1980) vorgenommen. Für die landwirtschaftliche Erschließung waren die klimatologischen Forschungen (Li Jiyou 1981, Yu X. und Sun S. 1981) zur Wirkung der Klimafaktoren auf die Physiologie der Wirtschaftspflanzen von großer Bedeutung.

Von seiten der Naturgeographen kamen Anfang der 80er Jahre denn auch die ersten kritischen Töne. Wegen Bodenversalzung, Verschlechterung der Wasserqualität (Han 1980) und anderen schwerwiegenden Folgen für die Steppen- und Wüsten-Ökosysteme (Zhao S. 1981) wurde davor gewarnt, eine Ausweitung des Ackerlandes weiter voranzutreiben, solange man nicht die ökologischen Probleme in den Griff bekommen hatte.

Die neuen Erkenntnisse über das diffizile ökologische Gleichgewicht der Trokkengebiete fanden erstaunlich schnell Eingang in die agrargeographischen Monographien, beispielsweise von Cheng L./Lu (1984) und Xian/Chen (1986). Gleichzeitig feiert die chinesische Presse in Meldungen wie "Scientists hail progress in desert reclamation" (*CD*, 10.1.1986) und "State fights rapid growth of deserts" (*CD*,24.3.1986) Erfolge noch immer über Gebühr, was chinesische Führungskräfte leider nur allzuleicht an der Problematik der Trockengebiete zweifeln läßt (z.B. Shi Ji: "Gegen die Überbetonung ökologischer Aspekte bei der Neulanderschließung", *RMRB*[6], 9.9.1979). Auch in der einzigen neueren Monographie über die chinesische Neulanderschließung (Zhang Linchi 1986) überwiegen die zu schnell in die Waagschale geworfenen Erfolgsmeldungen und fehlen oft die kritischen Anmerkungen.

Eine ernsthafte Diskussion der Probleme vor Ort findet eher in den Einzelbetrachtungen der Projekte statt. Die Zahl der hiermit beschäftigten Wissenschaftler und Kader ist überaus groß und würde Bände füllen. Um einen Eindruck von den Themen zu geben, mit denen sie sich beschäftigen, habe ich einige ins Detail gehende Fallbeispiele (C.4) ausgewählt.

So wird die eigentliche Frage, ob die Projekte der Neulanderschließung - im wesentlichen von Staatsfarmen vorangetrieben - ihrer Aufgabe der Ernährungssicherung gerecht werden, nicht geklärt, da sie im Grund gar nicht gestellt wird. Durch Berichte über die Gründung bzw. die Existenz von damit betrauten Erschließungsunternehmen und durch Aufzählen ihrer - wie auch immer gearteten -Produktionserfolge wird suggeriert, daß sie die formulierten Aufgaben stets erfüllten. Diese selbst werden eigentlich kaum oder gar nicht hinterfragt oder überprüft. Hier bestimmen noch immer die politischen Richtlinien, was "wissenschaftlich" oder wirtschaftlich erfolgreich zu sein hat.

Entwicklungstheoretische Konzeptionen werden in China kaum diskutiert, erscheinen somit auch nicht in den durchgesehenen Arbeiten. Gleichwohl wird deutlich, daß in China den Wissenschaftlern, Planern und Politikern grundsätzlich noch immer ein Konzept zugrundeliegt, dessen Wurzeln in der Modernisierungstheorie zu suchen sind (vgl. A.2.4). Die theoretischen Konzepte für die wirtschaftliche Entwicklung - und damit auch für die Neulanderschließung - liefert noch immer die KP China. Nachdem die 80er Jahre in dieser Hinsicht Anlaß zur Hoffnung auf eine gedankliche Öffnung gaben, ist seit den Juni-Ereignissen von 1989 und der damit verbundenen Verhärtung der Parteilinie nicht damit zu rechnen, daß die KPCh ihre modernisierungstheoretischen Konzepte kritisch diskutieren, geschweige denn zur Disposition stellen könnte.

A.1.2 Stand der Forschung in der westlichen Welt

Die erste wissenschaftliche Beschäftigung mit dem System der staatlichen Neulanderschließung ging weniger von der Geographie als von der Sinologie und der Zentralasienkunde aus. Auf den historischen Aspekt dieser landwirtschaftlichen Erschließung sollten Geographen heute genausowenig verzichten, wie auch das historische *Tuntian*-System nicht unterschätzt werden sollte: Wurden doch für das China der frühen Mongolenzeit (1308) immerhin schon 1,15 Mio.ha Ackerland von 120 Militärkolonien (den Vorbildern für die heutigen Staatsfarmen) bewirtschaftet (R. Taylor, in: Hucker 1969; vgl. auch Mangold 1971).

Einer der klassischen Forscher über Zentralasien ist O. Lattimore, der für seine Beurteilung der Beziehungen zwischen Han-Chinesen und Mongolen sowie den anderen zentralasiatischen Völkern die chinesische Kolonisation mehrfach thematisiert hatte (1928, 1932, 1933, 1937 etc.). Aus geographischer Sicht wurde diese Kolonisationspolitik von Schmitthenner (1929) und Fochler-Hauke (1933) beleuchtet, regional von Cressey (1932) für die Mongolei und von Thorp (1935) für den gesamten Nordwesten sowie die Innere Mongolei. Bei der Frage der durch landwirtschaftliche Neulanderschließung ausgelösten Desertifikation stieß Lowdermilk bereits 1935 auf die chinesischen Trockengebiete.

Mit Gründung der VR China setzten auch im Westen die Bemühungen um eine Bestandsaufnahme der landwirtschaftlichen Ressourcen Chinas ein: T.H. Shen (1951), Cressey (1955) für die Gründungsphase, Shabad (1972) für die ersten zwei Dekaden und schließlich Ruddle und Wu (Hrsg., 1983) für die frühen 80er Jahre. Das Blickfeld in die Trockengebiete des Nordwestens wurde von Schran (1976) geöffnet. Die Xinjiang-Monographie von Weggel (1987) liefert - obschon eher historisch-politische Länderkunde - auch für die geographische Auswertung der dortigen Neulanderschließungen wichtige Hinweise.

Mit der wichtigsten Organisationsform, die die Projekte der Neulanderschließung koordinierte - den Produktions- und Aufbaukorps -, setzten sich Esposito (1977) und in Deutschland vor allem Weggel (1977, 1982) auseinander. Die vorwiegend mit Han-Chinesen besetzten PAK führen zwangsläufig auch zu einer ethnischen Problematik, mit der sich Weggel (1987) in seiner Xinjiang-Monographie, sonst aber Heberer (1984) auseinandersetzt. Mit den Aspekten der autochthonen Bodenkultur beschäftigte sich schon 1959 Golomb, in den 80er Jahren vor allem Hoppe (1987b). Die allgemein-geographische Sicht der Siedlungsexpansion in das von Nomaden genutzte Steppenland im Orient wurde von Hütteroth (1976) zusammengefaßt.

Der überwiegende Teil der heutigen Arbeiten über die chinesischen Erschließungsaktivitäten in den Trockengebieten ist der ökologischen Problemstellung gewidmet. Durch die von Dürr und Widmer herausgegebenen Materialiensammlungen (*Geochina*) und Übersetzungen (Zhao S./Han 1981) lösten sie in Deutschland eine eingehende Beschäftigung mit den ökologischen Folgen der Neulanderschließung aus. Wurde zu Beginn der 80er Jahre noch für möglich gehalten, daß China bei seiner Landnutzungsplanung einen ökologischen Entwicklungsweg einzuschlagen versuchte (Albrecht, Dewitz et al. 1980), so kommt vor allem Hoppe (1984, 1987a) - von dem im übrigen auch die einzige ausführliche und deutschsprachige Arbeitsbibliographie über Xinjiang (1987) erstellt wurde - und Betke (1986, 1987, 1988) zusammen mit Küchler (1988) u.a. das Verdienst zu, ausführliche kritische Analysen einiger Schlüsselprojekte der Erschließung in Chinas ariden und semiariden Räumen vorgenommen zu haben. Weitere deutschsprachige Beiträge zu Problemen der Desertifikation und Umweltverträglichkeit der Neulanderschließung betreffen überwiegend Xinjiang, beispielsweise jene von Müggenburg (1980), Kolb (1986), Meckelein (1986) und Erlach (1988).

Auch im Westen sind Chinas Neulanderschließungen kaum auf den Aspekt der Ernährungssicherung hin untersucht worden. Bei umfassenderen Darstellungen, wie bei Betke et al. (1987b) über das Wuding-Flußgebiet in Nord-Shaanxi oder das Manas-Gebiet in der Dsungarei, kommt er zumindest in regionaler Sicht zur Sprache. Zwar existiert eine Gesamtschau der Staatsfarm-Erschließung aus betriebswirtschaftlichem Blickwinkel (Gerhold 1987), eine aus geographischer

Sicht verfaßte analytische Zusammenfassung chinesischer Agrarkolonisation in den Trockengebieten wurde bislang nicht vorgenommen, ebensowenig der Versuch einer Evaluierung auf breiter Basis.

Wichtig bei der Betrachtung der Wirkung der Neulanderschließung auf die Ernährungssituation in China ist nicht allein die Entwicklung der landwirtschaftlichen Produktion, sondern ihre Einbindung in die gesamtpolitischen Strukturen des Landes. Für ein Verständnis der landwirtschaftlichen Bedingungen dürfen die ökonomischen, gesellschaftlichen und politischen Strukturen, innerhalb derer die Nahrungskette wirkt, nicht außer Betracht bleiben (Bowler/Ilbery 1987). Unverzichtbar waren somit bei der vorliegenden Arbeit gelegentliche Seitenblicke auf historische Abläufe und politische Entwicklungen sowie die ideologische Fundamentierung der chinesischen Wirtschaftspolitik.

A.2 Theoretische Grundlagen und inhaltliche Schwerpunkte

Da sich geographische Untersuchungen von Neulanderschließungsprojekten in der VR China zumeist auf die regionale Analyse einiger weniger Projekte beschränkten, steht uns bislang kein zusammenfassender Überblick [in einer europäischen Sprache] über solche Erschließungen zur Verfügung. Die betroffenen Untersuchungen wurden aber in einem umfassenden Rahmen vorgenommen, der von den naturgeographischen Vorbedingungen über die landwirtschaftlichen, technologischen und organisatorischen bis hin zu den politischen Aspekten reichte, so daß es möglich sein sollte, die bruchstückhaft verstreuten Quellen mit ihren z.T. unübersichtlichen Einzelinformationen zu einem Gesamtmosaik zusammenzufügen. Bislang wurde kaum geprüft, inwiefern solche Neulanderschließungen ihren vom chinesischen Staat gestellten Aufgaben gerecht wurden. Eine der wesentlichen Aufgaben der in den Trockengebieten begonnenen landwirtschaftlichen Pionierprojekte war und ist es, einen Beitrag zur Lösung der Ernährungsproblematik in der Volksrepublik China zu leisten.

Um den Erfolg oder Mißerfolg getroffener Maßnahmen abschätzen zu können, ist zunächst eine kritische Gesamtschau der wichtigsten Neulanderschließungen notwendig. Für eine Beurteilung ihrer Aussichten sollen einige auf spezifische Probleme reagierende Maßnahmen im Detail betrachtet werden. Die Auswertung verschiedener Primär- und Sekundärstatistiken, die auch eine Überprüfung ihrer Plausibilität einschließt, soll Trends offenbaren und diese zu den geschilderten Erschließungsaktivitäten in Beziehung setzen. Weiterhin sind einige theoretische und politisch-ideologische Seitenblicke für die Einschätzung von Trends notwendig.

A.2.1 Welternährungsprobleme

Die Nachkriegszeit hatte der Geographie eine verstärkte Beschäftigung mit den Ernährungsproblemen unserer modernen Welt beschert. Grund hierfür waren mit Sicherheit die wachsenden Erkenntnisse um ökologische, soziokulturelle, ökonomische und vor allem auch politische - insbesondere wirtschaftspolitische - Ursachen für Hunger. Zielten Entwicklungsstrategien jahrzehntelang vor allem darauf ab, abstrakte Wirtschaftsindizes zu steigern oder einzig Veränderungen im industriellen Wirtschaftssektor anzustreben (Rostows Stadientheorie, Rosenstein-Rodans *big push*, Senghaas' *autozentrierte Entwicklung*, Hirschmans *unbalanced growth*, die Strategie der Importsubstitution[7] u.a.), so ist inzwischen die Einsicht gewachsen, daß eine Gesamtentwicklung über die obengenannten Ursachen partieller Unterentwicklung oder von Entwicklungshemmnissen nicht hinweggehen darf.

Ausgehend vom Bevölkerungsgesetz von Malthus, der Armut mit Bevölkerungswachstum und Tragfähigkeit erklärte und sie damit als ein natürliches Problem gesehen hatte, waren andere davon ausgegangen, daß Hungersnöte vor allem auf lokale Mißernten und Organisationsfehler im Welthandel zurückgingen (Penck 1941).

Die Welternährungsprobleme auf die Zunahme der Erdbevölkerung und die beschränkte Tragfähigkeit der Erde zurückzuführen, ist indes nicht gänzlich falsch. Insofern kann es nur ein Gebot der Stunde sein, daß sich gerade die Agrargeographie mit diesem Problem auseinandersetzt. Gerade auf die Entwicklungsländer kommen dadurch schwere Belastungen zu, "da schätzungsweise jedes Prozent Bevölkerungswachstum etwa 3% des Nationaleinkommens für Neuinvestitionen erfordert und die Agrarproduktion nicht Schritt halten kann" (Sick 1983:19), nach Andreae (1985:42) ist dies am deutlichsten in den "übervölkerten Agrarländern" wie Indien und China zu spüren. Zu einem der wichtigsten Anliegen der Agrargeographie und -politik ist somit die Erforschung der Ursachen und Suche nach Lösungsmöglichkeiten dieses wirtschaftlich und sozial zentralen Problems geworden.[8]

Mit einer veränderten Landwirtschaft als Ausgangspunkt haben Atkins, Bowler und Ilbery Ende der 80er Jahre eine konzeptionelle und inhaltliche Neuorientierung der Agrargeographie vorgenommen, deren theoretische Schlußfolgerungen vor allem die Bedeutung der politischen Ökonomie und der Agrarsoziologie betonen: Sie definieren die Agrargeographie neu, und zwar als eine "Nahrungsgeographie" (*Geography of Food*).[9] In diesem Zusammenhang ist auch der sogenannte "FED-Ansatz" von A.K. Sen (1981) zu sehen: Statt wie der auf Malthus

Theoretische Grundlagen 27

zurückreichende "FAD-Ansatz" (*Food Availibility Decline*) von Hunger als Ergebnis einer anhaltend hohen Fertilität der wachsenden Weltbevölkerung auszugehen, führt Sen Unter- und Mangelernährung vor allem auf eine verbreitete Ungleichheit bzw. "Abnahme der Berechtigung zur Erlangung von Nahrungsmitteln" (*Food Entitlement Decline*; FED) größerer Bevölkerungsteile zurück, d.h. sie haben keine Möglichkeit, sich auf legale Weise Nahrung in ausreichendem Maß zu verschaffen (Sen 1981:1,8).

Die Ursachen dieses FED genannten Phänomens können äußerst vielfältiger Natur sein und schließen eine damit verbundene zu geringe Produktion von Nahrungsmitteln nicht völlig aus. Es wird hier nur dagegen aufgetreten, daß sie die einzige oder wenigstens Hauptursache von Hungersnöten sei. Vielmehr haben gerade in Ländern der Dritten Welt Horten von Getreide, Preisspekulation und Machtinteressen nicht selten zu eklatanter Ungerechtigkeit,[10] zu Wucher und Inflationsschüben geführt, die vor allem auf dem Rücken der Ärmsten ausgetragen wurden.[11] Dafür konnten endogene Faktoren verantwortlich sein ebenso wie exogene, die sich insbesondere durch starke Abhängigkeitsverhältnisse ergaben, wie sie von den Vertretern der Dependenztheorien vertreten wurden (Nohlen 1989:158 ff.).

Hunger als weitverbreitetes Phänomen gerade in Entwicklungsländern ist demzufolge ein strukturelles Problem, das neben internen Faktoren wie Wachstum und Gesundheit der Bevölkerung vor allem im Zusammenhang mit national und regional sehr unterschiedlich gewichteten Einflüssen zu sehen ist: dem Bedarf, der Produktion und der Verteilung von Nahrungsmitteln; den sozialen, ökonomischen und politischen Rahmenbedingungen; den Verflechtungen mit dem Weltmarkt und einer oft damit verbundenen ungünstigen Einknüpfung in die internationale Arbeitsteilung; und vor allem sämtliche das Kaufkraftniveau der einheimischen Bevölkerung beeinflussenden Faktoren (Nohlen 1989:229 f.).

Mit diesen Vorstellungen als Grundlage stellt sich die Frage, ob die Ernährungsproblematik in China - die in der geographischen Literatur wesentlich unter dem Blickwinkel des FED-Ansatzes betrachtet wird - grundsätzlich als eine Ausnahme von Sens FED-Ansatz anzusehen ist oder aber ob Teilaspekte des Nahrungsproblems einfach nicht ausreichend beleuchtet wurden.

A.2.2 Die Ernährungsprobleme in China

Die Geschichte des alten chinesischen Kaiserreiches umfaßt eine Reihe großer Hungerkatastrophen, die zumeist mit vorangegangenen Naturereignissen wie Überschwemmungen und Dürren oder aber mit Kriegen verbunden waren. In

Walter Mallorys 1926 erschienenem Werk *China: Land of Famine* findet sich eine beeindruckende Sammlung der ökonomischen, natürlichen, politischen und sozialen Ursachen von Hungersnöten im Reich der Mitte bis ins beginnende 20. Jahrhundert.

Die Betrachtung der genannten Ursachen fördert zwar eine Anzahl von Faktoren zutage, die im alten China Ansätze zur Grundsteinlegung eines ökonomischen Gebäudes zeigten, welches entwicklungstheoretisch mit dem "peripheren Kapitalismus" Senghaas'scher Prägung, mit "struktureller Heterogenität" und dem modernisierungstheoretischen Dualismuskonzept umrissen wird. Prägend waren hierbei insbesondere die sich aus der stagnierenden traditionellen Produktionsweise ergebenden Probleme und Widersprüche. Da andererseits "die typischen Merkmale unterentwickelter Länder wie Plantagen- oder Minenwirtschaft, Monokultur, dominierender Exportsektor und hohe Außenhandelsquote fast völlig fehlten" (Menzel 1978:635), zeichnete China sich durch eine im Vergleich zu anderen unterentwickelten Ländern eher atypische internationale Arbeitsteilung aus: Dem Export einer großen Palette von Agrarprodukten stand der Import nicht nur von Konsum-, sondern auch von Kapitalgütern gegenüber.

Da in den von der Dependencia-Theorie angeregten Überwindungsstrategien externe Faktoren der Unterentwicklung zu sehr in den Vordergrund gerückt werden, sind sie im Falle Chinas wenig geeignet, die Stagnation der traditionellen Produktionsweise zu erklären. Menzel (1978:636 ff.) sieht den Schlüssel hierzu in der "asiatischen Form der tributgebundenen Produktionsweise". Darin wurden eventuell über das Existenzminimum hinaus erzeugte Überschüsse der Landwirtschaft durch Agrarsteuer und Pacht absorbiert, so daß die den Bauern nunmehr fehlenden Investitionsmittel zur Stagnation der Agrartechnologie führten. Das Schritthalten mit dem Bevölkerungswachstum versuchte der chinesische Bauer durch eine Verfeinerung seiner landwirtschaftlichen Arbeitsmethoden zu erreichen. Die Städte als "surplusabsorbierende Verwaltungszentren", in denen gesellschaftliche Überschüsse durch Bürokratie und Gentry weitgehend unproduktiv verwendet wurden, beeinträchtigten zudem die Herausbildung eines nationalen Binnenmarktes. Die Produktionsverhältnisse waren insgesamt in einer Weise strukturiert, die eine wachsende Bevölkerung zwangsläufig auf Ernährungsprobleme und schließlich Hunger zusteuern ließ.[12]

Mit der Ausrufung der Volksrepublik China im Jahre 1949 und dem seither propagierten "Neuen China" hatten sich die Ursachen von Hunger und Unterernährung nicht von heute auf morgen grundlegend gewandelt, wohl aber war eine Wandlung in den Vorstellungen über ihre Fundamente und über die Maßnahmen, die sie verändern sollten, vollzogen worden.

Theoretische Grundlagen

In der VR China als einem sozialistischen Land sind die politischen Vorstellungen wesentlich auf die marxistisch-leninistische Entwicklungstheorie gegründet worden, in der "ökonomische Rückständigkeit, Armut, Not und Elend in den Ländern der Dritten Welt nicht auf eine falsch gewählte Wirtschaftspolitik der nationalen Regierungen, sondern generell auf eine durch Ausbeutung und Unterdrückung gekennzeichnete Sozialstruktur zurückgeführt" (Grimm 1979:190) wird. Weil damit die Ursache der Unterentwicklung weniger technischer Natur, sondern vielmehr als im Kern politischer Natur gesehen wurde, galt als erster Schritt zur wirtschaftlichen Entwicklung die politische Revolution.

Ihr folgte als hinreichende Bedingung des Sozialismus der Aufbau der entsprechenden ökonomischen und sozialen Grundlage, deren Entwicklung zur langfristigen Sicherung der Ausübung der politischen Macht durch die Partei der Arbeiterklasse (Bauern) spürbar und möglichst schnell vorangehen sollte. Der Rahmen für sämtliche Entwicklungstheorien und -strategien sollte also durch das ordnungspolitische und ökonomische Gesellschaftsmodell des Sozialismus vorgegeben werden. (Grimm 1979:191)

Bei der weiteren Entwicklung in der VR China wurden zahlreiche der für die Verarmung breiter Massen verantwortlichen Faktoren angegangen. Die zentrale Maßnahme war die Veränderung der Produktionsverhältnisse: die Agrarreform. Um solchen Erscheinungen, wie sie bei der großen bengalischen Hungersnot von 1943 aufgetreten waren - Horten von Getreide, Preisspekulation - durch systematische Versorgung mit Nahrungsmitteln entgegenzuwirken, reagierten die Kommunisten mit der Abschaffung des freien Getreidemarktes, dem planmäßigen Ankauf des Getreides und der planmäßigen Verteilung (Weggel 1974:195). Neben der Kontrolle über die Preise war es dem chinesischen Staat so möglich, im Falle von Mißernten betroffene Gebiete durch staatlich institutionalisierte Handelsorgane versorgen zu können (Weggel 1974:196).

Eine der wesentlichsten Leistungen der in den 50er bis zur Mitte der 60er Jahre zu schnell vorangetriebenen Kommunisierung war die im Rahmen der landwirtschaftlichen Kollektivierung durchgeführte Aufteilung und Übergabe des Grund und Bodens in den Besitz der Bauern. Es ging dabei im wesentlichen um die gleichmäßigere Verteilung der vorhandenen Nutzflächen unter der Bauernschaft und zudem um die Erweiterung des Kulturlandes, durch die die Versorgungslage der Bevölkerung verbessert werden sollte.

Bei der Erweiterung des Kulturlandes kam vor allem den Staatsfarmen große Bedeutung zu. Zum einen waren es große landwirtschaftliche Betriebseinheiten, denen man aus planungs- und verwaltungstechnischen Gründen bessere Chancen zur Steigerung der Produktivität zusprach (Schweizer 1972:145). Zum andern sollte mit ihnen eine höhere Form der Kollektivwirtschaft modellhaft vorgeführt werden, um die Bauern auf die weitere Kollektivierung vorzubereiten.

Wir wissen heute, daß die rasche Zwangskollektivierung (in Volkskommunen) im "Großen Sprung" (1958/59) und danach mitverantwortlich ist für eine große Zahl neu aufgetretener Probleme. Die unglaubliche Hungerkatastrophe[13] in den Jahren 1961/62 war auf eine unentschuldbare Vernachlässigung der Landwirtschaft zurückzuführen, die auf die Mobilisierung von äußerst vielen Arbeitskräften (auch des Landes) im "Großen Sprung nach vorn" zusammen mit einer Reihe von Mißernten und den Bruch mit der Sowjetunion zurückging. Spontane Reprivatisierungen in Landwirtschaft, Handwerk und Kleinhandel hatten in der Folge die Lage allmählich gebessert, und die Liuisten[14] (mit ihrem "Primat der Produktion") setzten eine gesamtwirtschaftliche Neuorientierung in Gang, die eine Entwicklung der Landwirtschaft zur Grundbedingung für die Industrialisierung des Landes machte (Nohlen 1989:137).

Im Zuge der Kulturrevolution 1966-69 hatten sich erneut die Maoisten ("Primat der Politik") durchgesetzt. Die nach dem "Großen Sprung nach vorn" aufgelösten Volkskommunen erfuhren eine Wiederbelebung, und neuer Kern einer ländlichen Erschließung - nach dem Vorbild der Musterbrigade Dazhai - war der Aufbau lokaler Agroindustrien. Mit Hilfe von Kleinbetrieben wurde die Landwirtschaft entwickelt, und in den Jahren 1972/73 wurde in manchen Branchen mehr als die Hälfte des Produktionsvolumens in solchen Kleinbetrieben erzeugt. Die erheblichen Produktionssteigerungen der kleinindustriellen Agroindustrie gelangten Mitte der 70er Jahre an ihre Grenzen, so daß 1976/77 wieder einmal sinkende Pro-Kopf-Erträge der Getreideproduktion zu verzeichnen waren. Nach einem überstürzt eingeleiteten Modernisierungskurs wurden in der Wirtschaft der beginnenden 80er Jahre reformerische Akzente gesetzt (Nohlen 1989:138 f.).

Die VR China war im Verlauf ihrer jungen Geschichte also zeitweilig imstande gewesen, gewisse grundlegende Probleme der Nahrungsversorgung kurzfristig zu lösen, um dann erneut große Rückschläge zu erleben. Während die Ursachen der Hungerkatastrophe des "Großen Sprungs" eindeutig erkennbar sind, werden Engpässe in der Nahrungsversorgung der Folgezeit durchaus in verschiedenster Weise interpretiert. Ging Mah[15] noch ausschließlich von Krisen im Produktionssektor aus, machte Donnithorne[16] vor allem mit dem Verkehrsnetz zusammenhängende Verteilungsprobleme ("Distributionslücken") für sie verantwortlich.

A.2.3 Ansätze zur Lösung der Ernährungsprobleme

Ungeachtet aller strukturellen Probleme, die einer umfassenden und gerechten Verteilung von Nahrungsmitteln im Wege stehen, ist unschwer einzusehen, daß bei einer immer noch wachsenden Bevölkerung von bisher rund 1,1 Mrd. Menschen auch Chinas Nahrungsmittelproduktion noch immer wird gesteigert werden müssen, falls nicht mehr und mehr Getreide importiert werden soll.

Den Umfang der Getreideproduktion zu vergrößern, gibt es mehrere Möglichkeiten. Agrargeographen wie Andreae (1985:123) halten eine Steigerung der Nahrungserzeugung grundsätzlich für möglich, indem

I. die Bewirtschaftungsintensität der Landwirtschaft erhöht wird. Nach Biehl (1976:32) lag in der VR China seit Beginn - im Gegensatz zur Sowjetunion - das Hauptgewicht auf der Intensivierung. Stadelbauer (1984a:571) fordert eine solche Intensivierung in mindestens drei Formen: **verbesserte Bewässerungstechnik**, verbessertes Saatgut durch Einführung von **Hochertragssorten** und fortschrittlichere Bodenbearbeitung durch **Mechanisierung**.

II. die Organisationsintensität erhöht wird (d.h. Extensivzweige der Landwirtschaft sukzessiv durch intensivere ersetzt werden, z.B. Getreide- durch Knollenfruchtanbau) und/oder

III. der Agrarwirtschaftsraum erweitert wird. Gerade im Falle einer Erweiterung des Agrarwirtschaftsraumes tauchen jedoch zahlreiche Bedenken vor allem ökologischer und ökonomischer Natur auf. Außerdem ist Sick (1983:37) zufolge zu beachten, daß Neulanderschließungen seit dem 19. Jh. sehr viel weniger zur Ertragssteigerung beitrugen als die intensivierenden technischen Neuerungen; andererseits zählt auch Sick (ebd.) China gerade zu denjenigen Ländern, die noch "nennenswerte" Ausweitungen von Kulturland vorgenommen haben.

Neben den beiden Möglichkeiten der Neulanderschließung und der Intensivierung der Produktion durch bessere Bodenbearbeitung und noch "bessere" Düngung (i.e. Sicherung landwirtschaftlicher Hochleistungsflächen) sieht Weggel (1974:189) als Mittel zur Ernährungsproblematik in China nur noch die "Substitution des fehlenden Getreides durch andere Anbauprodukte, die auf dem Weltmarkt höhere Erlöse erzielen und damit als Devisenbestände für den Ankauf des Getreidefehlbestandes im Außenhandel dienen" (Weggel 1974:189, 193).

Von den drei von Andreae genannten Methoden zur Steigerung der Nahrungsmittelproduktion sind in China aus verschiedenen Gründen die I. und III. Möglichkeit besonders landläufig und anerkannt. Die I. Methode - die Erhöhung der

Bewirtschaftungsintensität - hat in China jahrtausendealte Tradition und war - in Teilbereichen - deswegen schon früh entwickelt: Das älteste, bis heute existierende Bewässerungssystem[17] ist 2.000 Jahre alt, die Gründüngung stützte sich auf ein ausgeklügeltes Kompostierverfahren, das King (1911:127) veranlaßte zu sagen, der "fernöstliche Bauer ist ein Zeit'fuchser' wie sonst niemand", und die in China seit langem existierenden Fruchtfolgesysteme haben schon früh den Respekt der westlichen Forschung genossen.[18]

So kann es nicht verwundern, daß bei der traditionell frühen landwirtschaftlichen Intensivierung die Erträge in China verhältnismäßig hoch liegen. Zwar sind die chinesischen Hektarerträge von Getreide im Vergleich zu den Industrieländern noch als niedrig[19] zu bezeichnen, doch unter den Entwicklungsländern - zu denen sich China ja immerhin selbst rechnet - gehört die Volksrepublik China zu den Hochertragsländern[20] (Böhn 1987:148).

Die II. Methode wird in China zwar auch angewandt, hat aber nur begrenzte Chancen, sich durchzusetzen. So wird zwar, wo möglich, der Reisanbau auf Kosten von Weizen und Mais ausgeweitet (Böhn 1987:145). Aber Getreide durch Knollenfruchtanbau zu ersetzen, wie Andreae dies vorschlägt, hatte in China aufgrund der Ernährungsgewohnheiten bislang nur wenig Erfolg: Während Reis und Weizen als Grundnahrungsmittel dienen, wird z.B. die Kartoffel in China auf dem Speiseplan den Gemüsen zugeordnet.

Traditionell schon seit über zwei Jahrtausenden wurde im Reich der Mitte die Methode III, also die Erweiterung des Agrarwirtschaftsraumes in die Tat umgesetzt. Landnahmen waren in solchen Zeiträumen selbstverständlich auch in fast allen Ländern der Welt üblich - das besondere Charakteristikum ist jedoch die vom Staat durchgeführte Neulanderschließung.

Durch die Entwicklung der Bewässerungstechnik und die ausgereiften Fruchtwechselsysteme war die Bevölkerung der Han schon vor zwei Jahrtausenden aufgrund der dadurch eintretenden besseren Nahrungsversorgung schnell gewachsen und hatte einen steigenden Bedarf an Land aufzuweisen. Im Zuge des einsetzenden Expansionsdrangs - vor allem in der Han-Zeit (3.Jh. v.Chr. bis 3.Jh. n.Chr.) - gerieten die Chinesen immer wieder in Konflikte mit den Nomaden im Norden und Westen des Reiches. Innerhalb des ersten Jahrhunderts v.Chr. stießen chinesische Heere ins Tarim-Becken und bis an das Hochland des Pamir vor und wurden Herren dessen, was sie heute Xinjiang nennen.[21]

Außer der Verlängerung der Großen Mauer nach Westen und der Abstellung von an den Grenzbefestigungen Dienst tuenden Armeeverbänden wurde zur Sicherung der Westlande das sogenannte *Tuntian*-System entwickelt. Die hierbei

Theoretische Grundlagen 33

vom Han-Kaiser verfolgte Absicht war, solche "Wehrbauern-Garnisonen" einerseits die wichtigen Überwachungsaufgaben wahrnehmen zu lassen, andererseits neues Land in den eroberten Gebieten urbar zu machen. So konnte die chinesische Bauernkultur in den Trockengebieten Zentralasiens Fuß fassen, und für die Garnisonen war die Grundlage zu einer gewissen wirtschaftlichen Autarkie gelegt.[22] Aus diesem Grund wird der Kaiser Han Wudi von Fang Yingkai als der Begründer der sozusagen staatlichen Neulanderschließung bezeichnet.[23]

Auch Deng/Ma/Wu (1986:2) legen die Anfänge großangelegter, von der Staatsmacht initiierter Neulanderschließungen in die Han-Zeit unter den Kaisern Han Wendi (179-157 v.Chr.) und Han Wudi (140-86 v.Chr.). Die zweitausendjährige Entwicklung des chinesischen Reiches war begleitet von Maßnahmen dieses *Tuntian*-Systems, um dann in der volksrepublikanischen Zeit in die Projekte der Erschließungsmaßnahmen der Staatsfarmen zu münden. An anderer Stelle wird dies noch etwas genauer zu beleuchten sein.

A.2.4 Die chinesische Auffassung von Unterentwicklung und die entwicklungstheoretische Beleuchtung der wichtigsten in China getroffenen entwicklungspolitischen Maßnahmen und Ergebnisse

Die Armut und Unterernährung im alten China unterlagen - wie die gesamte chinesische Geschichte - einem zyklischen Verlauf. Dementsprechend wechselten sich im alten Kaiserreich Wohlstandsphasen, Problemzeiten und nationale Katastrophen immer wieder ab, und zwar ausgelöst - in klassischer Sicht - durch den moralischen bzw. sozialpolitischen Verfall der herrschenden Dynastien. Die im Verfall begriffenen Dynastien wurden jeweils von idealistischen Erneuerern gestürzt, deren politisch-militärischer Sieg gleichzeitig ihre Legitimation bedeutete: Sie hatten für sich das "Mandat des Himmels" erlangt.[24]

In der marxistischen Entwicklungstheorie entspringen Unterentwicklung, Armut und Elend einer durch Ausbeutung und Unterdrückung gekennzeichneten Sozialstruktur (s.o.). In ihrer Sichtweise steht sie dem klassisch-konfuzianischen Konzept insofern nahe, als sie auch weniger eine falsch gewählte Wirtschaftspolitik als Ursache sieht, sondern ihren Kern als politischer Natur erkennt. So entsprach der niedrigen und instabilen landwirtschaftlichen Produktion im alten China ein feudales Herrschaftssystem, das die Produktivkräfte eng fesselte (Wu 1981:35).

Diese Sichtweise hatte die politischen Führer des "Neuen China" nicht nur Stellung gegen das Malthus'sche Bevölkerungsgesetz nehmen lassen, sondern sie hatten es vielmehr noch in sein Gegenteil verkehrt. Da (gemäß chinesischen -

teilweise gefälschten - Statistiken) trotz des relativ raschen Bevölkerungswachstums (um 2%) in China die Zuwachsrate in der Produktion bei weitem größer (4%) war, widersprachen sie der Auffassung, daß sich Bevölkerungswachstum, Güterzuwachs und Armut und damit auch Nahrungsprobleme in einem Abhängigkeitsverhältnis befänden. Vielmehr waren sie in den 70er Jahren der Ansicht, daß sich "die delikate Balance zwischen Nahrung und Bevölkerung (...) durch Mobilierung der Massen immer wieder herstellen" lasse (Weggel 1974:195).

Dies hat sich freilich seit dem Ende der Kulturrevolution und dem wachsenden Bewußtsein um die enorm gestiegene Bevölkerungszahl geändert. Neben dem Wissen um die Problematik der Beziehung zwischen Bevölkerungswachstum einerseits und Versorgungsengpässen andererseits ist auch in China der Blick für ökonomische und selbst ökologische Schwierigkeiten geschärft worden. Eine der Strategien, den Ernährungsproblemen zu begegnen, war die Einführung einer verhältnismäßig strengen Familienplanung. Ist deren Durchführung gerade im Westen aufgrund ihrer Rigidität oft kritisiert worden, so müssen wir doch zugeben, daß sie ohne entsprechende Strenge nicht annähernd so wirkungsvoll gewesen wäre. Auch möchte ich - aus eigener Erfahrung - meinen, daß die Akzeptanz dieser Bevölkerungskontrolle vor allem in der städtischen Bevölkerung Chinas (wo sie am strengsten überwacht wird) deutlich größer ist als die Akzeptanz von Familienplanung in anderen Entwicklungsländern (z.B. Philippinen).

Worin viele, vor allem die tonangebenden Chinesen heute die Ursachen für die mangelnde Entwicklung ihres Landes sehen, hat der Anfang 1975 eingeleitete Kurswechsel der *si hua* - der "Vier Modernisierungen" - gezeigt. Es drehte sich dabei um die Modernisierung der Sektoren Landwirtschaft, Industrie, Militär und Wissenschaft und Technik. (Dürr 1981a:119).

Die Entflechtung der Volkskommunen nach der Kulturrevolution und die auf der Basis des sogenannten "Produktionsverantwortlichkeitssystems" durchgeführte Landvergabe an die Bauern hat de facto für die Landwirtschaft dieselben Ausgangsbedingungen neu geschaffen, die nach der Bodenreform in den 50er Jahren existierten. Diese Maßnahme wurde in der Öffentlichkeit im Westen gerne dahingehend interpretiert, daß man in China nun eine "kapitalistisch orientierte Lösung des Agrarproblems" (Grimm 1979) ins Auge fasse. Wesentlich für die politische Führung war bei dieser als "eine erste Übergangsphase im Rahmen der Sozialisierung der Landwirtschaft" aufgefaßte Maßnahme die effektivere Mobilisierung der Bauernschaft.

Somit werden diese Maßnahmen keineswegs als Aufgabe der sozialistischen Planwirtschaft angesehen. Vielmehr hat die Aufwertung verschiedener Eigentums- und Wirtschaftsformen (Individual-, Privat- und Kollektivwirtschaft) ledig-

Theoretische Grundlagen 35

lich die Erkenntnis zur Grundlage, daß "die Produktivkräfte noch rückständig seien bzw. die Warenwirtschaft noch wenig entwickelt sei" (Heberer/Taubmann 1988:237). Da diese aber auch die gesellschaftlichen Produktionsverhältnisse bestimmten, bedürfe es eines dem gegenwärtigen Niveau der Produktivkräfte in China entsprechenden Systems, das als "Anfangsstadium des Sozialismus" bezeichnet wird. Eine fortschreitende Entwicklung aber erfordere vor allem eine durchgreifende Modernisierung.

Schon die Benennung der wirtschaftspolitischen Richtung macht deutlich, daß die chinesische Führung sich Vorstellungen der Modernisierungstheorie zu eigen gemacht hatte. Sie begriff die Unterentwicklung ihres Landes als "Zustand mangelnder Modernisierung und unzureichender räumlicher und sektoraler Integration; Entwicklung wird entsprechend als ein auf Modernisierung, Integration und regionalen Ausgleich gerichteter Prozeß definiert" (Bohle 1986:4).

Die Wertprämissen, die Knall/Wagner (1986:35) als Modernisierungsideale aufzählen, lesen sich wie aus der neueren chinesischen Wirtschaftsprogrammatik entnommen: Rationalität, sozio-ökonomische Entwicklung und Entwicklungsplanung, Anstieg der Produktivität, Anhebung des Lebensstandards, soziale und wirtschaftliche Gleichstellung, effizientere Institutionen, nationale Konsolidierung und soziale Disziplin; einzig die ("bürgerliche") Demokratie und Partizipation wurden von den chinesischen Parteiführern wohlweislich ausgeklammert. Eine politische Modernisierung, die zwar Handlungskapazitäten vergrößern würde, aber nach Huntington[25] auch Bedürfnisse und Erwartungen wecken würde, die das politische System nicht erfüllen kann, war und ist nicht im Sinn der chinesischen Führung. Die Ereignisse des 4. Juni 1989 haben dies leider nur allzu deutlich gezeigt.

Die Erklärungen und Programme der KP China zur Wirtschaft, die verkündeten Ziele sprechen letztendlich dafür, daß ihre Führer im Sinne der Rostow'schen Stadientheorie[26] nach dem Erreichen der letzten Stadien des Wohlfahrtsstaates - betrachten wir die heutigen Auswirkungen, dann wohl eher: der Massenkonsumgesellschaft - und vielleicht noch der "Suche nach Lebensqualität" trachten. Welche Rolle bei der Modernisierung der Landwirtschaft die Projekte der Neulanderschließung dabei spielen, soll später noch zur Sprache kommen.

Wenn sich die VR China auch nicht "in das Schema gängiger entwicklungspolitischer und -analytischer Konzepte" (Heberer/Taubmann 1988:234) einpassen läßt, so lassen sich doch einige Strukturen und Ziele der seit 1978 deutlich veränderten Landwirtschaftspolitik aus entwicklungstheoretischer Sicht beleuchten.

Wie schon oben angesprochen, trägt die Ausrichtung der gegenwärtigen Wirtschaftspolitik (und damit auch der Landwirtschaftspolitik) die Handschrift modernisierungstheoretischer Überlegungen. Unter ihrem Blickwinkel hat die landwirtschaftliche Entwicklung durchaus große Fortschritte errungen, vor allem im Hinblick auf den Anstieg der Produktivität und die Anhebung des Lebensstandards der Bevölkerung. Die von Myrdal gestellten Fragen der sozialen und wirtschaftlichen Gleichstellung und der demokratischen Partizipation haben neue Brisanz erfahren.

Sozioökonomische Entwicklungstheorien haben in China einen Prototyp autozentrierter Entwicklung mit weitgehender Abkoppelung vom Welthandel (Menzel 1978) gesehen. Doch das große Vorbild für "integrierte ländliche Entwicklung" und Beispiel einer erfolgreichen Verwirklichung der "Grundbedarfsstrategie" wies nach Klärung der kulturrevolutionären Wirtschaftsprozesse bald ernüchternde Bilanzen der wirtschaftlichen Lage auf (Machetzki 1986). Die Veränderungen seit 1978 haben jedoch tatsächlich zu einer im Sinne dieser Strategie verbesserten Erfüllung menschlicher Grundbedürfnisse geführt. Die Projekte der Neulanderschließung waren als ein wichtiges Glied in diese Strategie eingefügt.

Im Gesamtrahmen läßt sich sogar aus der Sicht wohlfahrtstheoretischer Vorstellungen eine gewisse positive Entwicklung feststellen. Selbst unter Zugrundelegung der bedingten Vergleichbarkeit der Aggregate volkswirtschaftlicher Gesamtrechnungen (Stadelbauer 1984, vgl. Machetzki 1982:653) ist inzwischen schlüssig dargestellt worden, daß das Wachstum der Gesamtwohlfahrt im ländlichen China nicht auf Kosten der ärmsten Bevölkerungsteile ging. Eine Vielzahl von Einzelbeschreibungen hat auf eine Verbesserung der Lebenssituation auch in den großen Armutsgebieten hingewiesen (Machetzki 1986:506 ff.). Da nicht wenige dieser Armutsregionen (vor allem der 60er und 70er Jahre) in den Trockengebieten der VR China gelegen haben, ist zu vermuten, daß die Projekte der Neulanderschließung wenigstens zeitweise (seit 1978) und teilweise einen Beitrag zur Wohlfahrt der dortigen Bevölkerung geleistet haben.

Der Effekt eines Ausbaus von Wachstums- und Modernisierungsinseln hat zwar nicht zum Ausgleich des teilweise großen regionalen Gefälles geführt (vgl. hierzu Machetzki 1985:81 f., 92 f. und 1986:506-515), doch immerhin dazu, daß "die anhaltende 'Wachstumsflut' die vormals großen 'Landflächen der Armut' überspülte und nur noch einen 'harten' Rest von 'Armutsinseln' zurückließ," (Machetzki 1986:509). Da sich die politische Führung der Problematik dieser Restgebiete durchaus bewußt zu sein scheint, hat sich die weitgehende Restauration der liuistischen Agrarpolitik der 60er Jahre zunächst durchaus bewährt. Es wird in China weiterhin davon ausgegangen, daß "diesen Gebieten weniger durch

Geldzuwendungen als vielmehr durch eine systematische Gesamtentwicklungspolitik zu helfen sei" (Weggel 1987a:314). Bereitstellung staatlicher Fonds, Verbesserung des Ausbildungswesens, der Absatzwege sowie der horizontalen Zusammenarbeit zwischen Einheiten der ärmeren (meist Trocken-) Gebiete und wirtschaftlich fortgeschrittenen Regionen gehören zu den wichtigsten Maßnahmen, zu deren Popularisierung und Durchsetzung gerade auf den Staatsfarmen große Vorarbeit geleistet werden sollte.

A.3 Zusammenfassung der Fragestellungen der vorliegenden Arbeit

Wenn ich als Gegenstand der vorliegenden Arbeit die Neulanderschließung in Chinas Trockengebieten vorstelle, so stimmt dies nur bedingt. Viel wesentlicher ist die Frage der Konsolidierung der Neulanderschließungsprojekte. Daß dabei nicht sämtliche Erweiterungen des Agrarwirtschaftsraumes in China (wie z.B. Neulandgewinnung an Meeresküsten, Seeflächen, in Steppengebieten, Bergregionen der gemäßigten Breiten u.a.) untersucht werden, hat zwei Hauptgründe: zum einen den Umfang des Gesamtmaterials und zum andern die Annahme, daß ein integrales Konzept von Neulanderschließung Erfolge oder Mißerfolge in unterschiedlichen Naturräumen ähnlich gestalten könnte. Die Auswahl der Trockengebiete erklärt sich mit den besonderen Schwierigkeiten, denen die Neulanderschließung gerade hier gegenübersteht. Des weiteren also die Annahme, daß eine befriedigende Lösung des Problems der Erweiterung des Wirtschaftsraums in den besonders problembeladenen Trockenregionen Chinas auch eine ähnlich befriedigende Lösung in anderen Regionen implizieren könnten. Die Überprüfung dieser weitergehenden Annahme stünde einer entsprechend thematisierten Arbeit an.

Die wesentliche Fragestellung der vorliegenden Arbeit soll die Untersuchung der Frage sein, ob die in der Volksrepublik China vorgenommenen Neulanderschließungen in Trockengebieten seit ihrem Beginn und vor allem seit dem Versuch ihrer Konsolidierung einen wesentlichen Beitrag zur Lösung der Ernährungsproblematik leisten konnten und noch können.

Besagter Gegenstand und die genannte Fragestellung haben als Zielsetzung die Erarbeitung von Kriterien, mit deren Hilfe die Einschätzung von Erfolg oder Mißerfolg von Neulanderschließungen unter ähnlichen Bedingungen vorgenommen werden kann. Weiterhin soll angeregt werden, ein Modell zu erarbeiten, in dessen Rahmen Lösungsvorschläge für die Konsolidierung solcher Projekte geboten werden könnten.[27] In welchem Maße ein solches Modell auf andere Länder übertragen werden könnte, das zu untersuchen, möchte diese Arbeit eine weitere Anregung sein.

A.4 Neulanderschließung als Mittel zur Nahrungssicherung einer wachsenden Bevölkerung? - Zehn Arbeitsthesen als Ausgangspunkte

1. Die Gefahr großer Hungersnöte hat sich in China seit gut zwei Jahrzehnten gegeben. Dennoch ist bei der wachsenden Bevölkerung in der Volksrepublik China damit zu rechnen, daß im Falle sich verschlechternder ökonomischer Bedingungen und einem erneut steigenden Bevölkerungswachstum mit großen Problemen bei der Nahrungsversorgung zu rechnen ist.

2. Obschon im Rahmen internationaler Handelsbeziehungen und einer engen Verflechtung mit dem Weltmarkt Engpässe in der Versorgung mit Nahrungsmitteln durch Importe überbrückt werden können, hat die chinesische Regierung in ihrer Landwirtschaftspolitik auf endogene Entwicklungen zur Sicherung der Ernährung gesetzt. So wurden seit Gründung der Volksrepublik China Neulanderschließungsprojekte betrieben, die gedacht waren als Landzugewinn zur langfristigen Sicherung des Nahrungsmittelbedarfs einer stetig wachsenden Bevölkerung und erst in zweiter Linie zur Verminderung des Bevölkerungsdrucks in Ostchina.

3. Die Neulanderschließung in den Trockengebieten war dabei immer nur Teil eines Gesamtprogramms (mit Projekten in Steppen-, Trocken-, Berggebieten und Küstenzonen), aber mit zweitausendjähriger "Tradition" einer dessen Hauptpfeilern.

4. In den ersten Jahrzehnten seit Gründung der VR China wurden ausgedehnte Gebiete erschlossen, die auch deutlich zu Produktionssteigerungen geführt hatten.

5. Durch Überschreiten der von den physisch-geographischen Bedingungen gesetzten Grenzen und der damit verbundenen Verletzung des ökologischen Gleichgewichts kam es in der Neulanderschließung - insbesondere der Trockengebiete - zu außerordentlichen Rückschlägen, die dazu führten, daß

6. der heutige Schwerpunkt der Projekte in den Trockengebieten weniger in der weiteren Ausdehnung der Wirschaftsfläche[28] als auf der Konsolidierung der Projektzonen liegt.

7. Durch verschiedene Projekte in der gesamten Volksrepublik China neu erschlossenes Land ist inzwischen durch Landverluste infolge von Neubauten, ausgeweiteten Industrieflächen und Straßenbauten (vor allem außerhalb der

Trockengebiete) mehr als aufgefressen worden.[29] Die Neulanderschließung wird diese Verluste auch in nächster Zukunft nicht mehr ausgleichen können.

8. Projekte der Neulanderschließung waren zwar insgesamt nicht imstande, die allgemeine Nahrungsproblematik im ganzen Land zu lösen, aber durch Strukturveränderungen hat sie immerhin dazu geführt, einer wachsenden Bevölkerung in der Region die Ernährung zu sichern und somit einen nicht unwesentlichen Beitrag zur Versorgung der chinesischen Bevölkerung zu leisten.

9. Insgesamt erscheint es wenig wahrscheinlich, daß die Problematik der Zukunft durch Neulanderschließung allein zu lösen sei, zumal die wichtigste Ressource - Wasser - und somit das Potential für eine weitere Ausdehnung des Agrarwirtschaftsraumes in Chinas Trockengebieten allmählich ausgeschöpft sein dürfte.[30]

10. Während in fast allen Ländern der Dritten Welt Hunger einen verminderten oder fehlenden "Anspruch" auf (vorhandene) Nahrungsmittel (Food entitlement decline) als Ursache hat, kann in China davon ausgegangen werden, daß bei den soziopolitischen und sozioökonomischen Strukturen, wie sie seit Anfang der 80er Jahre in China bestehen, Hunger auf ein geringeres Nahrungsmittelangebot (Food availability decline) zurückgehen würde. Die Ansätze zur Lösung dieses Problem müssen also zum einen im bevölkerungspolitischen und zum andern im agrarökonomischen Bereich gefunden werden.

B. Das Untersuchungsgebiet: Die Trockengebiete der VR China

B.1 Abgrenzung des ariden und semiariden Raumes Chinas

Das Riesenreich China hat einen beträchtlichen Anteil an den Trockengebieten Innerasiens. Der dort ausschließlich herrschende kontinentale Klimaeinfluß führt, verbunden mit einigen anderen noch zu besprechenden Effekten, zu einer extremen Aridität, die für große Wüstengebiete in Nordwestchina verantwortlich zeichnet. Aber auch der Südwesten hat durch seine sowohl exponierte Höhenlage als auch Abgeschirmtheit durch die höchsten Gebirge der Welt im Hochland von Tibet ausgedehnte Gebiete von großer Trockenheit aufzuweisen. Das Kernland der chinesischen Kultur - Nordchina - ist selbst nicht verschont von Trockenheit, wenngleich seine Zugehörigkeit zu den chinesischen Trockenräumen eine Frage der Definition sein dürfte.

Somit haben eine ganze Anzahl der dreißig Provinzen, regierungsunmittelbaren Städte und Autonomen Regionen der VR China Anteil am innerasiatischen Trockenraum. Die größten Wüsten liegen in den Autonomen Regionen (AR) Xinjiang, Ningxia und Innere Mongolei, außerdem in den Provinzen Gansu und Qinghai. Kleinere Wüstenzonen reichen bis in die Provinzen Shaanxi, Jilin und die AR Xizang [Tibet]. Nach der Grobgliederung von Cheng/Lu (Abb.1) nehmen die ariden Gebiete ganz Xinjiang, Nordwest-Tibet, große Teile Gansus, Ningxias und der Inneren Mongolei ein, während ein semiarider Landschaftsgürtel West-, Zentral- und Nordosttibet, wesentliche Teile Qinghais und des Lößberglandes sowie die östliche Hälfte der Inneren Mongolei umfaßt.

Der Blick auf die Ariditätskarte[31] Chinas läßt erkennen, daß die Isolinie des Ariditätsgrades $D' = 2$ ungefähr den gleichen Verlauf aufweist wie die 400 mm-Jahresisohyete, die sich von der nordöstlichen Inneren Mongolei in südwestlicher Richtung über das Lößbergland und das tibetische Plateau bis an die chinesisch-nepalesische Grenze im zentralen Himalaya hinzieht. Westlich dieser Jahresisohyete erhalten nur die höchsten Gebirgsbarrieren wie Qilian Shan, Tian Shan und Altay Shan noch einmal über 400 mm Jahresniederschlag. Östlich davon finden sich in China so gut wie keine Trockengebiete.[32]

Abgrenzung 41

Abb. 1: Trocken- und feuchtklimatische Regionalisierung der VR China
(nach Cheng/Lu 1984:10)

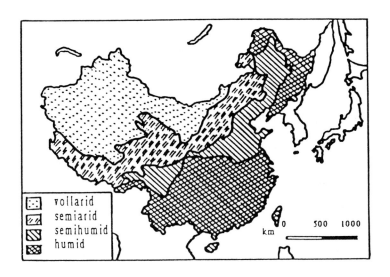

Nach Angaben von Zhao S. (1985:iii) nehmen diese Trockengebiete (inklusive des Hochlandes von Tibet) 52,5% der Landfläche Chinas ein, wovon 30,8% auf die vollariden und 21,7% auf die semiariden Regionen entfallen.[33] Es fehlt eine genaue Bestimmung der Grenzlinien dieser Trockengebiete, da wir bis heute übereinstimmender Erkenntnisse entbehren. Zwar werden jene Gebiete, in denen die potentielle Verdunstung die Niederschlagsmengen übersteigt, als wasserdefizitäre Zonen ausgewiesen, doch da noch keine zuverlässigen Methoden zur Messung der Verdunstung gegeben sind, nehmen chinesische Wissenschaftler die Landschaftszonierung in China nach einem Ariditätsindex vor, der sich aus der Formel $K = \frac{0.16 \Sigma t}{r}$ errechnet.[34] Den semiariden und vollariden Gebieten sind dabei die Indexwerte 1,5 bis 2,0 (semiarid) bzw. größer als 2,0 zugeordnet (Zhao S. 1985:iii) [Abb.2].

Entsprechend dieser Zonierung verläuft die Grenze der chinesischen Trockengebiete von der östlichen Inneren Mongolei (westlich der Gebirgskette des Da Hinggan Ling; östlich davon nur die Ebene des Xi Liao He an der Provinzgrenze zu Jilin und Liaoning) vorbei an der nördlichen Verwaltungsgrenze von Beijing Shi[35] und der Provinz Shanxi, etwa entlang der Großen Mauer in südwestlicher Richtung durch die Provinz Shaanxi, quert den Gelben Fluß (Huang He) bei

Lanzhou in der Provinz Gansu und zieht sich in WNW-Richtung (entlang der Ketten des Qilian Shan) hinüber bis Xinjiang. Dort sind nur die Hochgebirge (Altay, Tian Shan, Pamir) von den Wüstenzonen ausgenommen. Entsprechend verläuft die Grenze der Trockengebiete in Xinjiang wie auch im östlich benachbarten Qinghai an den Gebirgshängen der die Beckenlandschaften einschließenden Hochgebirge. (Vgl. Karte in Zhao S. 1985:2, auf der allerdings nicht die Trockengebiete Inner-Tibets berücksichtigt wurden.)

Abb. 2: Ariditätskarte Chinas (nach XSXD 1984:64)

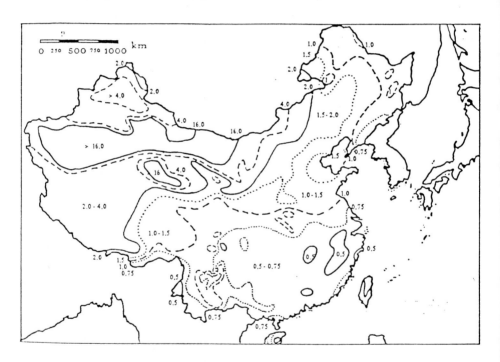

Diese Abgrenzung deckt sich im wesentlichen mit dem chinesischen Anteil an den abflußlosen Gebieten Hochasiens, wie sie von Neef (1981:169) und Brüning (1964:229) umrissen werden. Die chinesischen Trockengebiete sind somit die östlichen Ausläufer des nordhemisphärischen Trockengürtels. Klimageographisch sind sie dem "subtropischen Kontinentalklima" zuzuordnen, in ihren nördlichen Teilen reichen sie allerdings noch bis in die niederen Mittelbreiten der gemäßigten Zone hinein. In dem bezeichneten Raum besteht die Vegetation

Abb. 3: Verlauf der 200-mm-( ) und 400-mm-( ) Jahresisohyeten in China (nach XSXD 1984:60)

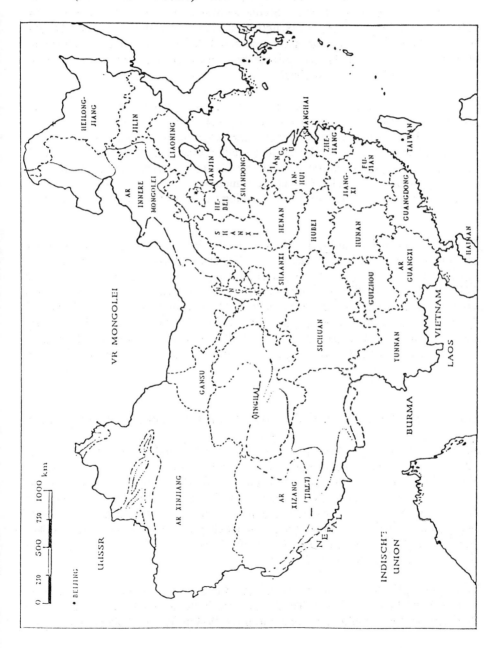

teilweise sowohl aus ackerbaulich nutzbaren Steppen als auch aus Weide- und Wüstensteppen (Brüning 1964:233). Die Fläche der reinen Sandwüsten und der auf chinesisch *gebi* genannten Steingeröllwüste beträgt 713.100 km² bzw. 569.200 km² (Geng 1986:3).[36] Sie umfassen also 13,4% der Gesamtfläche und damit mehr Fläche als das gesamte Ackerland der Volksrepublik China (Geng 1986:4). Im Raum der Trockengebiete machen diese Wüsten somit immerhin fast die Hälfte (44%) der Landfläche aus.

Da weder die 200-mm-Jahresisohyete *alle* Trockengebiete Chinas noch die 400-mm-Jahresisohyete *nur* die Trockengebiete umfassen, lassen sich keine dieser beiden Isolinien zu einer vollgültigen Abgrenzung der chinesischen Trockenräume heranziehen. Grobe Anhaltspunkte hierfür liefern sie jedoch (vgl. Abb.3). Wu Chuanjun nimmt deshalb die 250-mm-Jahresisohyete, um die östliche Abgrenzung der ariden Gebiete vorzunehmen: "West of this line, cultivation is not possible without irrigation, and farming exists only in scattered oases" (WU 1984:4).

Somit erstrecken sich ausgesprochen aride Gebiete von Xinjiang zwischen 75-95°O und 36-43°N (Tarim-Becken) bzw. 82-96°O und 42-48°N (Dsungarei) über Gansu und Ningxia bis in die nordöstliche Innere Mongolei um 43-45°N und 124°O (Horqin Shadi); im Lößbergland reichen sie teilweise bis ca. 37°N (Mu Us-Wüste), während die ariden Gebiete in Qinghai und Tibet um 90-97°O und 36-39°N im Qaidam-Becken sowie 79-90°O, 33-37°N (Westtibet und nordwestliches Qiangtang-Plateau) und 79-93°O, 28-30°N (Tsangpo-Talniederung, s. Tafel 1) liegen. Chinas Trockengebiete verteilen sich somit ausschließlich im Norden und Westen der Volksrepublik.

B.2 Naturräumliche Gliederung der chinesischen Trockengebiete

Im Verhältnis zu ihrer Ausdehnung stellt sich das Relief der Trockengebiete in China als erstaunlich ruhig dar - mit Ausnahme der sie umgebenden hohen Randgebirge. Der Großteil der Wüsten und Wüstensteppen zwischen Kaxgar (SW-Xinjiang) und Hailar (West-Mandschurei) liegt im Höhenbereich zwischen 500 und 1.500 m. Allein die Qaidam-Wüste liegt mit 2.600 m ü.M. erheblich höher. Sie zählt bereits zum Tibetischen Hochland, das außer dem ariden Westen noch äußerst trockene, fast wüstenhafte Gegenden in den tief eingeschnittenen Flußtälern[37] besitzt (vgl. Tafel 1).

Das Geographische Institut der Academia Sinica hat bei seiner naturräumlichen Zonierung Chinas folgende Trockengebiete unterschieden: IIC_1 semiarider Steppengürtel mit dunklen kastanienbraunen Böden der gemäßigten Zone; IIC_2

Naturräumliche Gliederung 45

semiarider Steppengürtel mit blassen kastanienbraunen Böden der gemäßigten Zone; IID$_1$ arider Halbwüstengürtel der gemäßigten Zone; IID$_2$ arider Wüstengürtel der gemäßigten Zone; IIIC$_1$ semiarider Graslandgürtel der warmgemäßigten Zone; IIID$_1$ vollarider Wüstengürtel der warmgemäßigten Zone; VIC$_1$ semiarider Wald- und Steppengürtel des Hochlands von Tibet; VIC$_2$ semiarider kalter Steppengürtel des Hochlands von Tibet; VIC$_3$ semiarider Steppengürtel des Hochlands von Tibet; VID$_1$ arider Wüsten- und Halbwüstengürtel des Hochlands von Tibet; VID$_2$ arider Wüsten- und Halbwüstengürtel des nördlichen Hochlands von Tibet (XSXD 1984:95).

Für eine weitere Eingrenzung des Untersuchungsgebiets empfiehlt sich eine etwas genauere Betrachtung der klimatischen Verhältnisse.

Klima in den nord- und westchinesischen Trockengebieten

Da die Klimafaktoren für die Landwirtschaft von tragender Bedeutung sind, werden in Tab. 1 deren wichtigste Eckdaten aufgeführt.

Auch klimatisch sind Chinas Trockengebiete also verhältnismäßig einheitlich umrissen und heben sich prägnant von den humiden Teilen der Volksrepublik ab. Die Grenzlinie der Trockengebiete zu den humiden Regionen gemäß der in B.1 vorgenommenen Zonierungen entspricht etwa der 400-mm-Jahresisohyete. In den vollariden Beckenlandschaften der Dsungarei (Wüste Gurbantünggüt), des Tarim-Beckens (mit der Wüste Taklimakan), der Turpan-Senke (alle in Xinjiang) und des Qaidam-Beckens (Qinghai) sind die niedrigsten Jahresniederschläge gemessen worden: 15,4 mm/a in Lenghu (Qaidam), 15,6 mm/a in Ruoqiang (Qarkilik, am Südostrand der Taklimakan) und 5,9 mm/a in Toksun (im westlichen Turpan-Becken).[38]

Zusammenfassend lassen sich Chinas Trockengebiete kennzeichnen als Regionen mit Niederschlagsmengen unter 400 mm/a, die zu 50-80% in den Sommermonaten niedergehen. Im Durchschnitt liegt ihre Niederschlagsvariabilität zwischen 25% und 60%. Sämtliche Trockenregionen erhalten mindestens 120 kcal/mm^2 jährlicher Sonnenstrahlung, und die Sonnenscheindauer liegt mit 2.800-3.554 Stunden im Jahr bei 60-80% der maximal möglichen Sonnenscheindauer. Verhältnismäßig lange frostfreie Perioden mit milden bis hohen sommerlichen Temperaturen würden gemeinsam mit den genannten strahlungsklimatischen Bedingungen günstige Voraussetzungen für die Landwirtschaft schaffen, wären da nicht die extrem ungünstigen Niederschlagsverhältnisse.

Tab. 1: Übersicht über die Klimafaktoren in den Trockengebieten der VR China

Klimafaktor (Maßeinheit)	Minimum		Maximum	(Ort)	Quelle
Temperatur (°C)					
Jahresmittel	-2		14	(Turpan/XJ)	XSXD 1984:59
Januarmittel	-5	(Taklimakan)	-25	(Hailar/NM)	XSXD 1984:55
Julimittel	4	(Westtibet)	33	(Turpan/XJ)	XSXD 1984:56
Tage mit einem Tagesmittel von 10°C und darüber, deren					
Temperatursumme	500	(Westtibet)	5000	(Turpan/XJ)	XSXD 1984:57
Frosttage im Jahr	14	(Golmud/QH)	150	(Hailar/NM)	XSXD 1984:58
frostfreie Periode (Tg.)	50	(Westtibet)	266	(Turpan/XJ)	XSXD 1984:58
Niederschlag					
Variabilität (%)	13	(Hailar/NM)	60	(Taklimakan/XJ)	XSXD 1984:63
Regentage im Jahr	10	(Andirlangar/XJ)	105	(Hailar/NM)	XSXD 1984:63
jahreszeitliche Verteilung (%):					
Frühjahr	5	(Westtibet)	42	(Kaxgar/XJ)	XSXD 1984:61
Sommer	32	(Kaxgar/XJ)	80	(Westtibet)	XSXD 1984:61
Herbst	1,7	(Lenghu/QH)	20	(Hami/XJ)	XSXD 1984:62
Winter	1,3	(Linxi/NM)	20	(Turpan/XJ)	XSXD 1984:62
relative Feuchte im					
Jahresmittel (%)	30	(Lenghu/QH)	69	(Hailar/NM)	XSXD 1984:64
Sonnenscheindauer					
(Std.pro Jahr)	2800		3554	(Lenghu)	XSXD 1984:45
(% d. max. mögl. S.~)	61	(Hotan/XJ)	80	(Lenghu/QH)	XSXD 1984:46
Sonnenstrahlung					
(kcal/mm² im Jahr)	130		263	(Gartok)	XSXD 1984:45

(Quelle: XSXD 1984:55-64)

Neben den Klimafaktoren spielen vor allem die Bodenverhältnisse eine Rolle für die Landwirtschaft. Es hat jedoch wenig Sinn, diese für einen derart großen Raum im Detail darzustellen. Es soll uns hier genügen, sie regional anzusprechen, wenn sie einen bedeutsamen limitierenden Faktor darstellen. Großräumig betrachtet, haben die Trockengebiete Anteil an Schwarzerde- (*heigai tu*), kastanienbraunen (*ligai tu*) und Braunerdeböden (*zonggai tu*) der Inneren Mongolei (II$_1$ nach Zhang/Cai/He 1984:221-236) sowie den grauen und braunen Wüstenböden (*huizong motu, zong motu*) und Flugsanddünen des Gansu-Korridors und Xinjiangs (II$_3$). Lößbänder an den Nord-, West- und Südrändern des Tarim-Beckens (Kolb 1963:405) u.a. Gebieten bieten zuweilen günstige Standorte im Gegensatz zu den oft ausgedehnten Salzböden entlang der turkestanischen Flüsse (vgl. Karte in XSXD 1984:81 f.).

Agrarpotential 47

Nach diesen Betrachtungen über die naturgeographischen Grundlagen der Trokkengebiete Chinas sollte nun eine für die Untersuchung dienliche landschaftsräumliche Zonierung dieser Trockengebiete vorgenommen werden. Hilgemann et al. (3/1980:40 f.) unterscheiden nur recht ungenau zwischen Innerer Mongolei, in der "wegen der Aridität nur geringe Möglichkeiten für eine Intensivierung der Landwirtschaft" bestünden, und Xinjiang, dessen "leere" Räume besiedelt werden sollen, bzw. dem "Westen" als chinesischem "Entwicklungsland".

Zahlreiche Geographen (wie Böhn, Brüning, Kolb u.a.) folgen der chinesischen Gliederung nach Wüstenregionen, wie sie von Zhao (1985:2-5) vorgenommen wurde: 1. das Tarim-Becken mit dem Südwestteil des Gansu-Korridors, 2. das Becken der Dsungarei, 3. der Übergangsraum von Xinjiang nach Gansu, der von der Turpan-Senke im Westen bis zum Edsin Gol (Ruo Shui) im Osten reicht, 4. das Qaidam-Becken, 5. das Alashan-Plateau mit dem Ostteil des Gansu-Korridors, 6. Ningxia und das zentrale Plateau der Inneren Mongolei am Huang-He-Knie, 7. die östliche Innere Mongolei und 8. der Ostfuß der Gebirgsketten des Da Hinggan Ling.

Entsprechend dem Relief und den klimatischen Gegebenheiten und mit gewisser Rücksicht auf die politisch-administrative Gliederung der Volksrepublik China werden für die vorliegende Arbeit folgende Großräume in den Trockengebieten unterschieden (vgl. Übersichtskarte nach S.227):

1. das *Innermongolische Hochland* mit dem *Da Hinggan* im Osten, dem Ordos-Plateau bis zur Großen Mauer im Süden und dem Alxa- oder Alashan-Plateau im Westen (AR Innere Mongolei und Norden der AR Ningxia);
2. der *Gansu-Korridor* (Nordwesten der Provinz Gansu);
3. die *Turpan-Senke*, die sich ostwärts in der Kumul-Senke der Oase Hami fortsetzt, einschließlich des nördlich und östlich des Kuruk Tagh sich erstreckenden Hochlandes (Osten der AR Xinjiang); 4. die *Dsungarei* (Norden der AR Xinjiang);
5. das *Tarim-Becken* (Süden der AR Xinjiang);
6. das *Qaidam-Becken* (Nordwestteil der Provinz Qinghai) und
7. das *Ngari-Hochland* (Westen der AR Tibet).

B.3 Agrarpotential und Gliederung der Wirtschaftsräume

Die schwierigen Bedingungen, die in der Volksrepublik China von Relief[39], Klima und Bodenbeschaffenheit vorgegeben werden, führen dazu, daß nur etwa ein Drittel verschiedenen landwirtschaftlichen (inkl. Wald- und Weidewirtschaft)

Zwecken und allenfalls rund 11% ackerbaulicher Nutzung unterliegt.[40] Daß von diesen Ackerflächen ein vergleichsweise kleiner Teil in den Trockengebieten zu finden ist, dürfte leicht einzusehen sein. Andrerseits wären gerade in vielen der chinesischen Trockenräume die Temperatur- und Strahlungsbedingungen für das Pflanzenwachstum erheblich günstiger, als es der limitierende Hauptklimafaktor Niederschlag erwarten lassen würde. Auch sind durchaus brauchbare bis gute Böden vorhanden, die zu erschließen die Regierung der VR China sich ja zur Aufgabe gemacht hatte.

Hilgemann et al. (1975:16) teilen die gesamte Volksrepublik China in vier Agrarnutzungs-Großräume ein. An drei davon haben die Trockengebiete Anteil: der nördlichste Rand des Nordostsektors mit Trockenfeldbau und Großtierhaltung reicht gerade auf die Randbereiche des Ordosplateaus und den Osten des Hochlandes der Inneren Mongolei. Neben der Weidewirtschaft spielt der Anbau von Winterweizen, Hirse und Kartoffeln eine Rolle. Der Westen der Inneren Mongolei wird wie Ningxia, der Gansu-Korridor und Xinjiang von nomadischer Viehzucht und Oasenkulturen geprägt. Südlich dieses Nordwest-Sektors schließt sich das Hochland von Tibet als Südwest-Sektor an, der von nomadischer Wechselweidewirtschaft und ein wenig Trockenfeldbau (Weizen, Mais, Kartoffeln) beherrscht werde. Die wichtigste Getreidesorte der Tibeter - die *Qingke*-Gerste - nennen Hilgemann et al. nicht. Am vierten Großraum - dem südöstlichen Sektor der Naßreiskulturen, haben die Trockengebiete keinen Anteil.

Unter Berücksichtigung der landwirtschaftlich relevanten naturräumlichen Bedingungen, der Bodennutzungsgliederung und der wichtigsten Anbauprodukte haben Cheng und Lu[41] China in neun landwirtschaftliche Großregionen gegliedert, von denen zwei - nämlich die Regionen Nei Meng/Changcheng yanxian Qu und Gan Xin Qu (Region 2 und 8 gemäß Cheng/Lu 1984:107) - vollständig und eine - das Hochland von Tibet (Qingzang Qu, Region 9) teilweise zur Trockenzone gehören. Diese drei Agrarwirtschaftsräume sind dabei wie folgt umrissen und gekennzeichnet:

Nei Meng/Changcheng yanxian Qu (i.e. die östliche und südliche Innere Mongolei und ein schmaler Streifen der jeweils südlich angrenzenden Provinzen[42] und auf dem Ordos-Plateau entlang der Großen Mauer; 801.000 km^2): In den ackerbaulich nutzbaren Gebieten entlang der Flüsse (besonders Huang He) werden vor allem von dort siedelnden Han-Chinesen Getreide (Weizen, Hirse, Mais), Raps und Zuckerrüben angebaut. Der größte Teil der Steppen wird als Weideland für Schafe, teilweise auch für Rinder und Pferde genutzt. Während die Weiden im Osten dieser Region als die besten Chinas bezeichnet werden, gehört das wenige Ackerland zu jenen Getreidebaugebieten mit der niedrigsten Produktivität (Cheng/Lu 1984:108 f.).

Gan Xin Qu (Xinjiang, Gansu-Korridor, Nord-Ningxia und westliche Innere Mongolei; 2,254 Mio.km²): Zusammen mit dem Ostteil Xinjiangs machen der Gansu-Korridor und die westliche Innere Mongolei die Südhälfte der sogenannten *Gobi*[43] aus, jene schütteren Steppen und Wüstensteppen, die von mongolischen Nomaden zur Schaf- und Ziegenzucht genutzt werden. Die unfruchtbaren Wüsten werden nur selten von Steppenböden unterbrochen, Ackerbau ist zudem nur mit Bewässerung möglich, was wiederum die Versalzung zu einem akuten Problem macht. Ackerbau in dieser Zone beschränkt sich somit auf die Gebirgsfußzonen, wo Flüsse in die Ebene strömen und zur Bewässerung genutzt werden können, und die weiten Tallandschaften der größten Flüsse wie Tarim, Yarkant Darya, Hotan Darya und Edsin Gol (vgl. Karte in XSXD 1984:5 f.).

Außer dem Getreide und Baumwollanbau spielen Sonderkulturen (Melonen, Trauben) in diesen Oasen eine überaus große Rolle. Letztere sind in China sogar von überregionaler Bedeutung. Getreide, vor allem Weizen, wird fast überall auf mindestens der Hälfte der Ackerfläche angebaut, besonders in den Flußebenen des Huang He (Weining-, Ningxia- und Hetao-Flußoasen) und im Ili-Tal. In Süd-Xinjiang ist vor allem der Baumwollanbau bedeutend, während in der Dsungarei und der innermongolischen Hetao-Ebene wichtige Zentren des Zuckerrübenbaus liegen (Cheng/Lu 1984:114).

Qingzang Qu (i.e. Hochland von Tibet, insgesamt 2,269 Mio.km²): Nur etwa ein Drittel bis die Hälfte des Hochlandes kann zu den Trockengebieten gerechnet werden.[44] Die wichtigsten Teilregionen dieser Hochlandtrockenzone sind das Qaidam-Becken im Norden, Westtibet (d.h. der aride Westen des Qiangtang-Plateaus und das semiaride Ngari mit Steppen- und Wüstenböden), die semiariden Flußtalungen des zentralen Südtibets (vgl. Tafel 1) sowie die kaltariden Hochgebirgswüsten des Karakorum und des Kunlun Shan.

Im *Tsangpo-Tal* und seinen Seitentälern ist Ackerbau mit klimatisch angepaßten Pflanzen (der *Qingke-Gerste* z.B.) möglich: Getreide (Gerste, Winterweizen) sind die wichtigsten Feldfrüchte. Kartoffeln, Raps, Erbsen sind ebenfalls von großer Bedeutung (Cheng/Lu 1984:32, 115). Im Qaidam-Becken und in tieferen Lagen Westtibets ist Ackerbau (Sommerweizen) nur mit Bewässerung möglich. Alle höheren Lagen sowie das Qiangtang-Plateau dienen als Weiden - hier im Westen vor allem für Schafe und Ziegen, aufgrund der Trockenheit kaum noch für Yaks oder anderes Großvieh.[45]

B.4 Bevölkerungsdichte und Ackerflächen der Trockengebiete

Nehmen einerseits die Trockengebiete Chinas über die Hälfte der Staatsfläche der Volksrepublik ein, so ist ihr Bevölkerungsanteil vergleichsweise gering (Tab. 2). Über 90% des Milliardenvolkes leben jenseits der 400-mm-Jahresisohyete im Ostteil des Landes.

Tab. 2: Bevölkerung der Trockengebiete Chinas

Provinz/ Region	Gesamtbevölkerung (Mio.Einw.)	(Einw./km^2)	davon ländliche Bevölkerung (Mio.Einw.)	in %
Innere Mongolei	20,1	45	14,3	71,5
Ningxia	4,1	25	3,3	80,0
Gansu	20,4	38	17,3	84,8
Xinjiang	13,6	8	9,2	67,8
Qinghai	4,1	6	2,9	71,5
AR Tibet	2,0	2	1,7	82,0
insgesamt	64,3	12	48,7	75,7

(Quellen: MLVF (1986:2 f.); SB (1987:30 f.))

Wegen des auf Verwaltungseinheiten basierenden statistischen Materials ließen sich für den ariden Raum nur die ungefähren Werte ermitteln. Die in den Trockengebieten gelegenen und an ihnen Anteil habenden Provinzen und Autonomen Regionen machen mit rund 65 Mio. Menschen nur 6% der Bevölkerung der VR China aus. Da aber die Bevölkerungszahlen der Provinzen Gansu und Qinghai sowie der AR Ningxia und Tibet auch jene Landesteile umfassen, die naturräumlich günstiger und damit dichter besiedelt sind[46], können wir davon ausgehen, daß sich die Bevölkerung der Trockengebiete auf weniger als 5% der chinesischen Gesamtbevölkerung beläuft.

Die Bevölkerungsdichte der Trockengebiete ist somit gekennzeichnet durch eine flächenhaft unter 10 Einwohnern je km^2 liegende Besiedlungsdichte, inselhaft durchsetzt mit Dichten zwischen 11 und 50 Einw./km^2, die nur in den Oasenkernen auch Dichten von 51-200 Einw./km², in Ausnahmefällen (Hotan, Kaxgar, Yecheng/Xinjiang; Tongliao/Innere Mongolei) auch 201-400 Einw./km² erreichen (Böhn 1987:42 f.). Insgesamt liegt die durchschnittliche Bevölkerungsdichte in Chinas Trockengebieten heute um 11 Einw./km², und auch diese verhältnismäßig geringe Zahl wäre ohne die seit Gründung der VR China verstärkt durchgeführten Neulanderschließungen und den damit verbundenen Bevölkerungswanderungen nicht denkbar. Immerhin waren in den Erschließungsgebieten in der Inneren Mongolei, in Ningxia, Qinghai, Xinjiang und der Mandschurei die höchsten Zuwachsraten zu verzeichnen: In den Jahren 1953 bis 1982 war der durchschnittliche Zuwachs der Bevölkerungsdichte etwa 150% - gegenüber einem Landesdurchschnitt von 72% (Scharping 1985/2:34).

Tab.3: Landwirtschaftliche Nutzfläche² in der VR China (vgl. auch MAT 12/1)

Jahr	Quelle	Nutzfläche Mio.ha	ha/pro Kopf d.Bevölker.	Anteil a.d.Gesamtfläche Chinas (%)
1930er	Wilm (1968:11)	74[1]	0,19	13[1]
1950er	MZL[4] (1987:7)	107-108		
1952	LZPB(1987:3)/Ting('77:10)	112,5	0,188	
1957	Weggel (1981:31)	111	0,18	
1972/3	BZPB (1983:IX f.)		0,13	11,7
1974[3]	SB (1987:59 f.)	101,1		10,8
1980	SB (1987:59 f.)	100,8		
1983	SB (1987:59 f.)	100,9		10,8
1984	Cheng/Lu (1984:15-18)	99,3	0,1-0,13	10,4
1987	MZL[4] (1987:7)	97,5[5]	0,09	10

Bemerkungen: 1) China mit 18 Provinzen;
2) mit Dauerkulturen, ohne Grünland;
3) Durchschnittswerte für 1974-1976;
4) MZL = Munzinger Länderhefte: *VR China*, Ravensburg 1987;
5) Angaben unterschiedlich: 95-96 Mio.ha (S.7), 97,5 Mio.ha Ackerland plus 3,4 Mio.ha Dauerkulturen = 100,9 Mio.ha.

Damit stellt sich die Frage nach der zur Verfügung stehenden Ackerfläche. Um eine Vorstellung davon zu bekommen, in welchem Umfang Veränderungen in der Ausdehnung der Wirtschaftsfläche vorgenommen wurden, ist nachstehende Übersicht zusammengestellt worden (Tab. 3). Dennoch bietet sie keinerlei Hinweise auf die Dimension der Neulanderschließungen, denn das Zahlenmaterial, in das Schätzungen chinesischer wie westlicher Geographen seit den 40er Jahren eingegangen sind, weist neben der Schwierigkeit unterschiedlicher Schätzparameter und einer mehr oder weniger optimistischen Grundeinstellung vor allem das Problem auf, daß sich verschiedene Einzelbilanzen in der Gesamtbilanz aufrechnen. Konkret heißt dies, daß die in den 50er Jahre zunächst neu erschlossenen Gebiete zunächst zu einer positiven absoluten Ackerflächenbilanz führten, ihre Entwicklung dann aber stagnierte, um schließlich - seit den 60er Jahren - sogar durch die großen Verluste an landwirtschaftlicher Ackerfläche einerseits durch ökologische Schäden, anderseits vor allem im Osten durch Straßenbau, Erweiterung von Industrie- und Wohnarealen nicht nur aufgefressen, sondern sogar übertroffen zu werden.

Der tatsächliche Umfang der neu erschlossenen Flächen sowie der damit verbundenen Bevölkerungsbewegungen wird infolgedessen im letzten Teil der Arbeit noch zu klären sein.

C. Neulanderschließung als ein Weg aus dem Nahrungsproblem?

C.1 Ziele und Aufgaben der Neulanderschließung in China

Daß die vorliegende Arbeit als wesentliche Zielsetzung hat, den Beitrag der Neulanderschließungen zur Lösung der Nahrungsprobleme in China herauszuarbeiten, legt natürlich nahe, daß dies überhaupt ein fundamentales Ziel der chinesischen Planer ist. Dennoch verbanden die Machthaber im kommunistischen China eine ganze Zahl verschiedener Absichten mit der Neulanderschließung, die hauptsächlich von Staatsfarmen vorangetrieben wurde. Welche Aufgaben den Staatsfarmen angetragen wurden, soll zunächst kurz beleuchtet werden.

Von den neun typischsten Zielen, die bei Neulanderschließungen und Umsiedlungsprogrammen im allgemeinen verfolgt werden[47], hält Williams (1981:79 f.) jene mit einem starken nationalen Bezugsrahmen für am wenigsten realistisch: wie die Umsiedlungsprogramme zum Zweck des Dichteausgleichs der Bevölkerung oder die Landgewinnung, deren unmittelbares Ziel eine beträchtliche Steigerung der nationalen Nahrungsmittelversorgung ist. Bezüglich der Forschungsfrage dieser Arbeit würde Williams folglich große Skepsis für angebracht halten. Für realistischer hält er Projekte, deren Anspruch es ist, das Los bestimmter, im Umfang begrenzter Menschengruppen zu verbessern.

Die bereits im Jahre 1947 in Nordostchina gegründeten Experimentierfarmen hatten Guo (1981:407) zufolge Massenproduktion und Verbreitung guter Getreidesorten als Hauptziele. Außerdem sollten sie fortschrittliche Anbautechniken popularisieren, Möglichkeiten zur Verhütung und Ausrottung von Pflanzenkrankheiten und -schädlingen entwickeln, das Sammeln und Anwenden von Dünger systematisieren und die Bauern anleiten, ihre Anbautechniken zu verbessern.

Mao Zedongs im Jahre 1950 ausgegebene Direktive über Teilnahme der Armee am Produktions- und Aufbauprozeß[48] führte zur Gründung von Staatsfarmen in der Mandschurei (Heilongjiang), in Ostchina (Jiangsu, Shandong) und besonders im trockenen Nordwesten (AR Ningxia und Xinjiang). Ihre Hauptaufgaben wurden folgendermaßen formuliert: 1. Produktion großer Mengen vermarktbaren Getreides und von Rohmaterial für die Industrie sowie tierischer Erzeugnisse für den Staat; 2. den Bauern ein Beispiel zu geben von einträglichen Ergebnissen durch hohe Ernteerträge und niedrige Kosten; 3. landwirtschaftliche Erzeugnisse zu fördern, indem sie den Bauern mit guten Sorten halfen, mit Zuchttieren, landwirtschaftlichen Maschinen und fortschrittlichen landwirtschaftlichen Erfahrungen; 4. die Überlegenheit der Produktion im Massenkollektiv vorzuführen, so daß die Bauern versucht wären, sich zu organisieren und von selbst den Weg in die Kollektivierung einzuschlagen. Neben den ökonomischen Zielen standen vor allem sozialpolitische Ziele im Vordergrund (Guo 1981:407).

Nicht vergessen werden darf eine bei uns im Westen vielleicht oft etwas überbewertete, nichtsdestotrotz aber von der politischen Führung der Volksrepublik China sehr ernstgenommene Aufgabe der Staatsfarmen - namentlich jener in den Grenzregionen des Nordostens und Nordwestens, d.h. vor allem in den Trockengebieten. Betke (1987b:104) beschreibt sie als ein Anliegen "militär- und sicherheitspolitischer Natur": die Versorgung der Truppe, die die lange Grenze sichern und die ethnisch gemischte Bevölkerung kontrollieren sollte, ohne die lokale Ökonomie zu schwer zu belasten.

Besonders deutlich wurde dies gerade in Xinjiang, nachdem die Erste Feldarmee Chinas Kontrolle über Xinjiang wiederhergestellt und ihren Kampfauftrag im wesentlichen beendet hatte. Da sowohl die sowjetische Umklammerung weiterhin eine äußere Bedrohung darstellte als auch innere Unruhen durch die moslemischen Völkerschaften zu befürchten standen, wurden zwar teilweise Armeeverbände aufgelöst, aber zusammen mit übergelaufenen, gegnerischen Guomindang-Truppen vor Ort in paramilitärischer Organisationsstruktur angesiedelt. Rund eine halbe Million ehemaliger Soldaten nahmen nach 1949 die Aufgabe in Angriff, Xinjiang zu kolonisieren und dabei ihre eigene Versorgung sicherzustellen (Weggel 1982:354 f. und 1987:43 f.).

Diese seit 1949/50 tätigen Organisationen wurden formell erst 1954 als Produktions- und Aufbaukorps (PAK) des Militärkommandos Xinjiang gegründet und dem Landwirtschaftsministerium unterstellt. Ihre Aufgaben als Grenzgarnisonen wurden neben der Neulanderschließung als die militärischen und politischen Aufgaben der ökonomischen Erschließung, des Aufbaus und des Schutzes der Grenzregionen und - ideologisch - als Hilfe für die Brudernationalitäten beim sozialistischen Aufbau formuliert. Die Leitung der PAK Xinjiang wurde 1956 auf das neu geschaffene "Ministry of State Farms and Land Reclamation" übertragen.[49]

In den 50er Jahren gehörte zur Aufgabe der Staatsfarmen vornehmlich die wichtige politische Mission, die landwirtschaftliche Kollektivierung vorwärtszubringen (Guo 1982:407). Die politische Dimension wurde in den 60er noch ausgeweitet,

Abb. 4:
Verteilung der in der Neulanderschließung tätigen Staatsfarmen in den chinesischen Trockengebieten (Stand 1980)

Anmerkung: Die in der Karte eingetragenen Punkte geben weder Flächen noch Zahl der Staatsfarmen getreu wieder.
(Quelle: Gerhold 1987:66)

als es um den Ausgleich von Stadt und Land ging, um die "Stählung jugendlicher Städter im bäuerlichen und pastoralen Hinterland" (Weggel 1982:355). Da das PAK Xinjiang als Organisationsform zu Beginn der 70er Jahre aufgelöst worden war, wurden die Kompetenzen über die Staatsfarmen anderweitig verteilt.

Eine Nationale Staatsfarm-Arbeits-Konferenz definierte 1977/78 die Aufgaben der Staatsfarmen neu: Sie empfahl die Konsolidierung derselben, damit sie 1. in Basen für vermarktbares Getreide und industrielle Rohstoffe umgebaut werden könnten, 2. Lebensmittel lieferten für den Konsum in den Städten und den Export und 3. eine exemplarische Führungsrolle in der landwirtschaftlichen Modernisierung spielten (Guo 1982:408). Im politischen Bereich kam in den 80 Jahren als Ziel der Abbau der städtischen Arbeitslosigkeit hinzu.[50]

Nachdem Deng Xiaoping 1981 beim Besuch Xinjiangs die Neugründung des Produktions- und Aufbaukorps angeregt hatte, spielte das PAK Xinjiang seit 1982 wieder eine bedeutende Rolle als Produktionsarmee, die Arbeit und Umgang mit Waffen miteinander verbindet. Selbstverständlich blieben die zentralen Aufgaben der Neulanderschließung, der Sicherung der Bewässerung, der Bewachung der Grenze und des "Kampfes gegen Subversionen". Neu in der Zielformulierung war - wie überall im China der 80er Jahre - die Verwirklichung der Vier Modernisierungen. Dazu gehören teilweise auch regionale infrastrukturelle Arbeiten wie Eisenbahnbau, Bau von Brücken und Tunnels (Weggel 1977:120). Intern haben die Staatsfarmen Hoch-, Mittel- und Grundschulen zu unterhalten, die technische Ausbildung ihrer Arbeiter durchzuführen, den Unterhalt pensionierter Altgenossen zu garantieren u.a. (Weggel 1982:355).

Die Betrachtung der von chinesischen Politikern und Wissenschaftlern verfaßten und proklamierten Aufgaben und Zielsetzungen der Staatsfarmen erweist, daß im Laufe der vier Jahrzehnte seit Gründung der Volksrepublik China die von Williams formulierten Ziele zumeist einen bedeutenden Teil der Erschließungsprogramme ausmachten. Sich wandelnde Rahmenbedingungen haben ebenso wie neu gesetzte politische wie wirtschaftliche Schwerpunkte dazu geführt, daß manche der Ziele nur zeitweilig, andere ständig, daß manche schwerpunktmäßig, andere nur beiläufig verfolgt wurden. Insgesamt gesehen, waren und sind Projekte der Neulanderschließung in den Trockengebieten der Volksrepublik China immer einem komplexen, an vielerlei Aufgaben und Zielen orientierten Programm verpflichtet. Dessen zentraler Punkt war indessen immer die Sicherung der nationalen, wenigstens aber der lokalen Nahrungsversorgung.

Landerschließungsprojekte sind erfahrungsgemäß mit einer Zahl von **grundlegenden Problemen** konfrontiert, die ihnen die Erfüllung der an sie gestellten Aufgaben und Erwartungen nicht leicht machen. Namentlich die Ausdehnung der Agrarwirtschaftsfläche in den chinesischen Trockengebieten ist von einem wachsenden Ertragsausfallsrisiko bedroht, das den Bau von hohe Investitionskosten verursachenden Bewässerungsanlagen zur zwingenden Notwendigkeit macht (Stadelbauer 1984a:571). So verwundert es nicht, daß an oberster Stelle auf der Liste der Probleme, mit denen Erschließungsprojekte auf der ganzen Welt zu kämpfen haben, die außerordentlich hohen Kosten stehen, und zwar sowohl in Form von Kapital als auch in Form von qualifizierten Arbeitskräften (Williams 1981:73).

Des weiteren sind solche Projekte überaus zeitintensiv, d.h. neben den langen Fristen bis zur Schaffung einer angemessenen Infrastruktur vergeht viel Zeit, bis die Unternehmen übers Versuchsstadium hinauskommen und voll entwickelt sind. Selbst nach Abschluß der Projektzeit erbringen sie oft geringe Erträge oder Erntequalität. Eine isolierte Lage geht außerdem einher mit harten Lebensbedingungen, die zu hohen Abwanderungsraten führen können. Schließlich bringt die geringe Wahrscheinlichkeit, ohne Verluste abzuschließen, oft die Notwendigkeit langer oder gar permanenter Subventionierung mit sich (Williams 1981:73).

Vornehmlich in Regionen, deren autochthone Bevölkerung sich ethnisch und kulturell vom Kernland unterscheidet, führt die mit der Neulanderschließung verbundene Umsiedlung von Bevölkerungsteilen nicht selten zur ethnischen Überfremdung und damit zu sich steigernden sozialen Spannungen und Konflikten. Von immenser Bedeutung sind ökologische Schäden, die gerade in den Trockengebieten mit ihrem höchst labilen ökologischen Gleichgewicht unüberschaubare Ausmaße annehmen können. Entsprechend sind Probleme wie Abholzung, Bodenerosion, Verschlammung von Flüssen und Kanälen, Bodenversalzung und damit zunehmende Desertifikation auch in China durchaus bekannt.

Der Versuch der Lösung der genannten fundamentalen Probleme bei der Neulanderschließung führt nicht allzu häufig zu guten Erfolgen, kann aber bedeutende Rückwirkungen auf andere Bereiche der Landwirtschaft haben. Vor allem in der Umsetzung wissenschaftlicher Ergebnisse, die einerseits im Verlauf solcher Projekte gewonnen bzw. andererseits auf ihrem Gelände in Testläufen umgesetzt werden können, wird eine wesentliche Aufgabe der Staatsfarmen gesehen.[51] Gerade sie haben überdies außerordentlich große Bedeutung für die Entwicklung der Landwirtschaft in Landesteilen fern der Pionierfront in den Trockengebieten. Bei der Betrachtung der Erfolge oder Fehlschläge von Erschließungsprojekten sollte dies nicht aus den Augen verloren werden.

C.2 Neulanderschließungsprojekte in Trockengebieten Chinas - Fallbeispiele

C.2.1 Xinjiang-Ziel chinesischer Agrarkolonisation seit der Seidenstraßen-Blüte

Von den sieben Großräumen, die die Gliederung der Trockengebiete Chinas umfaßt, liegen allein drei in der AR Xinjiang: die Dsungarei, die Turpan-Senke und das Tarim-Becken. Mit einer Fläche von über 1,6 Mio.km^2 ist Xinjiang

Abb. 5: Die Autonome Region Xinjiang
Die wichtigsten naturräumlichen Einheiten (Beckenlandschaften, Wüsten, Flußsysteme) und Lage der nachfolgend behandelten Erschließungsgebiete.

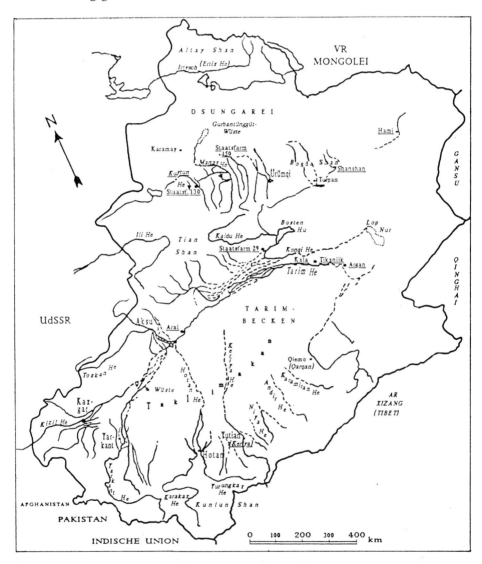

(Quellen: s. LIT 2.2)

Fallbeispiele 59

16mal so groß wie die dichtestbevölkerte Ostprovinz Jiangsu (ca. 650 Einw./ km²), während die Bevölkerung der AR mit rund 14 Mio. Menschen (1949: ca. 4 Mio. [Lattimore 1973:237]; also einer durchschnittlichen Bevölkerungsdichte von 2,5 Einw./km²) nicht einmal ein Viertel derjenigen Jiangsus ausmacht. Die weiten Flächen der zentralasiatischen Region waren 1949 aus chinesischer Sicht vermeintlich unbesiedelt und boten sich zur Ansiedlung chinesischer Ackerbauern geradezu an.

Die AR Xinjiang wird eingerahmt von den teilweise stark vergletscherten Ketten des bis über 5.000 m reichenden Tian Shan (im Han Tengri 7.435 m) und des Hochlandes von Pamir (im Kongur 7.719 m) im Westen, des Karakorum, Kunlun Shan (Mustagh 7.282 m) und Altun Shan (Altyn Tagh 5.798 m) im Süden und Südosten sowie der Altay-Kette (Youyi Feng 4.374 m) im Norden. Die nördlichen und östlichen Ausläufer des Tian Shan teilen Xinjiang in zwei Hauptlandschaften - Nord-Xinjiang mit der Dsungarei und Süd-Xinjiang mit dem Tarim-Becken - und umfassen die zwei kleineren Raumeinheiten des Ili-Tales (im Westen) und der Turpan-Senke, die sich über die Kumul-Senke (Oase Hami) im Osten in die einzige offene Grenzlandschaft fortsetzt: das in die Gobi übergehende, von Steinwüsten geprägte Hoch- und flache Bergländer umfassende Ost-Xinjiang.

Die Bevölkerung bestand 1949 mehrheitlich aus dem Volk der Uiguren (75-80%); es folgten Kasachen (8%), Han-Chinesen (7,5%), Kirgisen und Mongolen (1,6%) sowie acht weitere sogenannte "nationale Minderheiten".[52] Durch die im Rahmen militärischer Neulanderschließung angesiedelten Han-Chinesen veränderte sich die Bevölkerungsstruktur nachhaltig, so daß die Han-Chinesen heute mit über 40% die zweitgrößte Bevölkerungsgruppe nach den Uiguren (45%) stellen. Mit der Bevölkerungsstruktur wurden auch die Siedlungs- und Wirtschaftsstruktur Xinjiangs maßgeblich verändert. Die traditionelle Oasen-Landwirtschaft der Uiguren wurde nicht nur ergänzt durch die von den Chinesen erschlossenen Neulandgebiete, sondern trat - zumindest in der Frage der natürlichen Grundlagen - zuweilen in unmittelbare Konkurrenz zu ihnen. Inwiefern diese natürlichen Grundlagen dazu ausreichten, um sowohl der Oasenwirtschaft die Existenz und den Neulanderschließungen ihre Entwicklung zu erlauben, soll zunächst an einer Reihe von Fallbeispielen aufgezeigt werden.

C.2.1.1 Die Manas-Region als chinesisches Modell einer durch Neulanderschließung ausgelösten integrierten ländlichen Entwicklung

C.2.1.1.1   Lage der Manas-Region

Die nach dem Fluß Manas benannte Erschließungsregion ist Teil des Dsungarischen Beckens. Am Nordfuß des Tian Shan gelegen, reicht sie teilweise weit in die Sandwüste Gurbantünggüt hinein, deren Herz im Nordosten liegt. Die Bevölkerung des 12.000 km² großen Manas-Flußgebiets beträgt (1982) rund 900.000 Menschen (Betke 1987b:61), die vorwiegend in den Gebirgsrandoasen Shawan, Shihezi, Manas und Hutubi siedeln. Lebensgrundlage für diese Oasenbewohner sind die Flüsse, die hier aus dem Gebirge austreten und deren Wasser genutzt werden kann. Der größte dieser Flüsse ist der 324 km lange Manas He, der mit einer mittleren Abflußmenge von 40 m3/sec der bedeutendste Wasserlieferant Nord-Xinjiangs ist (Betke 1987b:61).

C.2.1.1.2 Früher Beginn der chinesischen Kolonisation

Im Zusammenhang mit der Sicherung der "Seidenstraße" genannten Handelswege, deren nördlichste Route durch die Dsungarische Pforte nach Westen führte, waren während der Han-Zeit (3.Jh. v.Chr. - 3.Jh. n.Chr.) und der Tang-Dynastie (7.-10.Jh.) im Zuge des schon erwähnten *Tuntian*-Systems Wehrbauernsiedlungen gegründet worden, die sich allerdings auf die unmittelbare Umgebung der Garnisonen beschränkten. In jener Zeit wurde nach Betke (1987b:100) in der Dsungarei Ackerbau allenfalls im Umland der Oasenzentren (z.B. des heutigen Ürümqi) betrieben.

Namentlich seit der mongolischen Eroberung durch Dschingis Khan waren die Dsungarei und ihre Randgebiete bis ins 18. Jh. hinein als Weideland den Hirtennomaden vorbehalten geblieben. Nach zwei großen Eroberungsfeldzügen 1757-58 hatte der Qianlong-Kaiser eine gezielte Kolonisierung der durch seine Kriegszüge entvölkerten Dsungarei begonnen. Zunächst wurden demobilisierte Soldaten entlang des Nordfußes der Tian-Shan-Kette angesiedelt, später folgten Bauern und Sträflinge aus dem chinesischen Kernland. Um sich die Techniken des Oasenfeldbaus besser nutzbar zu machen, wurden mittels Landversprechungen auch Duganen (Hui) aus Gansu und Uiguren der Tarim-Oasen angeworben. Die mit einfacher Technologie bewässerten Schwemmfächer des Manas und anderer, hier aus dem Gebirge austretender Flüsse erschlossen insgesamt immer noch einen geringen Teil des Manas-Gebiets. Die arbeitsintensive Bewässerungslandwirtschaft wurde zudem nur auf 30-50% der Ackerfläche betrieben, jährlich wechselnd, um dem Boden die entzogenen Nährstoffe durch Brachezeiten zurückzugeben (Betke 1987b:100 f.).

Zunächst politisch zur Sowjetunion orientiert, entzog sich das Manas-Gebiet stärkeren chinesischen Einflüssen, da es sich seit 1944 zum Territorium der Ostturkestanischen Republik rechnete.[53] Während der Kämpfe zwischen deren Truppen und nationalchinesischen Einheiten wurde das Gebiet um die Kreisstadt Manas schwer verwüstet. Als Grenzsaum zwischen den beiden Herrschaftsbereichen blieb das Manas-Gebiet bis zur sogenannten friedlichen Befreiung und Eingliederung in die Volksrepublik China unberührt von weiteren Kolonisierungsversuchen.

Fallbeispiele 61

C.2.1.1.3   Naturpotential der Manas-Region

Mit 100-200 mm Jahresniederschlag an den Gebirgsrändern der Dsungarei erhält die Region deutlich mehr Niederschläge als das Tarim-Becken im Süden Xinjiangs (Klima-Diagramme im Anang).Die geringere Aridität und das kühlere Klima rühren von der kalten Polarluft her, die feuchte Luftmassen aus dem Norden heranbringt. Daraus resultieren fruchtbare Böden am Gebirgsfuß der das Dsungarische Becken einrahmenden Steppen, und so liegen zwei Drittel der rund 50 Mio.ha Weideflächen Xinjiangs an den Rändern der Dsungarei (McMillen 1979:4 f.; Shabad 1972:308 f.).

C.2.1.1.4   Durchführung von Neulanderschließungen seit 1949

Nach dem freiwilligen Anschluß der ehemaligen Ostturkestanischen Republik an China und der Unterwerfung der nationalchinesischen Truppen begann die VR China eine systematische Absicherung ihrer Grenzen zur Sowjetunion und ebenso ihrer innenpolitischen Macht in Xinjiang. Aus militär- und sicherheitspolitischen Gründen einerseits und aus ökonomischen Gründen - Selbstversorgung der stationierten Armeeverbände - war eine militärische Neulanderschließung geboten, wie sie vom alten Kaiserreich teilweise schon zwei Jahrtausende lang betrieben worden war.

Durch die strategische Lage an der Route von Ürümqi ins Ili-Tal und der Nord-Süd-Verbindung vom Altay ins Tarim-Becken, durch die niedrige Bevölkerungsdichte (2 Einw./km^2 im Jahre 1949) und die günstigen Wasser- und Bodenverhältnisse drängte sich die Manas-Region geradezu als Schlüsselregion für eine militärische Neulanderschließung auf. So begann die erste Phase der Erschließung des Manas-Gebiets im Winter 1949/50, und zwar als "Rehabilitationsprogramm für übergelaufene Truppenverbände". 5.000 Guomindang-Soldaten sollten sich unter Aufsicht von Offizieren der Volksbefreiungsarmee durch die Neulandgewinnung eine Lebensgrundlage und die Aufnahme in die sozialistische Gesellschaft der VR China erarbeiten (Betke 1987b:104).

Als Koordinationszentrum der Neulanderschließung wurde Shihezi ausgewählt, ein zwischen den Kreisorten Manas und Shawan (damals: Sandaohezi) gelegenes Uigurendorf. Um der Aufgabe gerecht zu werden, sollte Shihezi ab 1951 zu einer städtischen Industrieagglomeration mit einer angestrebten Bevölkerung von 400.000 Einwohnern ausgebaut werden, was auch gelang.[54]

Von 1950 bis 1952 wurde zunächst das Einzugsgebiet der Flüsse Manas He, Taxi He, Ningjia He, Jingou He und Bayingou He[55], die innerhalb von 50 km Entfernung östlich und westlich von Shihezi aus dem Gebirge austreten, von Spezialisten der Wasserwirtschaft erforscht. Dabei wurden für diese Flüsse ein Einzugsbereich von über 10.000 km^2, eine jährliche Oberflächenwasserabflußmenge von 2,29 Mrd.m^3 und ein Grundwasserfluß von 0,91 Mrd.m^3 ermittelt (Zhang Linchi 1986:34).

Mit Rücksicht auf mangelnde landwirtschaftliche Kenntnisse der Soldaten und die fehlenden Ackergeräte wurden zuerst Flächen an leicht kultivierbaren Quellaustritten und Flußufern erschlossen oder alte, wüstgefallene Äcker rekultiviert. Selbst beim Ausbau des Kanalnetzes stießen die Truppen noch auf verfallene Anlagen, deren Strukturen man nutzen konnte. Dennoch gab es zunächst große Schwierigkeiten, und die Mitglieder der Staatsfarmen waren auf staatliche Hilfe angewiesen. Außerdem zeigte der Boden bereits Erschöpfungserscheinungen, so daß 1953/54 wieder 1500 ha wegen Versalzung aufgegeben wurden und andere Areale große Ertragsrückgänge verzeichneten (Betke 1987b:104 f.).

Bis 1954 hatten acht Staatsfarmen eine Anbaufläche von insgesamt rund 20.000 ha erschlossen (Zhang Linchi 1986:35), nach Betke (1987b:105) waren es 60.000 ha.[56] Allmählich gelang es, die Gesamterträge im Getreideanbau zu erhöhen, und auch beim Baumwollanbau, der mit Hilfe sowjetischer Experten eingeführt worden war, wurden Erfolge verbucht. Auf rund 1.300 ha waren bereits 1953 über 4.000 t Baumwolle angebaut worden, was einen durchschnittlichen Ertrag von 3 t/ha bedeutete. Das Ertragsmaximum war dabei auf 3 ha mit durchschnittlich 5,8 t/ha bzw. auf einer ausgewiesenen Fläche von 10 a gar von über 10,1 t/ha Baumwolle, was einen neuen Rekord in der ganzen VR China aufstellte (Zhang L. 1986:35).

Durch die verstärkte Erdölförderung im nordwestlich von Manas gelegenen Karamay war die Bevölkerung im Manas-Gebiet im Zeitraum 1953-56 um 110% angewachsen. Wegen des erhöhten Nahrungsmittelbedarfs beschloß die Regierung der AR Ende 1955 den "Plan zum Ausbau der Manas-Flußregion". Darin war bis 1967 der Bau großer Flachlandspeicher und von 19 Hauptkanälen sowie die Erweiterung der Ackerfläche um 0,26 Mio.ha vorgesehen. Die oben bereits erwähnte Erforschung des Manas-Gebietes wurde 1956/57 im Rahmen eines großangelegten interdisziplinären wissenschaftlichen Begleitprogramms fortgeführt, die eine genaue Evaluierung der Ressourcen der Region zum Ziel hatte. Dadurch sollten eine Abschätzung der Entwicklungsmöglichkeiten des Gebietes, Fehlervermeidung und die landwirtschaftliche Inwertsetzung des Manas-Flußgebiets ermöglicht werden. Nunmehr blickte die Staatsführung auf die durch Kapital, Know-how und Arbeitskräfte stärker unterstützten Staatsfarmen des seit 1954 Produktions- und Aufbaukorps genannten Apparates in der Erwartung, langfristig agrarische Überschüsse zu produzieren, die die wachsende städtische

Fallbeispiele 63

Bevölkerung ernähren könnten, sowie Kapital zu bilden, das zur Industrialisierung verwendet würde. Unter Einsatz der in China verfügbaren modernen Technologie sollten sie zudem ein Modell sozialistischer Großlandwirtschaft entwikkeln, durch dessen Vorbild die Landwirtschaft Chinas insgesamt modernisiert werden könnte (Betke 1987b:105 f.).

In diesem Rahmen wurde in Anlehnung an sowjetische Vorbilder ein Erschließungskonzept entwickelt, das als Grundmuster für alle Neulanderschließungen in Chinas Trockengebieten diente. Die wichtigsten Bausteine dieses Konzeptes waren 1. Wasserkontrollmaßnahmen, 2. die Neulanderschließung selbst und 3. die Anlage von Schutzwäldern. So waren bereits bis 1956 der 150 km lange nach Westen führende Kanal (Xi'an Daqu) und der erste Flachlandspeicher mit einem Fassungsvermögen von 32 Mio.m^3 geschaffen worden. Durch das gespeicherte Wasser konnten die Frühjahrstrockenheit durch Bewässerung überwunden und damit der Hektarertrag erhöht werden (Betke 1987b:106).

Im Jahre 1957 wurde die Erschließung der sogenannten "Halbinsel im Sandmeer" (*shahai bandao*) begonnen. Es handelt sich dabei um die rund 100 km weit in die Gurbantünggüt-Wüste hineinragende Landzunge bzw. Schwemmebene um Mosuowan. War die bewässerte Fläche im Manas-Gebiet bis 1957 auf insgesamt 130.000 ha erweitert worden, so wurden im "Manas-Plan" die Erwartungen für die Neulanderschließung um Mosuowan auf 60.000 ha abgesteckt. Die achte Division entsandte 1957 einen Pioniertrupp von 4.500 Mann, der innerhalb weniger Monate das Bewässerungssystem für die bis 1958 neu erschlossenen 24.000 ha Ackerflächen schuf. Auf 12.000 ha Saatfläche wurden in Mosuowan noch im selben Jahr über 2.000 t Getreide und über 250 t Baumwolle geerntet. Im Jahr 1959 kamen noch einmal 20.000 ha neue Ackerflächen hinzu, auf denen zu 97% ausgesät wurde - mit einem durchschnittlichen Ertrag von über 3 t/ha Weizen (auf 6.080 ha Fläche) (Zhang Linchi 1986:35).

Die Pionierfront des Manas-Erschließungsgebietes war die 100 km weit inmitten von Dünenfeldern der Gurbantünggüt-Wüste liegende "Farm des Kommunistischen Jugendverbandes"[57]. Als ökologisch äußerst riskante Wüstenkultivierung vor allem von sowjetischen Experten abgelehnt, wurden der Aufbau und die Erhaltung der Farm nach dem Zerwürfnis mit der Sowjetunion im Jahre 1960 zur politischen Prestigefrage (Betke 1987b:107).

Damit hatte das Ausmaß der Neulanderschließung die ökologischen Grenzen bereits überschritten, da die begrenzten Wasserressourcen dazu führten, daß die erschlossene Fläche landwirtschaftlich gar nicht voll genutzt werden konnte. Betke (1987b:107) schätzt, daß nur etwa drei Viertel davon ackerbaulich verwertet wurden. Die Aktivitäten auf dem Feld der Neulanderschließung kamen daher (1960/62) fast zum Erliegen, wie folgende Übersicht zeigt:

Tab. 4: Übersicht über die Neulanderschließungen im Manas-Gebiet

Jahr	Bewässerungsfläche insgesamt	Bevölkerungszahl
1949	40.000 ha	64.000 Einw.
1954	60.000 ha	
1960/62	365.000-375.000 ha	
1966	235.000 ha	
1976	370.000 ha	
		(1980): 841.000 Einw.
1982/84	rd. 400.000 ha	

(Quellen: Betke (1986:45); Betke (1987b:107); Zhang Linchi (1986:35 f.))

Ein Flußgebiet, das an den Gebirgshängen Wälder, Wiesen und Steppen, in den Uferzonen des Unter- und Mittellaufs dichte Auewälder, in den Senken am Gebirgsfuß sumpfige Feuchtgebiete mit üppigem Schilfbewuchs und eine Wüstenstrauchvegetation auf höher gelegenen Trockenstandorten (Betke 1986:45) aufwies, war somit nachhaltig landwirtschaftlich überprägt bzw. umgestaltet worden. Ein ehemals naturnaher Raum mit fleckenhaft verstreuten Oasen ist nun strukturiert durch ein Grundgerüst für eine zentrale Bewirtschaftung des Oberflächenwassers, das sich durch geometrisch geradlinige Grundrißformen auszeichnet: Vom Manas führen zwei Hauptkanäle nach Osten und einer, der zusätzlich Wasser von Parallelflüssen erhält, nach Westen. Rückhaltebecken sichern die Versorgung im wasserarmen Frühjahr. Das Oberflächenwasser, das die verschiedenen Einheiten über Stammkanäle in ihre Feldkanäle und damit in die Äcker leiten, wird von einer zentralen Behörde zugeteilt und berechnet. Grundwasserförderung dagegen unterliegt keinerlei Beschränkungen, die Förderkosten jedoch tragen die Einheiten selbst (Obenauf/Pöhlmann 1988:12).

Die Umgestaltung in eine künstliche Agrarlandschaft hatte die Veränderung bzw. Auslöschung selbst der wesentlichen landschaftsgestaltenden Faktoren von ehedem zur Folge. Der Fluß Manas He existiert nach seinem Austritt nur mehr in Form des ausgetrockneten Flußbettes, da all sein Wasser in Bewässerungskanäle geleitet wird. Infolgedessen ist auch sein Endsee Telli Nor, den der Fluß früher zuweilen noch erreicht hatte (Shabad 1972:308), vollständig ausgetrocknet. Der frühere Fischfang im Telli Nor wurde durch Fischzucht in den Rückhaltebecken ersetzt und die verschwundenen Auewälder durch Schutzwaldstreifen. Das Fehlen von Weideflächen mußte durch Stallhaltung bzw. Anlegen von Kulturweiden kompensiert werden, was freilich weniger den kasachischen Hirten, die nun erhebliche Teile ihrer Winterweiden entbehren mußten, als vielmehr den entsprechend organisierten Bewohnern der Staatsfarmen zugutekam. Diese nämlich hatten sich in fast jedem Bereich - dem politischen, sozialen, ökonomischen als auch ökologisch wirksamen - als dominierende Kraft durchgesetzt: Fast 80% der Bewässerungsflächen waren 1963 dem System der Staatsfarmen zugeordnet. Dementsprechend übten sie auch die faktische Verfügungsgewalt über das Wasser und dessen Verteilung aus, was bis 1978, als die Kompetenzen hierfür dem Wasserwirtschaftsamt der AR übertragen wurden, wiederholt zu Konflikten geführt hatte (Betke 1987b:108).

Nachdem durch die begrenzten Wasserressourcen, drohende Bodenversalzung und Flugsandgefährdung im Nordteil des Manas-Gebiets ökologische Grenzen gesetzt wurden, richteten sich die Bemühungen bis Mitte der 60er Jahre auf die Konsolidierung des neugeschaffenen Agrarökosystems. Auf wissenschaftlicher Grundlage sollte es nicht nur stabilisiert, sondern auch optimiert werden. Die dabei ins Auge gefaßten Maßnahmen reichten von einer verbesserten Wassernutzung über Bemühungen zur Erhöhung der Bodenfruchtbarkeit, verbunden mit einer intensivierten Viehhaltung, die weitere Anlage von Windschutzgürteln, den Anbau von Handelsgewächsen bis hin zur Verbesserung des Planungssystems. Umgesetzt wurden diese Maßnahmen wie folgt:

Mit dem Wasser wurde durch Errechnen von Gesamtbilanzen besser gehaushaltet, und der zunehmenden Versalzung wurde mit einem verstärkten Ausbau der Bewässerungs- und Drainagekanäle begegnet. Außerdem wurde der Anbau der salztoleranten Zuckerrübe ausgeweitet. Im Baumwollanbau war die Manas-Region bereits zu einem Schwerpunkt in Xinjiang geworden. Die Erhöhung der Bodenfruchtbarkeit wurde durch den Anbau der Luzerne gefördert, die sich der regelmäßigen Verwendung in der Fruchtfolge durch ihre Winterfestigkeit und Trockentoleranz empfahl. Diese Futterpflanze kam der erweiterten Stallhaltung in der Viehzucht entgegen, die wiederum - neben viehwirtschaftlichen Produkten - organischen Dünger zur Bodenverbesserung lieferte (Betke 1987b:109 ff.). Die wirtschaftlichen Erfolge, die das Manas-Gebiet bis Mitte der 60er Jahre aufzuweisen hatte, bestätigten somit das gewünschte Modell einer sozialistischen Großlandwirtschaft.

In Zahlen ausgedrückt, sah dies etwa so aus: Bis zum Jahre 1966 hatte sich aus dem drei Haushalte und eine Herberge umfassenden Dorf Shihezi ein leistungsfähiges Erschließungszentrum entwickelt, das imstande war, die ihm gestellten

Anforderungen in den Bereichen Verwaltung, Aufbau, Industrie, Handel, Kultur und Erziehung, Gesundheitswesen usw. zu erfüllen. 31% der Stadtfläche waren von Wald und Grünflächen bedeckt, und im zugeordneten Erschließungsgebiet war die unter dem Pflug stehende Fläche auf rund 235.000 ha erweitert worden. Aus fünf Staubecken mit einem Fassungsvermögen von 500 Mio.m^3 wurde ein Kanalsystem von 500 km Länge (nur Zuleitungskanäle) mit Wasser versorgt. Der Gesamtertrag des Erschließungsgebietes betrug 195.000 t Getreide und 14250 t entkernte Baumwolle. Besonders im Baumwollanbau wurden hohe Hektarerträge erzielt, die bis zu Beginn der 80er Jahre unerreicht blieben. Auf den zugehörigen Weidegebieten wurden Schafe gehalten und eine mit den Anbau- und Viehzuchtprodukten verknüpfte Industrie aufgebaut (vgl. Anm.54), die bereits 1966 ca. 62% des industriellen und landwirtschaftlichen Bruttoproduktionswertes erwirtschaftete. So lieferte die Aufzucht von 26.400 Feinwollschafen eine jährliche Produktion von 750 t Feinwolle. Während zwischen 1958 und 1966 Gewinne von insgesamt 15 Mio. Yuan an den Staat abgeführt worden waren (Betke 1987b: 111), betrug allein im Jahre 1966 der Nettoprofit des Manas-Gebiets 23 Mio. Yuan, die gezahlten Steuern erreichten über 25 Mio. Yuan (Zhang Linchi 1986: 35 f.).

C.2.1.1.5 Rückschläge der Kulturrevolution (1966-1978)

Eine Phase der Destabilisierung setzte in der Kulturrevolution ein. Unter den Auseinandersetzungen zwischen den Fraktionen der politischen Führung hatten die in enger Verbindung mit der Zentrale stehenden Staatsfarmen besonders zu leiden. Die Organisation und Planung des Staatsfarmsystems im Manas-Gebiet geriet durch Entlassungen, Degradierungen und Versetzungen außer Kontrolle. Am folgenreichsten blieb Beijings Politik des forcierten Getreideanbaus ("Getreide als Hauptkettenglied"), die sich gerade im Manas-Gebiet äußerst negativ auf die Umweltbedingungen auswirkte.

Die Ausweitung des Getreideanbaus machte viele der Errungenschaften der vorhergegangenen Jahre zunichte. Die Einschränkung des Luzernenanbaus minderte bald von neuem die Bodenfruchtbarkeit, die auch noch des organischen Düngers entbehrte, da der Viehwirtschaft durch die fehlende Luzerne wertvolles Futter entzogen wurde. Durch die Getreidemonokulturen gingen natürlich auch die Flächen der standortgünstigen Baumwolle und der Zuckerrüben zurück. Zusammen mit sich verstärkenden Versalzungstendenzen schlug sich dies deutlich in niedrigeren Erträgen nieder, die teilweise bis zur Hälfte absanken.

Um die gegenüber dem Sommerweizen um 25-30% höher liegenden Erträge des Winterweizens zu nutzen, war dessen Anbaugrenze weiter nordwärts verschoben worden. Daraus resultierende Frostschäden fraßen oft nicht nur die Ertragssteilgerungen auf, sondern vernichteten zum Teil ganze Kulturen. Zur Ausweitung des Getreideanbaus wurden große Teile der Schutzwälder abgeholzt. Unmittelbare Folge davon war - im Verbund mit einem gestiegenen Brennholzbedarf[58] - die erneut einsetzende Dünenwanderung. Später auftretende Erosionsschäden konnten ebenfalls mit dem Schlagen der Schutzwälder in Verbindung gebracht werden, wie überhaupt Ökologie und Ökonomie des Manas-Gebiets in der Kulturrevolution aus den Fugen gerieten. Die durchschnittlichen Jahresverluste[59] aus den Jahren 1967 bis 1979 waren höher als die Profite des Erfolgsjahres 1966 (Betke 1987b:111 f.)!

Die Bilanz mußte so nach der Kulturrevolution erheblich widersprüchlicher als vor ihrem Beginn ausfallen. Zwar hatte sich die Produktion seit 1979 wieder erholt, doch die durch das Verschickungsprogramm (als Entlastungsprogramm für den überfüllten städtischen Arbeitsmarkt) stark angewachsene Bevölkerung belastete die Ökonomie des Manas-Gebietes zusätzlich. So war seit 1949 seine Ackerfläche durch Neulanderschließung zwar verzehnfacht worden, im gleichen Zeitraum aber betrug die Zunahme der Bevölkerung über 1200%, überstieg also die Zuwachsrate der Ackerfläche, die ohnehin seit fast einem Jahrzehnt nahezu konstant geblieben war. So rutschte die "Mensch-Ackerland-Ratio" von 0,625 ha in 1949 auf 0,27 ha im Jahre 1980. Weil die Getreideerträge bis 1980 auf das 16fache der Ernten von 1949 gestiegen waren, konnte die lokale Bevölkerung trotz ihres rasanten Wachstums aus der Region selbst ernährt werden, ja es blieben sogar noch Überschüsse, die in andere Landesteile "exportiert" werden konnten (Betke 1986:45 und 1987b:114).

Allerdings machen sich zunehmend ökologische Probleme breit: Vom Verschwinden der ehemaligen natürlichen Landschaftsräume abgesehen, dürften das inzwischen erschöpfte Oberflächenwasser und die beginnende Ausbeutung der Grundwasservorkommen der wachsenden Bevölkerung neue Aufgaben stellen. Die mit dem Agrarökosystem verbundene industrielle Belastung stellt auch im Manas-Gebiet die Umweltdiskussion zunehmend in den Vordergrund.

C.2.1.1.6 Neuorientierung in den 80er Jahren

Die Planer der 80er Jahre faßten bereits das Jahr 2.000 ins Auge, bis zu dem die Grundlagen für den Ausbau der AR Xinjiang als Ressourcenbasis gelegt werden sollen. Mit Blick hierauf wird dem Manas-Gebiet eine zentrale Rolle als landwirtschaftliche Basis für die Industrialisierung Xinjiangs zugesprochen. Die Ziele für das Manas-Gebiet umfassen dabei die Getreide-Eigenversorgung seiner Bevölkerung sowie der nicht-agrarischen Bevölkerung am ganzen Nordfuß der

Tian-Shan-Ketten. Der sich durchsetzende Anbau von Handelsgewächsen (Baumwolle, Zuckerrüben) trägt zur Expansion der mit ihnen verbundenen Leichtindustrie (Textilien, Zucker) und des Exportsektors bei. Für die Viehwirtschaft wurde der Marsch in Richtung Veredelungswirtschaft festgelegt - was in Anbetracht chinesischer Ernährungsgewohnheiten eine ungewöhnliche Innovation darstellt (Betke 1987b:115 f.).

Nachdem die Neulanderschließung bereits Anfang der 60er Jahre auf ihre Grenzen gestoßen war, wird neben Konsolidierungsmaßnahmen (die u.a. die Schäden der Kulturrevolution "reparieren" müssen) eine höhere Produktivität fast ausschließlich durch Erhöhung der Flächenerträge angestrebt. Die Erfahrungen in der Kulturrevolution, die den Zusammenhang von ökologischen Sünden und ökonomischen Verlusten aufgezeigt hatten, tragen dazu bei, eine "Ertragssteigerung auf der Basis langfristiger ökologischer Stabilität" (Huang et al.[60]) zu suchen. Die Konsolidierung der Neulanderschließungen im Manas-Gebiet soll einerseits durch die Wiederherstellung und Optimierung des agrarökologischen Systems der frühen 60er Jahre erfolgen, andererseits durch die Einführung des Produktionsverantwortlichkeitssystems.

Um das Agrarökosystem der vor-kulturrevolutionären Zeit zu restaurieren, wurden die in der ersten Hälfte der 60er Jahre getroffenen Maßnahmen wieder aufgegriffen und ausgereift. Der Luzernenanbau wurde erneut verstärkt, Felder wurden mit Gehölzen befestigt und die Anbauflächen für Baumwolle auf Kosten des Getreides erweitert. Die Verringerung der Getreidefelder soll durch den Fruchtwechsel mit der Luzerne durch eine Steigerung des Getreideertrags um mehr als 40% kompensiert werden.[61] Durch Kombination von Grün- und Strohdüngung soll die Bodenfruchtbarkeit zusätzlich gesteigert werden. Dem Ausbau der Schutzwaldstreifen wird wieder erhöhte Aufmerksamkeit geschenkt, zumal ihre Aufgabe nicht mehr allein im Windschutz und der Verbesserung des Mikroklimas gesehen wird, sondern durchaus ihre positive Rolle bei der Absenkung des Grundwasserspiegels und der damit verbundenen niedrigeren Versalzungsgefahr erkannt wurde. Im Rahmen der diversifizierten Bewirtschaftung wurde eine Fischzucht in Teichen begonnen, die in abgedämmten Teilen des alten Manas-Flußbettes aus Grundwasser gespeist werden.

Die Einführung des Produktionsverantwortlichkeitssystems hat praktisch auch auf den Staatsfarmen selbständige Bauernwirtschaften wiederbelebt, die durch "individuelle Leistungsanreize unter Einbeziehung marktwirtschaftlicher Elemente" (SB 1985:44) bereits in ganz China große Erfolge zu verbuchen hatten. Um die vom Staat vorgegeben Produktionsziele nicht durch Marktschwankungen zu gefährden, bleibt die gesamte Anbauplanung in Händen der Staatsfarmen, deren

Ackerflächen aber vollständig an Haushalte oder Gruppen zur langfristigen Nutzung (30 Jahre, vererbbar) übergeben wurden. Durch die Langfristigkeit der Verträge soll auch der Tendenz zur hemmungslosen Ausbeutung der Böden entgegengewirkt werden, worin sich das Ziel einer sozioökonomisch-ökologischen Stabilisierung des Gesamtsystems ausdrückt (Betke 1987b:116 f.).

Die seit 1949 im Manas-Gebiet durchgeführte Neulanderschließung konnte durch die in den frühen 60er Jahren und seit Beginn der 80er Jahre ergriffenen Konsolidierungsmaßnahmen trotz großer Rückschläge in der Kulturrevolution eine Palette beachtlicher Erfolge aufweisen. Aufgrund verhältnismäßig günstiger Naturvoraussetzungen ist es nicht nur gelungen, in ehemals traditionellem Weideland die han-chinesische Ackerbaukultur zu verankern, sondern auch die neu erschlossenen Ackerflächen in einem sozioökonomisch-ökologischen Gesamtsystem sinnvoll abzusichern. Die mit der Neulanderschließung betrauten Staatsfarmen ernähren heute nicht nur eine um mehr als das 12fache gestiegene lokale Bevölkerung, sondern versorgen überdies den benachbarten Raum mit Nahrungsmitteln sowie den nationalen Markt und den Exportsektor mit selbst produzierter Baumwolle bzw. mit in der darauf gegründeten lokalen Agroindustrie hergestellten Textilien. Die Neulanderschließung im Manas-Gebiet hat folglich nicht allein im landwirtschaftlichen Bereich zu Erfolgen geführt, sondern auch zu Impulsen im industriellen Bereich. Das Ergebnis war nicht allein eine gesamtwirtschaftliche Bereicherung der AR Xinjiang, sondern überhaupt eine ökonomische Schwerpunktverlagerung in die Region hinein. Ob das Manas-Projekt tendenziell repräsentativen Charakter für die Neulanderschließungen in anderen Trockengebieten Chinas hat, bleibt zu prüfen.

C.2.1.2 Das Tarim-Becken: Exzessive Erschließung eines überschätzten Landnutzungspotentials in den Randbereichen der Wüste Taklimakan

Nachdem die sogenannten "Westgebiete" bereits vor zwei Jahrtausenden zum erstenmal ins chinesische Kaiserreich eingegliedert worden waren und trotz immer wieder durchgeführter Militärkolonisation noch im 19. Jh. äußerst mächtige örtliche Machthaber ihre Unabhängigkeit hatten bewahren können, so daß die Kontrolle über Xinjiang in der ersten Hälfte des 20. Jh. immer mehr verlorengegangen war, legte die kommunistische Führung Chinas nach dem mehr oder weniger freiwilligen Anschluß der "Ostturkestanischen Republik" an die VR China äußerst großen Wert auf die dauerhafte Anbindung der Region an das Kernland. Sinnbild einer solchen Anbindung war unter anderem die massive Ansiedlung von Han-Chinesen, für die aber selbstverständlich auch eine neue Lebensgrundlage geschaffen werden mußte.

Die traditionellen Militärkolonien in der Kaiser- wie in der Republikzeit (bis 1911 bzw. 1949) waren immer in der Nähe der alten Oasenkerne gegründet worden, also der Oasen, die sich zu 95% halbkreisförmig zwischen Kuqa und Yutian (Keriya) im Westen um die Wüste Taklimakan gruppieren (Shabad 1972:310). Die auf den großen Schwemmfächern angelegten uigurischen Flußoasen waren kaum erweiterbar (Betke 1986:46), so daß nach Alternativen in der Umgebung gesucht werden mußte. Zu diesem Zweck wurde Ende der 50er, Anfang der 60er Jahre eine Reihe wissenschaftlicher Untersuchungen[62] durchgeführt, um die Erschließungsmöglichkeiten im Tarim-Becken zu prüfen (FERI 1956:650).

Die Reserven an landwirtschaftlich nutzbarer Fläche wurden von Zhao S./Han (1981:113) auf 1,3 Mio.ha geschätzt, wovon sogar zwei Drittel ohne größere Schwierigkeiten erschlossen werden könnten. Eines der bekanntesten daraus resultierenden Projekte war das Erschließungsgebiet am Oberlauf des Tarim im Raum Aksu-Aral. Während sich die Mehrzahl der im Tarim-Becken gegründeten Staatsfarmen auf der Nordseite der Taklimakan befindet, gibt es auch am Fuß des Kunlun Shan, entlang der südlichen Seidenstraße, eine Reihe von prospektierten Neulanderschließungen, für die der Raum Yutian am Keriya-Fluß als Beispiel dienen möge (Bspl. C.2.1.3).

Abb. 6: Die Erschließungsgebiete entlang des Tarim He (Xinjiang)

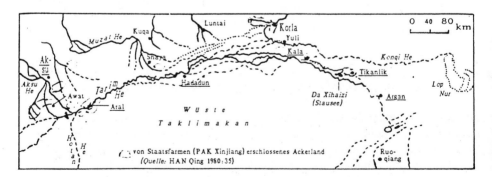

C.2.1.2.1 Neulanderschließung am Oberlauf des Tarim

Das bis zu 100 km breite Tal des Tarim war bis 1949 nahezu unbesiedelt und erschien den kommunistischen Planern daher als gigantisches Neulandgebiet. Die jährlichen Überflutungen in der Hochwassersaison von Juli bis September

Fallbeispiele

erlaubten bis dato keinen stationären Ackerbau, hatten aber zur Bildung einer dichten Pappel[63]-Auenwaldvegetation geführt, die Hirtennomaden als Winterweidegebiet für ihre Schafherden nutzten (Betke 1986:46).

Die Wasserressourcen in dieser Region des Zusammenflusses von Aksu He, Yarkant He und Hotan He machen mit einer jährlichen Abflußmenge von ca. 5 Mrd.m^3([64]) rund 6% des gesamten jährlichen Oberflächenwassers Xinjiangs (90 Mrd.m^3; Chen Dajun 1987:36) aus. Auf dieses hauptsächlich von Salzsümpfen und Auewäldern bedeckte Gebiet sollte sich die ackerbauliche Erschließung konzentrieren (Zhao S. 1981:114). Da dort jedoch bis dato kein Ackerbau betrieben worden war, fehlte unterhalb der Aksu-Oase jedwede Infrastruktur, auf die man hätte zurückgreifen können. Infolgedessen mußten die Arbeiten zum Straßenbau, zur Errichtung und Erweiterung von Bewässerungsanlagen, zum Bau von Wasserreservoiren usw. fast gleichzeitig beginnen (FERI 1956:650,653).

Die wissenschaftlichen Vorarbeiten wurden 1955 begonnen, die Maßnahmen zur Neulanderschließung im Jahre 1958. Große Teile der Auewälder wurden gerodet, Felder angelegt und mit Tarim-Wasser geflutet (Weggel 1987:69 f.). Geplant waren Erschließungen von ungefähr 200.000 ha entlang des Tarim und seiner Seitentäler (Grobe-Hagel 1984:26).

Verbände des Produktions- und Aufbaukorps wurden in dünnbesiedelten, aber landwirtschaftlich vielversprechenden Teilen des Flußgebietes angesiedelt. Die Positionierung an zentralen Punkten des Flußsystems - wie dem Austritt des Aksu aus dem Gebirge oder dem Zusammenfluß der Ströme - sicherte mit der Kontrolle über das Wasser auch die Verfügung über das Land.[65] Im November 1957 wurde in Aral am Tarim mit dem Aufbau einer "Pionierfront"[66] begonnen. 1958 erschlossen sie hier 30.000 ha Neuland. Im Laufe von drei Jahren wurden daraus 44.000 ha Ackerland mit Hauptkanälen einer Länge von 156,5 km und zehn Staatsfarmen. Im Bezirk Aral wurde eine Reihe Hochhäuser errichtet, die die "Rote und fachkundige Tarim-Hochschule" (*Tarim Hongzhuan Daxue*, später: *Tarim Nongken Daxue*, vgl. Anm.51) aufnahmen, ebenso wie Fabriken, Läden, Schulen, Krankenhaus, Bank, Post und andere infrastrukturelle Einrichtungen - der erste Rohentwurf für eine Modellstadt am Tarim (Zhang Linchi 1986:37).

Der systematische Umbau des Ökosystems umfaßte die Errichtung von Einleitungswerken am Gebirgsausgang, die Eindämmung eines versickerungsgeschützten Flußbettes, die großflächige Zuleitung und Verteilung des Wassers durch ein abgestuftes Kanalsystem und die Speicherung saisonaler Wasserüberschüsse in flachen Stauseen, so im "Oberlauf-" (*Shangyou shuiku*) und im "Sieges-Stausee" (*Shengli shuiku*). Mit ihnen konnten die regelmäßigen Wasserdefizite im Frühjahr ausgeglichen und die Wachstumsperiode der Ackerpflanzen verlängert werden.

Um ein großmaschiges Bewässerungsnetz und gleichmäßig nivellierte Feldflächen anzulegen, konnten die Staatsfarmen über ausreichend Arbeitskräfte und Maschinen verfügen. Die schachbrettartig angelegten Felder erreichten Größen von 500 m mal 1.000 m, um dem Mechanisierungsgrad der Staatsfarmen gerecht zu werden. Die neugeschaffenen Anbauflächen erbrachten Getreide, hier im Raum Aksu sogar Wasserreis, Zuckerrüben, Ölsaaten und Baumwolle. In der Nähe der Siedlungen wurden in Gartenkultur auch Gemüse und Melonen angebaut (Betke/Hoppe 1987:10).

Die Funktionalität der Staatsfarmen wird an der Anlage deutlich. Als Mittelpunkt dienen der Parteisitz und Verwaltungsgebäude, außerdem eigene Betriebe, die die landwirtschaftlichen Produkte der Staatsfarm verarbeiten können. Entlang des weiträumig angelegten, mit Schatten spendenden Baumreihen versehenen Straßen- und Wegenetzes reihen sich die Häuser der Bewohner gleichmäßig auf, bilden aber - entsprechend der dörflichen Untereinheiten der Staatsfarmen - kleine kompakte Zentren mit einem zentralen Platz.[67] Am Dorfrand finden sich private Gartenflächen für den Anbau von Vorratsgemüse (Kohl, Kartoffeln) und in Vorgärten Gemüse für den Tagesbedarf (Tomaten, Schnittlauch) (Betke/ Hoppe 1987:10 f.).

Die Produktionsstruktur der Staatsfarmen in den 80er Jahren kann als recht differenziert gelten: Das ursprüngliche Hauptanbauprodukt der hiesigen Staatsfarmen - der Naßreis, dessen in der Region Aksu angebaute Sorte in ganz Xinjiang als besonders aromatisch gerühmt wird (KZB 1987:76 f.) - wird inzwischen nur noch auf etwa 10% der Ackerfläche angebaut. Hinzu kamen bald Winterweizen und Baumwolle, die die Aksu-Aral-Region zu einer Baumwollproduktionsbasis Chinas werden ließ. Wegen der Salzverträglichkeit wurde seit den 70er Jahren der Anbau von Zuckerrüben ausgeweitet. Es sollen nach Erlach (1988: 72 ff.) auch Maulbeerpflanzungen zur Seidenraupenzucht und Obstgärten existieren, ebenso Fischzucht (in den Speicherseen?), Bienenzucht, Anbau von Hanf u.a.

Ergänzend zum Ackerbau wird Vieh (Schweine, Schafe, wenige Rinder) zur Fleisch- und Milcherzeugung und für die Arbeit als Zugtiere (Pferde, Esel) gehalten. Ihr Tiermist wird zusammen mit hohen Mineraldüngergaben ausgebracht, um die Produktivität der nährstoffarmen Wüstenböden zu erhalten. Außerdem werden auf den Staatsfarmen Pflanzenschutzmittel eingesetzt, um den Schädlingsbefall zu verhindern. Die landwirtschaftliche Produktion bedarf also großen Einsatzes "kommerzieller" Energie im Gegensatz zur traditionellen Kleinbauernwirtschaft der Uiguren Xinjiangs (Betke/Hoppe 1987:10 f.).

Fallbeispiele 73

Die Staatsfarmen im Neulandgebiet machen insgesamt den Eindruck, nicht nur im politischen Sinne einer gesicherten Präsenz der Han-Chinesen etabliert zu sein, sondern auch die landwirtschaftliche Erschließung erfolgreich durchgeführt zu haben, selbst wenn seit 1974 bereits über 3500 ha neu erschlossenen Ackerlandes wegen Versalzung wieder aufgegeben werden mußten (Weggel 1987:117; nach Erlach 1988:72 sogar 10.000 ha). Gleichwohl sind in dieser Bilanz die mannigfaltigen ökologischen - und damit auch die sich daraus ergebenden ökonomischen - Schwierigkeiten noch nicht mit eingeflossen. Bevor eine Abschätzung dieser Folgen für das Ökosystem, und mit ihm für das Agrarsystem, in der Tarim-Aue vorgenommen wird, sei noch ein Blick auf die Wirkung der Nutzung um Aral auf die Erschließungsprojekte am Mittel- und Unterlauf des Tarim geworfen.

C.2.1.2.2 Folgen der Neulanderschließung am Oberlauf für die am Mittel- und Unterlauf des Tarim erschlossenen Gebiete

Die Urbarmachung des grünen Korridors am Tarim-Unterlauf wurde 1950 beschlossen. Durch die Vereinigung mit dem von Korla kommenden Konqi He (Karaxahar Darya) floß im alten Bett des Tarim kein oberirdisches Wasser mehr. Durch die Abriegelung des Zusammenflusses von Konqi He und Tarim bei Yuli durch den Bau eines Dammes 1952 konnte das Tarim-Wasser wieder in seinem alten Flußbett fließen (Grobe-Hagel 1984:26 f.; KZB 1987:76).

1957 kam es im Gebiet des gesamten Unterlaufs zu wissenschaftlichen Untersuchungen und Vermessungen. Ab 1958 baute eine Truppe von 10.000 Mann in drei Jahren sieben Staatsfarmen auf und erschloß 40.000 ha Neuland, das über 173 km Hauptkanäle und drei Stauseen mit 156 Mio.m^3 Fassungsvermögen versorgt wurde. Unklar bleibt, wieviel von dem erschlossenen Land tatsächlich dem Ackerbau zugeführt wurde[68] (Zhang Linchi 1986:37). Nach Zhao/Han (1981:115) betrugen die Ackerflächen 12.500 ha am Mittellauf bis Kala und 20.000 ha am Unterlauf zwischen Kala und Tikanlik. Anfang der 60er Jahre wurde als letztes Tarim-Reservoir bei Argan am Westrand der Lop-Nur-Wüste der Stausee Daxihaizi[69] geschaffen (Grobe-Hagel 1984:26 f.).

Das großangelegte Bewässerungsnetz am Oberlauf des Tarim He (s. Tafel 2) hatte zwangsläufig dazu geführt, daß sein Mittel- und sein Unterlauf nur noch wenig oder gar kein Wasser mehr führen und in deren Raum der Grundwasserspiegel stark abgesunken ist. Die Auewälder und Schilfgürtel starben zu großen Teilen ab - allein der Rückgang der Pappelwälder in der Tarim-Aue betrug 60 Prozent innerhalb von 20 Jahren. Das Absterben der Vegetation hatte z.T. neu einsetzende Dünenwanderung zur Folge, und so mußten wegen Übersandung und Wassermangels Betriebe am Unterlauf des Flusses die Produktion aufgeben.

Die Betriebe am Mittellauf kämpfen mit der außerordentlich hohen Versalzung ihrer Böden (Betke/Hoppe 1987:11) und waren teilweise sogar schon zur Aufgabe gezwungen, da die ohnehin geringere Wassermenge, die ihnen noch zur Verfügung steht, mehr oder weniger "Drainagewasser" der Staatsfarmen am Oberlauf und deshalb stärker salzhaltig ist[70] (Meckelein 1986:19). Das Wasser mußte in diesen Anbaugebieten quasi "bis zum letzten Tropfen" genutzt werden, so daß die für die Minderung der Versalzungsgefahr so wichtige Drainage vernachlässigt wurde. Die Folgen sind selbst aus dem Flugzeug deutlichst zu erkennen: Unmittelbar an die Anbaugebiete schließen sich von Salz überzogene und verdeckte weiße Flächen an (Grobe-Hagel 1984:26).

Ökologische Schäden wurden spürbar durch die direkte Zerstörung der ursprünglichen Vegetation bei der Neulanderschließung und deren direkte Folgen einerseits und andererseits dadurch, daß die für die traditionelle Viehwirtschaft zur Verfügung stehende Weidefläche enorm verkleinert wurde und damit schon bei gleichbleibendem Tierbestand Überweidung zur Folge hatte. Nach offiziellen Angaben wurde der nomadischen Weidenutzung auf diese Weise eine Fläche von 3,4 Mio. ha (in ganz Xinjiang) entzogen, große Teile davon in der Tarim-Aue. Durch Überweidung wird die Pflanzendecke weiter dezimiert, was wiederum über eine verstärkte Deflation zur Versandung vieler Felder führt (Betke/Hoppe 1987:11).

C.2.1.2.3 Folgen der Zerstörung des ökologischen Gleichgewichts

Die Neulanderschließung in der Tarim-Aue hatte also nachhaltige negative Auswirkungen auf das gesamte Ökosystem entlang des Flusses. Durch die Nutzung des Tarim und seiner Quell- und Nebenflüsse war zunächst der Oberflächenabfluß reduziert worden, der nach dem Aufbau der Staatsfarmen im Aksu-Aral-Gebiet zu einer weiteren Verminderung im Mittel- und Unterlauf führte. Seit dem Bau des Stausees bei Argan hat der Fluß dort quasi sein Ende gefunden und die ursprünglichen Endseen - Lop Nur und Detama-See - sind seit 1972 endgültig ausgetrocknet (Zhao S./Han 1981:116).

Der große Wasserbedarf der Staatsfarmen hat auch dazu geführt, daß in der Niedrigwasserzeit das gesamte Oberflächenwasser in Bewässerungskanäle geleitet wird und das Flußbett selbst kurz nach Aral nur noch zur Aufnahme des Drainagewasser dient. Dadurch wurde im Tarim-Oberlauf der Grundwasserspiegel gehoben[71] und mit ihm der Salzgehalt des Bodens. Die Folge ist selbstverständlich auch eine Versalzung des für den Mittel- und Unterlauf verbleibenden Flußwassers (vgl. Tab. 5). Dort hat das geringere Wasserdargebot zusammen mit dem höheren Mineralgehalt eine Senkung des Grundwasserspiegels und ein Absterben der verbliebenen, auf das Grundwasser angewiesenen natürlichen (Rest-) Vegetation verursacht. Menge und Qualität des Grundwassers haben sich am Unterlauf derart verringert, daß die Lebensgrundlage ernsthaft gefährdet sein soll (Zhao S./Han 1981:116).

Tab. 5: Abflußmenge und Wasserqualität des Tarim

Jahr	Station Aral		Station Kala		Argan
	Abflußmenge	Mineralgehalt	Abflußmenge	Mineralgehalt	Abflußmenge
1957	5 Mrd.m³		1,1 Mrd.m³		
1958		0,48 - 0,7 g/l			
1960		0,33 - 1,28 g/l		0,33 - 1,28 g/l	
1976/7	3 Mrd.m³		0,5 Mrd.m³		0,0 m³
Frühjahr		2,0 - 5,5 g/l		0,7 - 3,2 g/l	
Sommer		0,4 - 1,0 g/l		0,7 - 1,3 g/l	
Herbst		2,5 - 3,0 g/l		1 - 1,9 g/l	
Winter		0,5 - 0,9 g/l		1 - 1,26 g/l	
1985		0,3 - 1,3 g/l		1 - 5 g/l	

(Quellen: Han 1980; Luo 1985; Meckelein 1986; Zhao S./Han 1981)

Für die Landwirtschaft haben sich so zwei sich summierende Ursachenketten ergeben, die ihre Effizienz immer mehr vermindern:
1. "erhöhter Mineralgehalt im Oberflächen- und Grundwasser --> zunehmende Bodenversalzung --> sinkende Agrarerträge" und
2. "sinkender Grundwasserspiegel in unbewässerten Gebieten --> Absterben der Restvegetation (plus Holzeinschlag und Überweidung) --> weitere Desertifikation (und Degradierung von Wiesen- und Weideland --> Überweidung) --> Ausweitung von Flugsandfeldern --> Versandung von Ackerflächen --> sinkende Erträge".

So werden die Erfolge der Staatsfarmen in Xinjiang heute selbst von chinesischen Wissenschaftlern teilweise äußerst kritisch kommentiert, und sie raten aus diesem Grund zu einer Abkehr vom verschwenderischen Umgang mit den natürlichen Ressourcen: Eine von ihnen geforderte, den natürlichen Bedingungen angepaßtere Nutzung bedeutet dabei den Rückzug des Ackerbaus aus den Problemgebieten, in die die extensive Weidehaltung und Forstwirtschaft zurückkehren sollen (Betke/Hoppe 1987:11).

Tab. 6: Zusammenhang von Neulanderschließung und ökologischen Schäden entlang des Tarim-Flusses

Jahr	Ackerland (ha)	Waldbestand (ha)	versandete Flächen (Zunahme in ha)	Quellen
1958	↓	459.000		Chen[1]:36
	70-80.000	↓		Zhang Linchi 1986:37
1978	72.500	174.800	180.000	Chen[1]:36

Anmerkung: [1] Chen Bishou, in: *Geochina* 1979:36.

Die Einzelmaßnahmen, die dabei gefordert werden, umfassen eine integrierte Planung der Neukulturen, eine Verbesserung des Bewässerungssystems, die Bekämpfung der Versalzung, Eindämmung der Desertifikation und Verbesserung der Bodenfruchtbarkeit.[72] Was unter diesen Maßnahmen inhaltlich genau verstanden wird und inwieweit bereits konkret ihre Durchsetzung versucht wurde, soll in Kapitel C.3.3 genauer beleuchtet werden (s. Tafel 3).

C.2.1.3 Landgewinnung am Keriya Darya (Oase Yutian): Neulanderschließung im landwirtschaftlichen Rückzugsgebiet an der südlichen Seidenstraße

Von den Flüssen, die die Schmelzwässer der Gletscher im Kunlun Shan ins südliche Tarim-Becken transportieren, gelingt es einzig dem Hotan-Fluß (uigur. Khotan Darya für zwei bis drei Monate im Jahr, die Wüste Taklimakan ganz zu durchqueren und in den Tarim einzumünden.[73] Zwischen dem Sandmeer der Wüste und den Bergketten des Kunlun Shan liegt ein von Frostschutt geprägter Übergangsraum, der darunter in kalt- und warmzeitlich gebildete Lößbereiche übergeht. In größerer Höhe hält z.T. Steppenvegetation den Löß fest, während die tieferen Lagen aus zerschnittenen Löß-Badlands und Schwemmlößebenen bestehen (Kolb 1963:405).

Die edaphischen Bedingungen im südlichen Tarim-Becken sind damit günstiger als an seinem Nordrand, während die Klimafaktoren unwesentlich schlechter ausfallen: noch etwas geringere Niederschläge, die schon auf der Nordseite der Taklimakan nicht für Ackerbau ausreichen, fast gleiche Temperaturverhältnisse, eine wegen häufiger Staubwinde leicht geringere, doch immer noch üppige Sonneneinstrahlung (vgl. Klimadiagramme von Ruoqiang und Hotan im Anhang).

Fallbeispiele 77

Eine Reihe von durch längere Wüstenstreifen voneinander getrennten Oasen nutzen seit Jahrtausenden die vom Kunlun Shan herunterkommenden Schmelzwässer für den Ackerbau. Vorbei an diesen Oasen verläuft die sogenannte Südroute der Seidenstraße. Die größte ist die Hotan-Oase. Ostwärts strömen immer wieder kleine, wasserreiche Flüsse aus dem Gebirge und enden im Herzen der Taklimakan. Der größte dieser Flüsse zwischen Hotan und dem wieder zum Tarim-Tal fließenden Qarqan He ist der Keriya He, der die 42.000 ha große[74] Oase Yutian (uigur. Keriya) bewässert und dessen Flußbett vor einigen Jahrhunderten noch bis zum Tarim gereicht haben dürfte.

Die Tatsache, daß die alten Städte der südlichen Seidenstraße heute oft kilometerweit in der Wüste Taklimakan begraben liegen, hat schon früh angezeigt, daß sich diese Wüste seit Jahrhunderten vergrößert (Stein 1912). Eine Ursache dafür könnte die verstärkte Nutzung der Schmelzwässer im Oberlauf der Flüsse gewesen sein: dadurch verwüstete der Ackerboden am Unterlauf.[75] Entlang der Ufer dieser Flüsse existieren bis zu drei Kilometer breite Korridore mit zur Wüste hin abgestuften Pflanzengemeinschaften: Pyramidenpappeln, Schilf, Süßholz, Hanf, Rohrgras und Tamarisken (Meckelein 1986:14).

Eine Forschergruppe brach 1960 zur Erkundung des Keriya He auf und entdeckte an seinem Unterlauf weitere, bis dahin unbekannte Oasen, in denen freilich nie mehr als rund 50 Menschen lebten. Am eindrücklichsten war die Entdeckung von Tongguzbasti, dessen 50 Einwohner rund 200 km weit im Herzen der Taklimakan durch den hier wieder an der Oberfläche erscheinenden Keriya-Fluß ihr Auskommen hatten.[76] Diese Entdeckung verführte die chinesischen Planer zu einem unbändigen Optimismus, mit dem sie nun die "Zähmung der Wüsten" in Angriff nehmen wollten (Weggel 1987:72). In diesem Zusammenhang wurden unterhalb der Oase Yutian Neulanderschließungen ins Auge gefaßt.

Bereits seit dem "Großen Sprung nach vorn" 1958 waren nach Zhu (1961:156) im Innern der Taklimakan-Wüste im Distrikt Hotan etliche neue Oasen geschaffen worden. Die wissenschaftliche Erkundung stieß in den Flußauen, den Flußterrassen, dem Wüsten-Binnendelta und in deren Randgebieten auf weite, unerschlossene Flächen. Die dort untersuchten Böden wiesen einen Salzgehalt von nur 0,15-1,5% auf (im Vergleich zu den 10-30% in den Tälern von Tarim und Yarkant He; Luo 1985:53 ff.). Zhu schätzte die für eine Neulanderschließung in Frage kommende "Ödland"-Fläche auf fast 50.000 ha.

Er räumte ein, daß von der genannten Fläche ein nicht unbeträchtlicher Anteil für infrastrukturelle Maßnahmen (Kanäle, Wege, Häuser), für (Schutz-) Wald und für Weiden verwendet werden müßten. Dennoch betrug das Ackerlandpotential am Keriya-Unterlauf 20.000 ha. In den niedrigeren und feuchteren Teilen des Keriya-Tals existierten 1960 etwa 20.000 ha dichter Tamarisken[77]- und Pappelwälder sowie natürliche Weidegebiete, die noch ein bedeutendes Erschließungspotential bargen. Die Licht- und Wärmeverhältnisse im Raum Yutian schaffen eine Vegetationsperiode von 240 Tagen, die sowohl für Getreide als auch Baumwolle vorteilhaft ist. Von der jährlichen Abflußmenge des Keriya He erreichten 1960 noch 97 Mio.m^3 die Wüste unterhalb von Yutian als Oberflächenwasser. Der Mineralgehalt dieses Wassers lag bei 1,167-1,43 g/l, derjenige des Grundwassers (in 1-2m Tiefe) in der Alluvialebene bei 1-2 g/l. Das im Mittel- und Unterlauf zur Verfügung stehende Grundwasser belief sich auf rund 175 Mio.m^3 im Jahr (Zhu a.a.O.; Zhou T./Zhao 1962:51).

Die Berechnungen Zhus (1961:157) ergaben, daß mit der vorhandenen Wassermenge knapp 12.000 ha bewässert werden konnten, für weitere 8.000 ha mußten Maßnahmen getroffen werden, die die ausreichende Nutzung von Hochwasser und Grundwasser garantierten. Die Planung sah durchaus voraus, daß das vorhandene mittlere Wasserangebot nicht ausreiche, alles für erschließungswürdig gehaltene Land zu bewässern, und sah so für die Erschließung im Keriya-Unterlauf um Mishalai-Tangguzbasti statt 1.350 ha nur etwa 600 ha vor.

Die Ergebnisse der Expedition hatten für die am Südrand des Tarim-Beckens in die Wüste mündenden Flußtäler folgende zwei Nutzungsmöglichkeiten offenbart: 1. Täler wie jenes des Hotan He als bedeutenden Landwirtschaftsraum mit Getreide als Hauptanbauprodukt und außerdem Baumwolle und Ölsaaten; 2. die schmaleren Flußtäler der weniger Wasser führenden Flüsse wie z.B. des Niya He als Viehzuchtgebiet oder integrierte Agrar-, Vieh- und Forstwirtschaftszone. Das Flußgebiet des Keriya-Unterlaufs wurde als zwischen den beiden Formen liegend eingestuft, wobei die Landwirtschaft Zukunft habe. Eine ergänzende Vieh- und Forstwirtschaft wurde dennoch als wichtig bewertet. Vor allem der Schutzfunktion der Pappel gegen Flugsand wurde eine hohe Priorität eingeräumt.

Zur Lösung der Problems der Wasserversorgung wurde ins Auge gefaßt, Senken im Flußbett älterer Flußläufe des Keriya He einzufassen und als Speicherbecken zu benutzen und außerdem auf den Flußterrassen Brunnen zu graben, um einen Teil des Wasserbedarfs durch das Grundwasser zu decken (s. Tafel 4). Mit Blick auf einen durch die Bewässerung steigenden Grundwasserspiegel sollten rechtzeitig Maßnahmen zur Vermeidung der damit verbundenen Versalzungsgefahr getroffen werden, wie eine ausgewogene Bewässerung durch ein angemessenes Zuleitungssystem und die Möglichkeit, das Salz mit Grundwasser auszuspülen und so gleichzeitig den Grundwasserspiegel wieder zu senken (Zhu 1961:157).

Abb.7: Keriya-Flußgebiet

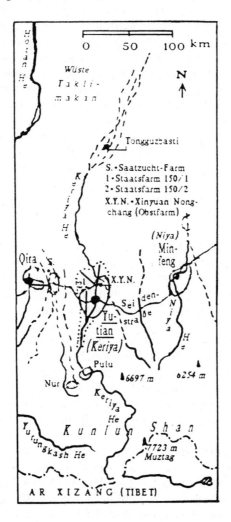

Während über die "Musterprojekte" der Neulanderschließung im Manas-Gebiet und entlang des Tarim-Flusses zahlreiche Abhandlungen geschrieben wurden, haben sich kaum Autoren mit einer Darstellung der Landerschließungen am Südrand der Taklimakan beschäftigt. Es finden sich allenfalls knappe Bemerkungen zur Vegetationsvernichtung und Desertifikation im Hotan-Distrikt allgemein. So läßt sich nur schwer sagen, in welchem Umfang geplante Neulanderschließungen am Taklimakan-Südrand tatsächlich durchgeführt wurden.

Ein Blick auf die Karte des Hotan-Distrikts[78] läßt uns doch immerhin einige Staatsfarmen entdecken: 18 km von Yutian den Keriya He flußabwärts existiert eine "Xin Yuan Nongchang" (Neue Gartenbau-Farm[79]) und 18 km bzw. 24-26 km nordwestlich befinden sich "150 yi chang" sowie "150 er chang" (Farm 150-1 und Farm 150-2)[80] (vgl. Abb.7). Gemäß der Karte des Flußnetzes und der Fließgewässer im Tarim-Becken (XSXD 1984:181) werden genau jene Gebiete über Kanäle mit Oberflächenwasser aus dem Keriya He versorgt, in denen die genannten Farmen liegen. Der längste der eingezeichneten Hauptkanäle weist eine Länge von etwa 40 km auf und dürfte zur Versorgung der Staatsfarm 150-2 dienen. Die Numerierung als Farm Nr. 150-1 und 150-2 könnte im übrigen ein Hinweis darauf sein, daß hier Neulanderschließung in vorderster Pionierfront betrieben wird, wie sie von der Staatsfarm Nr. 150 im tief in der Gurbantünggüt-Wüste liegenden Mosuowan des Manas-Gebiets bekannt ist (vgl. S.63). Zwei weitere Hauptkanäle von je 20 km Länge zweigen unterhalb Yutians zu den beiden anderen genannten Staatsfarmen ab (Abb.7, S.78).

Im gesamten Flußgebiet des Keriya He nahmen die Auewälder und mit Pappeln und Tamarisken bestandenen Baumsteppen 1958 noch 35.000 ha ein. Bis zum Jahre 1976 schrumpfte ihre Fläche um knapp ein Viertel auf 27.000 ha (ZZX 1984:215). Gehen wir davon aus, daß sämtliche Verluste auf Rodungen im Mittel- und Unterlauf des Keriya He zurückgehen, dann wären zwei Drittel der Fläche, die Zhu für erschließbar und problemlos bewässerbar hielt (s. S.78), in Ackerflächen umgewandelt worden. Dies deckt sich grob mit den Angaben von Chen Hua (1983:116), der für die Zeit von 1950 bis 1960 über 25.000 ha neu erschlossenen Landes nennt, von dem aber nicht einmal die Hälfte (11.300 ha) tatsächlich in Ackerland umgewandelt wurde. Ähnliches geht aus den Angaben Myrdals (1981:155 f.) hervor, der von einer Vergrößerung der einst 15.333 ha großen Ackerfläche (1950) Keriyas auf 28.666 ha bis zum Jahre 1976 berichtet.

Nun ist seit einem knappen Jahrzehnt durch Berichte chinesischer Wissenschaftler bekannt geworden, daß auch die Neulanderschließungen am Südrand der Taklimakan eine außerordentlich starke Desertifikation ausgelöst haben. So sollen von einer ursprünglichen Gesamtfläche von 120.000 ha Pappelwäldern im Distrikt Hotan[81] im Jahr 1979 nur noch 20.000 ha (ein Sechstel!) übriggeblieben sein. Durch die ausgelöste Dünenwanderung gingen bis 1979 in Hotan 31.000 ha Ackerflächen (von 226.000 ha) verloren (Di Xinzhi[82]), während in der Zeit von 1949 bis 1966 rund 74.000 ha Ackerland erschlossen worden sein sollen (Vermeer 1977:207 f.).

In den östlich und westlich benachbarten Oasen Minfeng (Niya) und Cele (Qira) soll die Versandung von Ackerflächen bereits so weit fortgeschritten sein, daß es notwendig wurde, Teile der ansässigen Bevölkerung umzusiedeln.[83] Die ökologischen Schäden um Yutian scheinen inzwischen so weit fortgeschritten zu sein, daß von den angrenzenden Steppengürteln bereits 51.000 ha Opfer der Desertifikation geworden sind (ZZX 1984:215) und dies, obwohl die Geschwindigkeit der Wanderdünen im Raum der Oase Yutian (im Mittel unter 1 m pro Jahr) erheblich niedriger ist als weiter westlich (z.B. 4,1-10 m/a in Qira, 10-50 m/a um Pishan; Zhu et al. 1964:49).

Damit sollen durch die Zerstörung der Pflanzendecke - durch ackerbauliche Nutzung, Holzeinschlag usw. - nach Chen Hua (1983:[140]) in den letzten drei Jahrzehnten rund 3 Mio.ha des Hotan-Distrikts durch Sand beeinträchtigt worden sein. Er kommt deshalb zu dem Schluß, daß *nicht Wüsten in fruchtbare Felder, sondern fruchtbare Felder in Wüsten verwandelt* worden seien. Die negativen Erfahrungen der Erschließung am Tarim scheinen sich am Taklimakan-Südrand zu wiederholen. Angehörige von Staatsfarmen haben die aktuelle Situation der Neulanderschließung im Tarim-Becken mit einem Vergleich zu der von der chinesischen Führung geforderten Politik der "Vier Modernisierungen" auf den Punkt gebracht: "... that here also they have the problem of the "Four Modernizations". Those are salinization, desertification, soil deterioration, and gullying" (Chen Hua, zit. nach Hoppe 1987a:69).

Die infolge der ackerbaulichen Erschließung ausgelösten Veränderungen im Naturlandschaftsgefüge haben im Tarim-Becken ihre Eigendynamik entwickelt, die durch drei Phasen gekennzeichnet ist: 1. Zerstörung der natürlichen Pflanzendecke zwecks Anlage von Feldern und Veränderung des Wasserhaushalts; 2. produktive (meist kurze) Phase des erschlossenen Ackerlandes, und 3. Versalzung von Wasser und Boden, Sandverwehungen, Vegetationsverlust führen zur Desertifikation von Weide- und Ackerland. Daß Chen Hua (1983:[114] f.) als vom Sand der Taklimakan-Wüste heimgesuchte Oasen "nur" Minfeng, Cele und Pishan (Guma), nicht aber Yutian nennt, mag zwar heißen, daß die Auswirkungen im Keriya-Flußgebiet noch nicht (übermäßig) groß geworden sind, verschont geblieben ist es jedoch gewiß nicht.

Es scheint demnach, daß die Neulanderschließung am Südrand der Wüste Taklimakan nicht nur nicht imstande war, die natürlich fortschreitende Wüstenausdehnung und die damit verbundene Bedrohung der seit rund eineinhalb Jahrtausenden vor der Wüste zurückweichenden Oasen zu stoppen, sondern daß sie die Desertifikation, die Verwüstung dieser Oasen selbst noch beschleunigt hat. Verläßliche, kleinräumig aufgeschlüsselte Zahlenbelege standen nicht zur Verfügung. Der allgemein in der Literatur dargestellte Trend läßt diesen Schluß jedenfalls nicht nur zu, sondern macht ihn fast zwingend (Hoppe 1987a; Kolb 1986; Meckelein 1986). Immerhin ist man in China durch diese Ergebnisse zu der

Einsicht gelangt, daß es nicht genügt, Entwicklung nach den Maßstäben des chinesischen Kernlandes voranzutreiben, sondern daß ein wesentlicher Faktor im ariden Ökosystem die Wahrung des ökologischen Gleichgewichtes sein muß. Das zukünftige Bestreben bei der Konsolidierung des Ackerbaus im Tarim-Becken wird folglich darauf gerichtet sein müssen, die vorhandenen Ressourcen zu bewahren, die Desertifikation zu stoppen und das alte Ökosystem wiederherzustellen - soweit möglich -, um dann ein ausgewogenes Verhältnis von ökologischer Rücksicht und ökonomischer Nutzung herauszufinden (Hoppe 1987a:67).

C.2.1.4 Zusammenfassende Beurteilung der in der AR Xinjiang vorgenommenen Neulanderschließungen

An der sogenannten dritten agrarischen Expansionsfront im ariden Nordwesten Chinas spielt Xinjiang als flächengrößte Verwaltungseinheit mit dem größten Wüstenanteil eine besondere Vorreiterrolle und sollte somit eine Modellfunktion erfüllen. Im Gegensatz zur geschlossenen Entwicklungsfront der semiariden Steppenzonen und der Neulanderschließungen in den Berggebieten des feuchteren Südchinas finden sich in Xinjiang mehrere separate Entwicklungszellen, die allerdings - nach chinesischen Vorstellungen - zu einer geschlossenen Front hätten verbunden werden sollen. Wesentliche Vorbedingung für die Landerschließung sind hier leistungsfähige Bewässerungstechnologien (Dürr 1978:128).

Im Lauf von dreieinhalb Jahrzehnten wurde in Xinjiang unter der Federführung der Staatsfarmen, insbesondere jener des Produktions- und Aufbaukorps, die Ackerfläche nahezu verdreifacht. Die Entwicklung der Flächenerweiterung läßt sich in Tab. 7 ablesen. Als unter direkter staatlicher Kontrolle stehende Betriebe waren die Staatsfarmen dem Wechselbad der politischen Richtungswechsel besonders stark ausgesetzt und erlebten außer gravierenden wirtschaftlichen Rückschlägen auch organisatorische Umstrukturierungen bis hin zur Auflösung. Nach der Neugründung des PAK Xinjiang zu Anfang der 80er Jahre stieg die Zahl der funktionierenden Staatsfarmen wieder an, und heute existieren in der AR 319 Staatsfarmen, die sowohl Ackerbau- als auch Viehzuchtbetriebe umfassen (Zhang Linchi 1986:96).

Die Zahl der landwirtschaftlichen Staatsfarmen[84] (mit Schwerpunkt Ackerbau) beläuft sich nach Zhang L. auf 198, von denen 170 dem PAK Xinjiang und 28 dem Landwirtschaftsministerium der AR unterstellt sind. Zusammen bewirtschaften sie rund eine 1 Mio.ha Ackerland, also nahezu ein Drittel der gesamten Wirtschaftsfläche Xinjiangs. Sie verfügen außerdem über 1,74 Mio.ha Weidefläche, auf der sie über 2,8 Mio. Stück Vieh aufgezogen haben. Die dem Provinzministerium für Viehwirtschaft unterstellten 122 Staatsfarmen besitzen 5,7 Mio. ha Weideflächen mit 3,86 Mio. Tieren (davon 3,36 Mio. Schafe).

Fallbeispiele 83

Tab. 7: Entwicklung der Anbaufläche in Xinjiang
(Fläche Xinjiangs: 1,65 Mio. km^2)

Jahr	Ackerfläche (ha) insgesamt	bewässert	davon (%) im Norden	Süden	davon Staatsfarmland (ha)	(%)
120 v.Chr.		110.000[1]		100[1]		
1759		700.000[1]			[18.700][z8]	
1885		678.000[1]	7	93[1]		
1915	762.000[7]					
1946	990.000[9]					
1949	1,2 Mio.[7]	960.000[7]			0	0[x]
		1,2 Mio.[1]	30	70[1]		
1950	1,25 Mio.[7]	1,1 Mio.[7]			4.700[x]	
1951	1,34 Mio.[7]	1,2 Mio.[7]			17.400[x]	
1952	1,59 Mio.[7]	1,3 Mio.[7]			64.900[x]	
1953	1,56 Mio.[7]	1,4 Mio.[7]			87.100[x]	
1954	1,54 Mio.[7]	1,4 Mio.[7]			110.000[x]	
1955	1,7 Mio.[7]	1,46 Mio.[7]			159.000[x]	
1956	1,86 Mio.[7]	1,55 Mio.[7]			254.000[x]	
1957	2,0 Mio.[7]	1,7 Mio.[4]			340.000[x]	
1958	2,4 Mio.[7]	2,16 Mio.[7]				
1959	2,4 Mio.[7]	2,24 Mio.[7]				
1961	2,2 Mio.[7]	2,1 Mio.[7]			730.000[7]	33[7]
1962	3,16 Mio.[1*]		38	62[1]		
1975	3,2 Mio.[7]	2,68 Mio.[7]				
1978	3,18 Mio.[1a]	2,94 Mio.[1a]			975.000[y]	31[y]
1979					930.000[2]	25[2]
1981	3,2 Mio.[5]	2,66 Mio.[5]			1,03 Mio.[1a]	
					866.000[5]	
1984	3,2 Mio.				991.000[y]	31[y]
1987	3,2 Mio.[6]				1,065 Mio.[y]	

* Dürr (1978) wies diese 3,16 Mio.ha unverständlicherweise als bewässerte Fläche aus, wo doch die bewässerte Fläche nach McMillen (1979:135) im Jahr darauf (1963) auf 1,73 Mio.ha zurückging.
[x] Die Zahlen Chaos beziehen sich auf von Staatsfarmen erschlossene Flächen, die in aller Regel höher liegen als die tatsächliche landwirtschaftlich genutzte Fläche.
[y] Errechnet aus den Zahlen in: Gerhold (1987:65, 219) und Zhang Linchi (1986:96).
[z] Tuntian-Felder in der Tang-Zeit (7.-10. Jh.), nach Chen Hua[8].

Quellen: [x]Chao Kang (1970:282); [1]Dürr (1978:129) bzw. Wiens (1966:81-84); [1a]Dürr/Widmer (1983:77, 92 f.); [2]*Geochina* (1979:44); [3]Grobe-Hagel (1984:24); [4]Kolb (1963:412); [5]Hoppe (1987a:62); [6]KZB (1987:82); [7]McMillen (1979:6 f., 135, 144, 291); [8]Chen Hua (1983:[127]); [9]FERI (1956:639).

Mit einem Gesamtertrag von 200.000 t Getreide erwirtschafteten die 169 PAK-Staatsfarmen ein Viertel der in Xinjiang eingebrachten Getreideernte. Außerdem lieferten sie über 5.000 t Fleisch und 40.000 t Baumwolle an den Staat ab (*Zhongguo*, 1985, H.1, S.20). Die genannten Staatsfarmen hatten bis dahin 7.000 neue Brunnen und neue Kanäle von insgesamt 54.000 km Länge gegraben sowie 78 Staubecken angelegt. Im Rahmen von Windschutzmaßnahmen (s. Tafel 5) war ein Waldgürtel von 400 km^2 Fläche geschaffen worden. Trotz der wegen Erschließung von Ackerland geschrumpften Weideareale hatte die Zahl der aufgezogenen Tiere um etwa 170% zugenommen, und die Getreideernte war in ganz Xinjiang von 0,9 Mio.t im Jahre 1949 auf die mehr als vierfache Menge (3,8 Mio.t) gesteigert worden (Kolb 1986:36 ff.). Alle Staatsfarmen[85] zusammen erzeugten 1981 nach Dürr/Widmer (1983:77) 1,03 Mio.t Getreide und 53.000 t Baumwolle.

Aufgrund dieser in Form von Zahlen demonstrierten recht beachtlichen Erfolge fühlten sich die Planer weiterhin ermutigt, günstige Prognosen für das weitere Erschließungspotential abzugeben. War noch A. Penck in Chinesisch-Turkestan von einer bewässerbaren Landfläche von nur 1,6 Mio.ha ausgegangen,[86] so hatte ihn die Entwicklung in Xinjiang bereits Ende der 50er Jahre eingeholt. Zu dieser Zeit fühlten sich chinesische Planer zu Schätzungen von 6 Mio.ha, H. Wiens von 5,2 Mio.ha ermutigt. Demzufolge wäre beim derzeitigen Stand von 3,2 Mio.ha Ackerland noch eine Reserve von 2,6 Mio.ha zu erschließen. Die Tatsache, daß die Ausweitung der landwirtschaftlich genutzten Fläche seit etwa 1962 stagniert, läßt die mit 7,6 Mio.ha noch höher liegende Schätzung von Yang Lipu (Kolb 1986:38 f.) unbegreiflich erscheinen.

Die beachtlichen Produktionserfolge bieten nämlich nur einen Aspekt. Die Kehrseite der Medaille umfaßt die großen ökologischen Folgen, die diese ökonomischen Erfolge gekostet haben. Die Bilanz, die Hoppe (1987a:62 ff.) von 1949 bis 1982 zieht, läßt die Ergebnisse der Neulanderschließung denn auch weniger als großen Erfolg denn als eine einzige ökologische Katastrophe erscheinen: Von 3,4 Mio.ha ehemaligem Weideland, die für landwirtschaftliche Nutzung erschlossen wurden, mußten 1,3-1,4 Mio.ha Anbaufläche sehr schnell wieder aufgegeben werden. Letztlich blieb den Staatsfarmen nur noch 0,866 Mio.ha Ackerland. Dies bedeutet, daß zur Urbarmachung und Inwertsetzung des Ackerlandes das Vierfache an Weideland verbraucht wurde. Mehr als ein Drittel der bewässerten Ackerfläche hat mit der Versalzung zu kämpfen (1 Mio.ha; Chen Hua 1983:[140]), zusätzlich resultierten aus der Veränderung des Ökosystems 4,7 Mio.ha verschlechterte, versalzte oder versandete Weideflächen (vgl. Tafel 3). Allein im Tarim-Becken wurden 3 Mio.ha Auenwälder und Steppen durch Versalzung, Abholzen, Austrocknung und Versandung Opfer der Desertifikation.

Andererseits hat sich auch bei chinesischen Wissenschaftlern die Erkenntnis durchgesetzt, daß im labilen Ökosystem der Trockengebiete an eine Konsolidierung der landwirtschaftlichen Unternehmen nur zu denken ist, wenn versucht wird, das ökologische Gleichgewicht wiederherzustellen. So tritt Liu Zhenbang (in: *Geochina* 1979:18) dafür ein, daß aus dem durch die zu große Bevölkerung Chinas hervorgerufenen Mangel an Ackerland die Konsequenz gezogen wird, bei der Modernisierung der chinesischen Landwirtschaft die Entwicklung der Viehwirtschaft an die erste Stelle zu setzen. Sein wichtigstes Argument sind neben dem Graslandreservoir von 40% der Fläche der VR China die beachtliche Produktivität der Viehwirtschaft, die neben Fleisch, Wolle, Leder usw. vor allem Milchprodukte liefert. Da eine Milchkuh täglich den Proteingehalt von 4,5 kg Getreide liefert, könnte das Dilemma der Nahrungsversorgung (zusätzlich) auf diesem Wege angegangen werden.

Hierzu existieren ja durchaus hoffnungsvolle Ansätze. Schon heute produzieren die Staatsfarmen Chinas 85% der Milch, die in großen und mittelgroßen Städten angeboten wird.[87] Insofern bleibt unverständlich, daß geplant ist, weitere 700.000 Hektar Weideland "bis Ende 1990 mit anderen Kulturen zu bestellen".[88]

Einen wesentlichen Beitrag haben die Staatsfarmen Xinjiangs zum Aufbau einer Agroindustrie geleistet, die in dieser Form vor wenigen Jahrzehnten hier völlig unbekannt war, inzwischen aber nicht mehr wegzudenken ist. Die 170 Staatsfarmen des PAK Xinjiang betreiben außer 849 Fabriken noch über 10.000 größere und kleinere Läden und Dienstleistungsbetriebe (Zhang Linchi 1986:96). Das PAK Xinjiang trägt zum gesamten industriellen Produktionswert der AR ein Drittel bei: Die allzu einseitige Ausrichtung der Staatsfarmen auf Landwirtschaft konnte somit überwunden werden[89] (*Geochina* 1979:17).

Die neue Politik des Verantwortlichkeitssystems - will heißen der Übertragung von Nutzungsrechten auf einzelne Haushalte per Pachtvertrag - hat in Kombination mit einer besseren Berücksichtigung der vielseitigen Oasenlandwirtschaft, die traditionell neben Getreideanbau vor allem Sonderkulturen umfaßt (Trauben, Melonen, Hopfen u.a.; Zhang L. 1986:96), zu einer stärkeren Diversifizierung geführt, die außer einem vielseitigeren Angebot von landwirtschaftlichen Produkten auch eine angepaßtere Wirtschaftsweise bedeuten kann.

Nach mehr als drei Dekaden kommunistischer Neulanderschließung in der AR Xinjiang läßt sich erkennen, daß eine beträchtliche Zahl der mit der Erschließung betrauten Staatsfarmen etabliert und überlebensfähig ist. Von den wichtigsten Erschließungszellen, die hauptsächlich am Fuß des Altay-Gebirges, im Ili-Tal, im Manas-Gebiet am Nordfuß des Tian Shan, in den Becken der Oasen

Turpan und Hami sowie entlang der alten Seidenstraßen beiderseits des Tarim-Beckens (vgl. Abb.5/6) gelegen sind, haben sich vor allem die Projekte in Nord-Xinjiang hervorgetan. 1983 wurde die Getreideproduktion in der AR - nicht zuletzt auch durch die Ergebnisse einiger Neulanderschließungen - so groß, daß sie erstmals die durch Umsiedlungsmaßnahmen gewaltig angewachsene Bevölkerung selbst versorgen konnte.[90] Inzwischen ist nicht allein die Versorgung der lokalen Bevölkerung im Bereich der Projekte gewährleistet, sondern es können darüber hinaus gewisse Überschüsse im regionalen Rahmen exportiert werden. Handelsfrüchte von Xinjiangs Staatsfarmen gelangen nicht nur auf den nationalen, sondern auch auf den Weltmarkt. Von ihnen gingen auch neue Impulse zur Industrialisierung aus. Allerdings ist nicht zu übersehen, daß zur Konsolidierung der neugeschaffenen Agrarökosysteme unbedingt ein auf Integration bedachtes System erforderlich ist. Die Ausdehnung der Ackerflächen ist in Xinjiang allem Anschein nicht nur auf ihre Grenzen gestoßen, sondern hat sie teilweise überschritten. Eine Begrenzung der ökologischen Schäden wird nur durch eine Anpassung der Wirtschaftsweise an die Umwelt möglich sein, und eine gesicherte Ernährung der Bevölkerung erfordert landwirtschaftliche Intensivierung auf den vorhandenen Ackerflächen. Modellhaft wirken dürften deshalb allenfalls einzelne Betriebe und nicht die gesamte Neulanderschließung in Xinjiang.

C.2.2 Neulanderschließung in der Inneren Mongolei: Auf dem schwierigen Weg zur Harmonisierung von Ackerbau und Viehzucht

Eingebettet zwischen der Dsungarei, Sibirien und dem chinesischen Kernland erstreckt sich das Hochland der Mongolei über eine Fläche von rund 2,5 Mio.km^2, die sich naturgeographisch in die im Nordwesten gelegene "Bergmongolei" und die "Gobi" im Süden und Südosten gliedert (Brüning 1964:250 f.). Die Landschaftsgürtel der Mongolei umfassen von Norden nach Süden in deutlich zonalem Formenwandel die Waldsteppe, Steppe, Halbwüste und Wüste, so daß der größte Teil des Hochlandes von extensiven Weidegebieten eingenommen wird. Doch während der Anteil des Ackerlandes in der Mongolischen Volksrepublik (MVR, der "Äußeren Mongolei") nur rund 1% ausmacht (Stadelbauer 1984b:238), liegt dessen Anteil in der chinesischen AR Innere Mongolei bei über 6% (Dürr/Widmer 1983:91), somit nicht nur sechsmal höher als in der VR Mongolei, sondern immer noch dreimal so hoch wie in Xinjiang.

Dies deutet schon den Grund für die Unterscheidung von "Innerer" und "Äußerer Mongolei" an, war doch die Innere Mongolei traditionell jeweils jener Teil des Hochlandes, der zur Zeit des chinesischen Kaiserreiches einer deutlichen

Fallbeispiele

Abb.8:
Verwaltungsgliederung und die wichtigsten naturräumlichen Einheiten der AR Innere Mongolei (Quelle: Franke/Staiger [1974:558])

Abb.8a:
Gebietsabtrennungen während der Kulturrevolution (1969/70 bis 1978) (Quelle: siehe LIT 2.2)

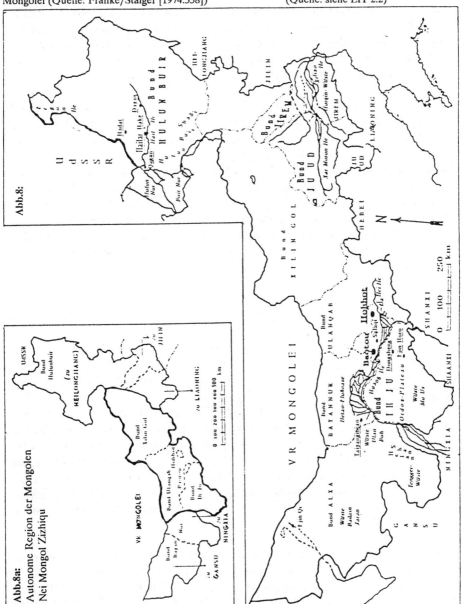

Abb.8a: Autonome Region der Mongolen Nei Mongol Zizhiqu

Kontrolle unterlag, während die weiten Steppenlandschaften der heutigen MVR selbst in Zeiten größter Macht für die kaiserlichen Truppen unberechenbar blieben. Um sich gegen die Nomadeneinfälle aus dem Norden zu wehren, war einerseits die Große Mauer errichtet worden, andererseits eine stete Kolonisationspolitik betrieben worden, die besonders in den Kerngebieten der Inneren Mongolei - am Flußknie des Huang He - Fuß faßte. So kommt es, daß die AR Innere Mongolei (Nei Mongol Zizhiqu) zu 85% von Han-Chinesen besiedelt ist, obschon ihre mongolische Bevölkerung größer ist als diejenige der MVR.[91]

Die chinesische Kolonisation setzte Mitte des 19. Jh. ein, und zwar maßgeblich veranlaßt durch das Verhalten des mongolischen Klerus und Adels (vgl. Kolb 1963:372 f.). Die vom Staat durchgesetzte Ansiedlung von chinesischen Ackerbauern setzte nach 1911 mit Gründung der Republik China ein - mit einem Höhepunkt in den Jahren 1928-30 (Yakhontoff 1936:18), und schon zur Zeit der Gründung der Autonomen Region (1947) waren die Mongolen zur Minderheit im eigenen Lande geworden: Sie machten noch ein Drittel der innermongolischen Bevölkerung aus. Nach Gründung der VR China nahm der Zustrom neuer Siedler kein Ende, und die Bemühungen, im Weideland eine ackerbauliche Neulanderschließung durchzuführen, fanden einen neuen Höhepunkt (Kolb 1963:373-376).

C.2.2.1 Hulunbuir: Umwandlung bester Weidegründe in schlechtes Ackerland

Im äußersten Nordosten der AR Innere Mongolei liegt der Bund Hulunbuir, der mit seiner Fläche von über 250.000 km^2 so groß ist wie die BR Deutschland. Er ist zwar nur einer der acht Bünde der AR, jedoch der flächengrößte. Eine Hälfte seiner Fläche wird von riesigen Waldgebieten eingenommen, die andere überwiegend von einem der größten und besten Weidegebiete der Welt. In der Kulturrevolution wurde der Bund von 1969 bis 1979 (Franke/Staiger 1974:556) an die Provinz Heilongjiang angeschlossen (vgl. Abb.8a). Auch in der hiesigen Bevölkerung von 2,4 Mio. Menschen sind die Han-Chinesen in der Mehrheit, und die Mongolen machen lediglich 6% aus. Die Ansiedlung von Chinesen in traditionellen Weidegebieten bedeutete neben dem Versuch industrieller Entwicklung - im Hauptort Hailar - vor allem Neulanderschließung für ackerbauliche Zwecke[92] (s. Tafel 6).

Geng (1986:162) rechnet selbst die Sanddünengebiete östlich des Hulun Nur (des viertgrößten Sees der VR China), entlang des Flusses Hailar He sowie im Süden des Bundes noch zu den semihumiden, kaltgemäßigten Breiten; der Blick auf verschiedene Klimakarten (XSXD 1984:55-64) jedoch bestätigt, daß sich minde-

Fallbeispiele 89

stens der Südwestteil des Bundes Hulunbuir entsprechend der in Kapitel B.1 vorgenommenen Abgrenzung der Trockengebiete Chinas zu denselben hinzurechnen läßt (vgl. Klimadiagramm von Hailar im Anhang).

Wegen der für eine Bevölkerung von 1,1 Mrd. Menschen zu geringen Ackerfläche von 100 Mio.ha waren in China schon früh die 270 Mio.ha Weideländer der Volksrepublik als potentielle Neulanderschließungsgebiete ins Blickfeld gerückt. Als eines der landwirtschaftlichen Schwerpunktgebiete sollte seit den 60er Jahren die 91.607 km^2 große Hulunbuir-Steppe aufgebaut werden, deren semiarider Südwestteil mit 56.584 km^2 mehr als deren Hälfte umfaßt[93] (Zhao 1985a). Die Weidegebiete des Bundes Hulunbuir gelten als die besten der ganzen Volksrepublik China (Cheng/Lu 1984:109).

Die Erschließung von Ackerland in der Hulunbuir-Steppe hatte erst in diesem Jahrhundert im Nordostteil des Bundes mit wenigen Flächen begonnen. Der *Da Kaihuang*-Kampagne ("Urbarmachen von Brachland im großen Umfang") von 1960-1962 war weder eine Erforschung der natürlichen Grundlagen vorausgegangen, noch war sie sorgfältig geplant worden. Von den 198.000 ha Land, die durch 25 Staatsfarmen zum Zweck des Getreideanbaus (Kang 1979:26) erschlossen wurden, waren mindestens 153.000 ha für ackerbauliche Zwecke völlig ungeeignet. Diese ungeeigneten erschlossenen Gebiete waren folgende:

- 120.000 ha westlich von Hake beiderseits der Bahnlinie in die Sowjetunion auf dunkelbraunen Steppenböden (semiaride Grasland-Kastanoseme; davon 47.000 ha um die Verwaltungshauptstadt Hailar, die Orte Hottaohai, Nantun, Hake, Xiertala u.a., sowie westlich von Hailar 73.000 ha in den Sanddünengebieten südlich des Hailar-Flusses) und
- 33.000 ha im nördlicher gelegenen Raum um Hadat, Jiazishan, Dayan usw. auf dünner Schwarzerde mit geringem Humusgehalt.

Als im Jahre 1962 rund 151.000 ha des erschlossenen Ackerlandes wieder aufgelassen wurden, verkehrten sich zwar einige Mängel ins Gegenteil, aber es traten neuerliche Widersprüche auf, denn es wurden auch feuchtere, für den Ackerbau durchaus geeignete Schwarzerdeböden aufgelassen (Zhao S. 1985a:210 f.).

Ein wesentliches Problem dieser Neulanderschließungen war in erster Linie die falsche Bewirtschaftung, ein extensiver Ackerbau, denn außer der Einplanierung von Landflächen (wovon nach Kang 1979:32 zu allererst abzuraten ist) wurde überhaupt kein grundlegender landwirtschaftlicher Investbau geleistet. In Hadat waren beispielsweise auf dem Land der 9. Brigade die Erträge in fünf Jahren Weizenanbau bis 1965 gerade einmal auf 3 t/ha gestiegen. Als der Ertrag im

Jahr darauf auf 1,5 t/ha sank, wurde der Anbau aufgegeben. Ein erneuter Versuch im Jahre 1972 erbrachte gar nur 0,75 t/ha, was die Ackerbauern 1973 endgültig zur Aufgabe zwang. Alles in allem hatte der mißglückte Ackerbau eines Jahrzehnts lediglich zum Verlust von 30 cm Oberboden geführt. Die verbliebenen 22 cm sind erfüllt von grobem Sand und Kies (Zhao S. 1985a:212).

Die Bilanz, die der meist nicht übermäßig kritische Zhang Linchi (1986:131) für den Bund Hulunbuir zieht, spricht für sich:

In einigen wenigen Gebieten gab es Staatsfarmen, die nicht ausreichend über die Bedeutung des ökologischen Gleichgewichtes Bescheid wußten, einiges nicht für die Neulanderschließung geeignete Brachland urbar machten, die ursprüngliche Vegetation zerstörten und nicht einmal die erforderlichen Schutzmaßnahmen ergriffen, so daß das ökologische Gleichgewicht zerstört wurde. So wurden z.B. im semiariden Westteil der Hulunbuir-Steppe 1,79 Mio. Mu [120.000 ha] erschlossen. Da die Bodenkrume dünn und die Sandstürme kräftig waren, setzten gleich nach der Erschließung Bodenerosion, Deflation und Versandung ein, so daß 1963 wieder 1,66 Mio. Mu [111.000 ha] aufgegeben werden mußten - das sind 92,7% der ursprünglich erschlossenen Fläche.[94]

Sowohl in den Erschließungsgebieten am Hulun Nur als auch entlang den Ufern des Hailar He traten weitere Probleme auf. Nach 1980 wurde die Urbarmachung von Sumpfgebieten am See eingestellt, und die Farmen, deren Land keinen Ackerbau betreiben konnten, stellten sich auf Fischzucht und Wasserkulturen um. Auf dem Südufer des Hailar He war bereits seit 1973 ein Bewässerungssystem geschaffen worden, das unter dem Schutz von Baumreihen der einheimischen Kiefern[95] den Anbau auf kleinen Feldern und die Anlage von Gemüsegärten erlaubte. Durch Düngergaben erreichte man z.B. in den 87 ha großen Gärten der Kommune Qagan bei Paprika, Bohnen und Gurken Erträge von über 15 t/ha, bei Tomaten und Gartenkürbissen sogar die doppelte Menge (Zhao S. 1985a: 214).

Die Neulanderschließung in traditionellen Weidegebieten hatte eine mehr oder weniger intakte Viehwirtschaft angeschlagen. Zeitweise hatte die Viehzucht in Hulunbuir zudem 10-20% Einbußen durch Trockenheit oder Schneekatastrophen erlitten. Der Futtermangel während der Winter- und Frühjahrsmonate erforderte einen Import von Futtermitteln, der nur über lange Transportwege gewährleistet werden konnte. Deshalb empfiehlt Kang (1979:28 ff.) die Anlage von Futterbauarealen in geeigneten Gebieten. Dafür bietet sich die den Weiden am nächsten gelegenen Zone in Ost-Hulunbuir an, aber auch die trockeneren Steppen-"Kastanoseme" im Südwesten, sofern ihre Bewässerung gewährleistet werden kann.

Die Entwicklung der Region darf nach Kang (a.a.O.) folglich nicht in erster Linie die Selbstversorgung der Bevölkerung mit Getreide anstreben (wenn auch mit Gemüse), sondern sollte durch den Anbau von Gerste und Hafer, die hier gut gedeihen, die Versorgung mit Futtermitteln sicherstellen. Die notwendige Düngung der Felder könnte durch eine verstärkte Stallhaltung gewährleistet werden, so daß "eine organische Verbindung von Land- und Viehwirtschaft entstehen kann". Um Versandung unter Kontrolle zu halten, ist auf jeden Fall eine Feld-Wiesen-Wechselwirtschaft notwendig (ZZX 1984:197).

Tatsächlich scheint diese Strategie in Hulunbuir zum Erfolg geführt zu haben. Zwar beträgt die Ackerfläche in Hulunbuir mit 130.000 ha nur noch 1,4% (Zhao S. 1985a:205) des Gesamtareals im Bund, doch inzwischen wird er als "der Fleisch- und Milchtopf Chinas" beschrieben (Deng Shulin 1987:43). Nach einer Schneekatastrophe im Winter 1983/84, die nur die Tiere der Hirten in Bayan Tohoi gut überstanden, schlossen sich mehr und mehr Hirten genossenschaftlich zusammen. Regelmäßig bewässerte Weiden liefern durch das üppig wachsende Gras genügend Grünfutter, um auch harte Winter zu überstehen. Innerhalb eines Jahrzehnts stieg die Zahl der Milchkühe in Hulunbuir von 32.000 um 200% auf ca. 100.000, während die Milchproduktion durch das nahrhaftere Futtergras effizienter geworden war: statt weniger als eine halbe Tonne Milch pro Kuh und Jahr nun etwa 1 t/a. Die 100.000 t Milch des Jahres 1987 wurden in den zehn Molkereien des Bundes verarbeitet, die ihre Butter zum Teil sogar ins Ausland exportieren (Deng 1987:45).

Die Rückbesinnung auf die von den natürlichen Ressourcen der Hulunbuir-Steppe getragene traditionelle Viehwirtschaft hat im Verbund mit einer gewissen Modernisierung und geringfügigem Anbau - vor allem in Form von Gartenbau - zu einem hohen Grad von Selbstversorgung geführt, der allerdings ohne wirtschaftliche Austauschbeziehungen mit den Ackerbauregionen auf Dauer nicht auskommen kann.

C.2.2.2   Erschließungsmaßnahmen in anderen innermongolischen Weidegebieten

C.2.2.2.1   Jirem-Bund und Horqin-Wüste

Die Bünde Jirem und Ju Ud sind die einzigen Verwaltungsdistrikte der AR Innere Mongolei, die jenseits, d.h. östlich der Großen Hinggan-Kette gelegen sind. Ihr Herzstück ist die 24600 km^2 große Horqin-Wüste, die zu 90% aus Sanddünen besteht (CHS 1984a:70). Sofort nach 1949 war von der kommunistischen Regierung die Errichtung von Windschutzgürteln in Angriff genommen

Abb. 9: Bewässerungsfeldbau in Neulanderschließungsgebieten der Bünde Ju Ud und Jirem in der südöstlichen Inneren Mongolei

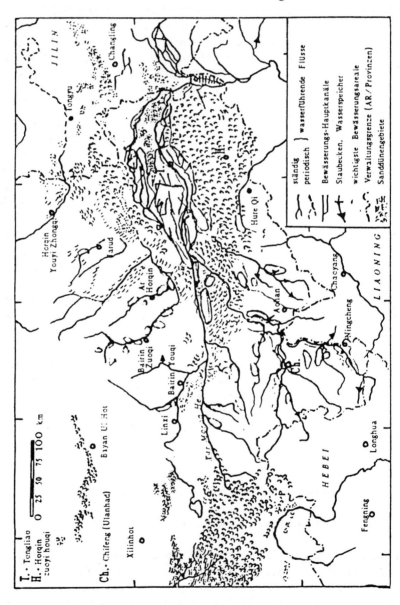

(Quelle: LIT 2.2)

Fallbeispiele 93

worden. Die Wüste Horqin Shadi bot ausgezeichnete Möglichkeiten für Neulanderschließung, da sie durch ihre Lage in der Flußebene des Xiliao He beste Voraussetzungen für eine problemlose Bewässerung bietet (Zhao S. 1985:5, 16).

Im Jirem-Bund arbeiteten 1986 rund 80.000 ansässige Mongolen, Han, Manj'us und Hui sowie 30.000 Angestellte auf 18 Staatsfarmen für Ackerbau und Viehzucht. Das von ihnen erschlossene Land beläuft sich auf 30.000 ha Ackerland, und auf 220.000 ha Weideflächen halten sie 160.000 Stück Vieh. Die Kulturrevolution hatte hier ähnliche Folgen wie in Hulunbuir, so daß die Staatsfarmen von 1967 bis 1978 ca. 40 Mio. Yuan Verluste erwirtschafteten. Ab 1981 wurde in Urgentala, ab 1983 im ganzen Bund das Verantwortlichkeitssystem eingeführt. Eine größere wirtschaftliche Diversifizierung fand ab 1984 statt. 1984 war auch das erste Jahr ohne wirtschaftliche Verluste. Die Landwirtschaft wurde Teil eines integrierten Systems, das neben der Forstwirtschaft den Aufbau einer Agroindustrie betrieb (Chen Jiacai 1986:14).

Über das weitere Ausmaß der ackerbaulichen Erschließung sind so gut wie keine Zahlen zugänglich, doch die Karte der Wasserwirtschaft im Flußnetz des Xiliao He (Abb.9) zeigt die Fortschritte der Erschließung in der Horqin-Wüste nur allzu deutlich.

C.2.2.2.2 Ih Ju-Bund (Ordos-Plateau)

Dieser Bund, der sich innerhalb des Huang-He-Knies über das 130.000 km^2 große Ordos-Plateau und die Mu Us-Wüste erstreckte, hat in der Zeit seit Gründung der Volksrepublik China die umfangreichste Neulanderschließung erlebt. Von 1957 bis 1972 wurden hier 1,2 Mio.ha Ackerland durch Erschließung von Weiden gewonnen (*Geochina* 1979:8). Als eines der besten mongolischen Weidegebiete reichen die Auseinandersetzungen um es Jahrhunderte zurück, insbesondere in die Zeit des Endes der Qing-Dynastie, als die Mongolen einem verstärkten chinesischen Kolonisationsdruck widerstanden. Seit 1949 wurden Maßnahmen eingeleitet, die bereits erfolgte Degeneration der Steppenweiden rückgängig zu machen. Organisatorische Maßnahmen, wie Planung des Weidewechsels, und Pflege der Graslander (Bewässerung, Schädlingsbekämpfung usw.) sollten langfristig eine Intensivierung der Steppennutzung, d.h. der Viehwirtschaft ermöglichen (SLB 1984:82 f.). Die Notwendigkeit solcher Maßnahmen wird dem Durchreisenden bei der Fahrt übers Ordos-Plateau ebenso bewußt wie die Tatsache, daß solche Maßnahmen schon viel zu lange haben auf sich warten lassen: Die Erosion hat vor allem im Norden des Ih Ju-Bundes eine zwar einzigartige, aber für die Viehwirtschaft mehr und mehr nbrauchbare "Gullylandschaft" hervorgebracht, insbesondere zwischen Dongsheng und Ejin Horo Qi (Tafel 7).

Dennoch waren in der Kulturrevolution (1966-73) mehr als 650.000 ha Land neu umgebrochen worden, was neuerlich zur Zerstörung von 1,2 Mio.ha Weideland führte. Nach anfänglich guten Ernten ging die Produktivität der Ackerflächen schnell zurück, da der Wind die fruchtbare oberste Bodenkrume weggeblasen hatte. Anstatt den Ackerbau ganz einzustellen, ließ man zwar die "alten" Neulandflächen brachfallen, aber erschloß dafür neues Ackerland. Dadurch erlitt allein das Banner (Kreis) Ejin Horo während der letzten 30 Jahre Desertifikationen auf über 130.000 ha Weideland. 17% des gesamten Ih Ju-Bundes sind heute von Winderosion betroffen.[96]

C.2.2.2.3   Die Wüste Ulan Buh: Günstige Entwicklungsvoraussetzungen durch die Nähe der Huang-He-Flußoasen

In dieser westlich des Huang He und nördlich des Helan-Gebirges gelegenen, 14.000 km^2 großen Wüste wurden neben den 37% Treibsandflächen und den zu 31% halbfixierten und zu 30% fixierten Dünen gute Bodenressourcen im Nordteil der Wüste erkundet (Zhao S. 1985:4). Nach 1949 wurden dort vorläufig drei Staatsfarmen (Bao'ertaoleshan, Hatengtao und Taiyangmiao) zur Neulanderschließung, Aufforstung und Viehzucht eingerichtet. Die Bewässerung von zunächst 2.000 ha neu erschlossenem Ackerland wurde durch Wasser des Gelben Flusses gewährleistet, welches über ein Kanalsystem von 200 km zugeleitet wird, die im Zusammenhang mit der Ausdehnung der Hetao-Flußoase (dem ackerbaulichen Kernland der Inneren Mongolei; Xian/Chen 1986:121) geschaffen wurden. Nach 1969 errichtete das PAK Innere Mongolei hier ein Neulanderschließungsmodell für andere Staatsfarmen. Nach Kuo (1979:95) wurden dabei 6.000 ha neu erschlossen, die inzwischen auf über 13.000 ha Ackerland erweitert wurden (Zhao S. 1985:15).

Zwar hat man im Rahmen dieser Neulanderschließung auch Aufforstungsmaßnahmen durchgeführt, doch ließen sich auch hier ökologische Schäden offensichtlich nicht vermeiden. Nach Chen Bishou (in: *Geochina* 1979:35) ist von den noch 1964 existierenden 2.200 km^2 umfassenden Holoxylon ammodendron-Wäldern (damals 17% der Wüstenfläche) wegen Neulanderschließung und Überweidung nicht mehr viel übrig geblieben, wodurch die Versandungsgefahr auch hier zugenommen hat. Immerhin scheint der neugeschaffene Windschutzgürtel beträchtliche Ausmaße angenommen zu haben: Xian und Chen (1986:124) berichten von einem 154 km langen und 350-400 m breiten Waldgürtel, der von Dengkou am Gelben Fluß bis zur Staatsfarm Taiyangmiao reiche. 8.466 ha Wald schützten hier inzwischen um die 10.000 ha "Wüstenfelder" vor Wind und Sand und würden so nicht nur zu reichen Ernten beitragen, sondern auch eine Grundlage für Bau- und Brennholz und Futtermöglichkeiten bieten.

Abb. 10: Ulan-Buh-Wüste in der Inneren Mongolei

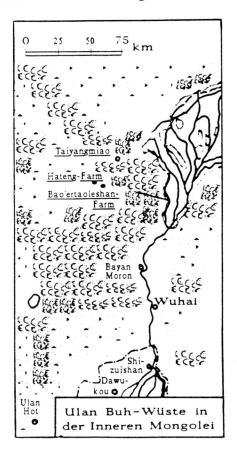

(Quelle: LIT 2.2)

C.2.2.3 Bewertung der Erschließungstätigkeiten in der Inneren Mongolei und Schlußfolgerungen

Eines der traurigsten Ergebnisse der chinesischen Neulanderschließungspolitik der 60er Jahre muß die Feststellung sein, daß die daraus resultierenden negativen Folgen selbst ohne wissenschaftliche Voruntersuchung vorhersehbar waren, hatten doch die chinesischen Kolonisten des frühen 20. Jh. in den Steppengebieten der Mandschurei und der Inneren Mongolei bereits dieselben Erfahrungen gemacht. O. Lattimore hatte dies bereits 1933 (S.334) explizit beschrieben:

> ... a great deal of land is taken from the Mongols that ought never to be colonized, because it is not suited for farming at all (...). Thus the areas of colonization suffer a multitude of plagues; harvests are lost through cold or drought; "thin" land is rapidly exhausted and ruined by the emergence, through ploughing, of the underlying sand. (...) Much of the land that has been ruined cannot recover even as pasture.[97]

Die Folgen einer exzessiven Neulanderschließung in der Inneren Mongolei waren damit schon hinreichend geschildert worden. Was von Stadelbauer (1984b:254) als für die MVR geltend angesprochen wurde, trifft auch für den Bund Hulunbuir und die AR Innere Mongolei insgesamt zu, nämlich daß eine Ackerlanderweiterung im Risikobereich der agronomischen Trockengrenze oft wenigstens zu regionalen Getreideversorgungsengpässen führt, weil die Getreideerträge dort zu gering sind, und daß diese Ausweitung üblicherweise auf Kosten der im Verhältnis besten Weidegebiete erfolgt. Allerdings wurden die weiten Wälder auf dem Großen Hingan Ling zeitweise auch nicht verschont. Da sie ein natürliches Wasserreservoir für die weiter westlich gelegenen Weidegebiete des Hulunbuir-Bundes sind (*Geochina* 1979:9), wirkt sich dies ebenfalls auf die Qualität der Steppengräser aus.

Die unmittelbaren Folgen für die Viehwirtschaft sind gravierend. Die übriggebliebenen Weideflächen sind die weniger guten, wodurch über eine schlechtere Futterqualität und hohe Viehsterblichkeit der Viehbestand erschreckend zusammenschrumpft: Kamen in Hulunbuir 1947 noch 2,8 Stück Vieh auf jeden Kopf der Bevölkerung, so war der Bestand bis 1979 auf nur 1,4 St./Kopf gesunken. Die negativen Konsequenzen für die ökonomische Situation der in den Weidegebieten lebenden Bevölkerung summieren sich. War die Innere Mongolei in den 50er Jahren noch Selbstversorger bei Getreide, Fleisch und Speiseöl, so ist sie heute auf Lieferungen von außen angewiesen (Heberer 1984:165 f.).

Das gesamte Ackerland in der AR Innere Mongolei wird in KZB (1987:54) auf etwa 5,3 Mio.ha geschätzt, die jedoch angesichts der in Tab.8 angedeuteten Entwicklung der Ackerflächen als zu hoch erscheinen. Bei den Zahlenangaben verschiedener Autoren wird leider oft nicht deutlich, auf welches Jahr und welche definitorische Abgrenzung sich die Angaben beziehen. Von chinesischen Autoren werden zuweilen bewässerte Weiden mitgerechnet, zuweilen wird nur die Fläche von ackerbaulichen Produkten gerechnet. Nach KZB (a.a.O.) wird das Hauptanbauprodukt Weizen auf ca. 870.000 ha ausgesät, was ein Fünftel der Sommerweizenfläche der ganzen VR China ausmacht. Andere wichtige Feldfrüchte sind Nackthafer (*youmai*; auf 400.000 ha), die "Echte Hirse" (*meishu*), Flachs, Raps, Sonnenblumen und seit den 50er Jahren auch Zuckerrüben, die der Inneren Mongolei die zweite Stelle als Zuckerproduzent (nach Heilongjiang) in China eingebracht haben (KZB 1987:54 f.).

Fallbeispiele

Tab. 8: Entwicklung der Ackerfläche in der Inneren Mongolei (1873 bis 1985)

Jahr	Fläche (Mio.ha)	mittl. Getreide-ertrag (t/ha)	Getreideanbau-fläche (Mio.ha)	Quellen
1873	3			Perkins 1969:236
1893	3			Perkins 1969:236
1913	3			Perkins 1969:236
1933	2,86			Perkins 1969:236
1947	3,39		2,966	Chen N. 1966:300
1949	3,81		3,286	Chen N. 1966:300
1952	4,81		4,089	Chen N. 1966:300
1957	5,12	$0,84^2$	4,229	Chen N. 1966:300
1958	5,56		4,133	Kuo 1976:88
1978[1]	[2,72[1]]			Dürr/Widmer 1983:92
1979	5,35	1,26	4,042	Dürr/Widmer 83:93/97
1981	5,19			Dürr/Widmer 1983:94
1984	4,63		3,762	MLVF 1986:28
1985	4,55	1,77	3,422	MLVF 1986:28/33

[1] Die kleine Ackerfläche ergibt sich aus der "Gebietsreform", die die Innere Mongolei während der Kulturrevolution (1969-1978) quasi halbiert hatte (vgl. Abb. 8a).
[2] nur Weizen (Vermeer 1977:178).

Um den Effekt der Neulanderschließung in der Inneren Mongolei bemessen zu können, sollten wir zunächst einen Blick auf die Entwicklung der erschlossenen Ackerfläche und der von den Staatsfarmen erwirtschafteten Produktionsmengen werfen. Die Übersichten Tab.9 und Tab.10 verschaffen uns hier einen knappen Überblick.

Tab. 9: Staatsfarmen in der AR Innere Mongolei

Jahr	Ackerbau-Staatsfarmen			Viehzucht-Staatsfarmen		
	Anzahl	Fläche (ha)	Ackerfläche (ha)	Anzahl	Fläche (ha)	Weidefläche (ha)
1949	2	830	830	3	190.000	169.000
1952	8	3.210	2.400	16	536.000	535.000
1957	19	70.280	13.310	38	1,5 Mio.	1,16 Mio.
1958	21	166.000	25.050	55	1,86 Mio.	1,39 Mio.
1984	*	386.000	277.000	*120	**k.A.	3,96 Mio.
1985	*	386.000	257.000	*118	**7,2 Mio.	3,96 Mio.

*Zahl und **Gesamtfläche der Ackerbau- und Viehzuchtfarmen zusammengefaßt.

Quellen: Chen N.-R. (1966:368), Gerhold (1987:218), MLVF (1986:140-206), Zhang L. (1986:102)

Tab. 10: Viehbestand, tierische und pflanzliche Produktion der Staatsfarmen in der AR Innere Mongolei

Jahr	1949	1952	1957	1958	1981	1984	1985
Stückzahl Vieh	2.533	22.645	114.711	169.312			267.000
Fleischproduktion (t)							12.818
Milchproduktion (t)							41.20
Getreide (Mio.t)					0,281	0,306	0,306
Hektarertrag (t/ha)						1,31	1,58

Quellen: Chen N.-R. (1966:368), Gerhold (1987), MLVF (1986:140, 162-173), Zhang L. (1986:102)

Die Ackerfläche der Inneren Mongolei war innerhalb eines Jahrzehnts seit Gründung der AR um über 60% auf 5,56 Mio.ha gesteigert worden. Die Erweiterung durch Neulanderschließung ging in China im allgemeinen überwiegend auf das Konto der Staatsfarmen. Wenn die von ihnen in der innermongolischen AR bewirtschaftete (wenn auch nicht vollständig genutzte) Ackerfläche im Jahre 1958 nur 0,166 Mio. Hektar, also nicht einmal 8% der statistisch seit 1947 neu erschlossenen Ackerfläche, umfaßt, so ergeben sich aus diesen Zahlen zwei mögliche Schlüsse:

1. Die in den Quellen (Chen N., Kuo) übermittelten, auf chinesische Statistiken zurückgehenden Zahlen für die Ackerflächen könnten die von den Viehzucht-Staatsfarmen "in Besitz genommenen", möglicherweise durch Bewässerung intensiv genutzten Weideländer mit einschließen.[98]
2. Die Erschließung von Ackerland ging schneller voran als die ackerbauliche Nutzung. Da die Erträge der neu erschlossenen Felder meist erst nach einigen Jahren übermäßig stark zurückgingen, wurde die Neulanderschließung noch so lange vorangetrieben, als sich die Untauglichkeit der erstmals ackerbaulich genutzten Steppenflächen noch gar nicht endgültig herausgestellt hatte. In der Statistik dürften sich auch solche neu erschlossenen Felder niedergeschlagen haben, die vor allem um der finanziellen Prämien willen umgebrochen wurden (vgl. Anm. 68).

Es erscheint mir am wahrscheinlichsten, daß eine ganze Reihe von auf die genannten Faktoren zurückgehenden Umstände zu den Zahlendiskrepanzen geführt haben dürften. Auf jeden Fall ist ersichtlich, daß sich parallel zur Abnahme der Getreideanbauflächen die Weidegebiete wieder ausgedehnt haben (vgl. Tab.9). Die schwerpunktmäßige Umstellung der ökonomischen Struktur zurück zur Viehwirtschaft ergab sich zwingend aus den gemachten Erfahrungen:

– Die geringe Produktivität der in die Steppengebiete vorangetriebenen ackerbaulichen Erschließung hatte zur Folge, daß Ende der 50er Jahre auf mehr Ackerland weniger Getreide eingebracht wurde (vgl. Smil 1984). So steht einem Getreidegesamtertrag von min. 3,6 Mio.t bis max. 5,2 Mio.t im Jahre 1957 bzw. 1958 eine Ernte von 5,95 Mio.t in 1984 (Machetzki 1986:507) gegenüber. Einer Reduzierung der Getreideanbaufläche um fast 20% folgte - mit entsprechenden Intensivierungsmaßnahmen - eine Steigerung des Hektarertrags um min. 40% bzw. des Gesamtertrages um 16-60%.

– Mit der Aufgabe der unproduktiven Ackerflächen und der Regeneration bzw. Meliorierung von Steppenweiden konnte über die Stärkung der Viehwirtschaft die Produktion von Fleisch und Milcherzeugnissen gesteigert werden.

Heute bauen die Staatsfarmen in der AR Innere Mongolei zwar immer noch Getreide, Mais, Gaoliang-Hirse, Sojabohnen, Rapssamen, Sonnenblumen, Kartoffeln und verschiedene Gemüse an (Zhang L. 1986:103), doch auch im Staatsfarm-Sektor wird der Schwerpunkt allmählich auf tierische Erzeugnisse verlegt. 1985 wurden von den Staatsfarmen der Inneren Mongolei nur etwa 5% des Getreide-Gesamtertrags (6,041 Mio.t) der AR eingebracht und 3,6% der Fleischproduktion (359.000 t; a.a.O.:88), aber rund 16% der Milchproduktion (259.000 t; MLVF 1986).

Tab. 11: **Landwirtschaftliche Produktion in der Inneren Mongolei**

Jahr	1947	1957	1979	1980	1984	1985	1986	Einheit
Getreide:								
Anbaufläche	2,966	4,299	4,04	3,88	3,76	3,42	3,58	Mio.ha
Gesamtertrag		2,957	5,1	3,965	5,95	6,041	5,285	Mio.t
Hektarertrag		0,84	1,26	1,02		1,77	1,47	t/ha
Viehbestand				6,8 Mio.		7,4 Mio.	7,5 Mio.	Stück
Fleischprod.				238		349	374	Tsd.t
Milchprod.				70		259	255	Tsd.t

Quellen: Dürr/Widmer (1983), Machetzki (1986), MLVF (1986), SSB (1987)

Somit ergibt sich nach den großen Fehlplanungen und Rückschlägen in der Landwirtschaft der 60er Jahre ein wesentlich günstigeres Bild der ökonomischen Lage in der Inneren Mongolei, seit die Rückbesinnung auf das traditionelle

Viehwirtschaftssystem eingesetzt hat. Freilich wurde aufgrund der stark gestiegenen Bevölkerung die Getreideversorgung von 321 kg/Kopf[99] im Jahr 1957 noch nicht wieder erreicht. Allmählich scheint sich die AR jedoch erneut der Selbstversorgung mit Getreide anzunähern, nachdem die Schwankungen der letzten Jahre sich um 276 kg/Kopf (1979), 214 kg/Kopf[89] (1980) und 1984 gar 300 kg/Kopf (Machetzki 1986:503) einzupendeln scheinen. Die Bilanz von 1985 ergab eine Pro-Kopf-Produktion von 301 kg Getreide (Durchschnitt VR China: 364 kg), 17,9 kg Fleisch (18,5 kg), 39,6 kg Speiseöl (15,2 kg) und 126,7 kg Zucker (58,1 kg).[100] Die Lebensgrundlage der Bevölkerung der AR Innere Mongolei ist trotz wachsender Bevölkerungszahlen und großer wirtschaftlicher Schwierigkeiten in den ersten Jahrzehnten seit Gründung der Volksrepublik China die Land- und Viehwirtschaft innerhalb der AR geblieben. Da die innermongolischen Erträge fast aller Feldfrüchte weit unter dem chinesischen Landesdurchschnitt liegen[101] (außer der ortsangepaßten Zuckerrübe, die mit 14,5 t/ha um eine Vierteltonne über dem Schnitt liegt; vgl. MAT 3), wird die Viehwirtschaft dabei allerdings die größere Rolle spielen, die ihr im Rahmen der Neuorientierung wieder zuerkannt wurde (Smil 1984:60). Der Anteil der Fleischproduktion an der gesamtchinesischen Produktion liegt seit 1980 stets bei knapp 2%, während derjenige der Milchproduktion seither von 5% bereits auf fast 8% gestiegen ist (SSB 1987:91 ff.).

Um die weiter wachsende Bevölkerung auch in Zukunft ausreichend mit Getreide versorgen zu können, wird eine Intensivierung des Ackerbaus in dessen traditionellem Kernland - in den Flußoasen des Huang He und Umgebung - vonnöten sein. Neulanderschließung für ackerbauliche Zwecke ist in der Inneren Mongolei deutlichst auf ihre Grenzen gestoßen. Man kann von den Staatsfarmen allenfalls noch die Kultivierung einiger weniger Wüstenrandflächen (Badain Jaran-, Tengger- und Ulan Buh-Wüsten) erhoffen; wichtiger können ihre Beiträge zu einer technisch besser organisierten Landwirtschaft sein und ihre Vorreiterrolle bei der Einrichtung integrierter land-, vieh- und forstwirtschaftlicher Systeme. Als Zulieferer für eine mit ihnen verbundene Agroindustrie können sie in Zukunft noch stärker zu einer (agro-)industriellen Wertschöpfung beitragen, die das im wesentlichen doch etwas labile Gleichgewicht in der landwirtschaftlichen Produktion absichern könnte. (Tafel 8)

C.2.3 Tibet - das extremste Hochland der Welt: Keine Chance für Ackerbau?

Das mit einer durchschnittlichen Höhe von 4.500 m ü.M. gelegene, 2 Mio.km² große Hochland von Tibet wird im allgemeinen in seinen ackerbaulichen Möglichkeiten unterschätzt, wenngleich sie immer noch als bescheiden einzustufen sind. Die wesentlichen Schranken für die Landwirtschaft sind Kälte und Trockenheit, während vor allem die hohe Sonneneinstrahlung positiv zu Buche schlägt.

Das Plateau gliedert sich in vier deutlich voneinander unterschiedene Großlandschaften: das von Kältewüsten und Steppen geprägte und durchschnittlich auf 4.800 m Höhe gelegene Qiangtang-Hochland im Norden und Nordwesten; die in die Täler des Tsangpo und seiner Nebenflüsse eingebetteten Ackerbaulandschaften Südtibets, auf rund 3.700 m zwischen den Ketten von Himalaya und Transhimalaya eingelagert; die steilen Gebirgslandschaften Osttibets (Gansser et al. 1987:282); und die nördliche Abdachung des Hochlandes, dessen prägnanteste Großform das trockene Qaidam-Becken ist (vgl. Karten Abb.11, Abb.12).

Während die AR Xizang, in der die Tibeter die große Mehrheit der Bevölkerung stellen, bis heute von einer massenhaften Ansiedlung hanchinesischer Ackerbauern verschont geblieben ist, wurde die den nördlichen Teil des Hochlandes von Tibet einnehmende Provinz Qinghai schon früh von China aus kolonisiert. Blieb die landwirtschaftliche Erschließung zunächst auf die tiefergelegenen, feuchteren und milderen Täler des Nordostens von Qinghai beschränkt, setzte mit dem Versuch einer stärkeren Anbindung Tibets an das chinesische Kernland durch infrastrukturelle Maßnahmen (Eisenbahn-, Straßenbau, wissenschaftliche Erforschung) die wirtschaftliche Erschließung auch des vollariden, lebensfeindlichen Qaidam-Beckens ein.

C.2.3.1 Das Qaidam-Becken in Qinghai: Entwicklung einer bescheidenen Landwirtschaft zur Grundversorgung einer jungen industriellen Bevölkerung

Rund 100 km westlich des Qinghai Hu (Kokonor) verläuft die 200-mm-Jahresisohyete, die das aride Qaidam-Becken von den semihumiden Steppenlandschaften um den Qinghai Hu und den Tälern der Flüsse Huang Shui und Huang He trennt (Geng 1986:172). Das 220.000 km^2 große Qaidam-Becken hebt sich von den anderen chinesischen Trockengebieten vor allem durch seine Höhenlage zwischen 2.700 m und 3.000 m ü.M. ab, also nur 600-900 m tiefer als Tibets Hauptstadt Lhasa. Es zeichnet sich weiterhin durch die höchste Sonnenscheindauer sowie geringste relative Feuchte in China aus, und gehört zu den niederschlagsärmsten Gegenden der Volksrepublik überhaupt (Lenghu Abb. 13 mit einem langjährigen Mittel von 15,4 mm/a; vgl. Tab. 1, S.46).

Neulanderschließung

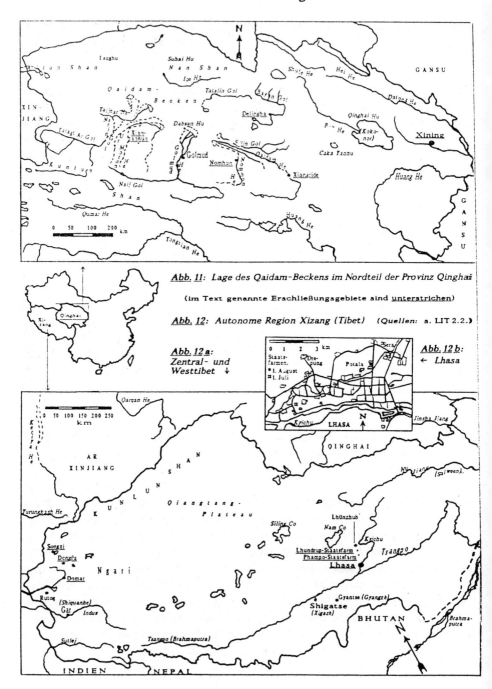

Abb. 11: Lage des Qaidam-Beckens im Nordteil der Provinz Qinghai
(im Text genannte Erschließungsgebiete sind unterstrichen)

Abb. 12: Autonome Region Xizang (Tibet)   (Quellen: s. LIT 2.2.)

Abb. 12 a: Zentral- und Westtibet

Abb. 12 b: Lhasa

Abb. 13: Satellitenaufnahme des nördlichen Qaidam-Beckens um Lenghu (L)
(NASA-ERTS vom 3.Mai 1975) [Bildmittelpunkt auf $38°38'$N, $93°47'$O]
Gut erkennbar sind am oberen Bildrand die Gebirgsketten des Altun Shan (Altyn Tagh), in dessen vergletscherter Gipfelregion (5.798 m) die Provinzgrenzen von Qinghai (im S), Gansu (NO) und der AR Xinjiang (NW) zusammenlaufen. Die sich östlich anschließenden Ketten des Danghe Nanshan (Humboldtgebirge) speisen die in der nördlichen Bildhälfte erkennbaren Salzseen (Suhai Hu) und die ausgedehnten, sie umgebenden Salzsümpfe (mongol. Qaidam). Südlich schließt das Serteng-Gebirge an (mit See Zongmahai Hu) und endlich die Dünen- und Yardang-Landschaften des Beckeninneren.
(Quelle: LIT 2.1)

Die außerordentliche Aridität des Beckens hat ihre unmittelbare Ursache in der west-ostwärts gerichteten kontinentalen Luftströmung, die an der Nordostecke des Hochlands von Tibet auf die Gebirgsbarriere des Nan Shan trifft. Beim Auftreffen auf dessen Randschwelle teilen sich die Luftmassen in einen oberen aufsteigenden und einen unteren absteigenden Ast nördlich des tibetischen Plateaus: Letzterer ist für das dort herrschende Wüstenklima (Gansu-Korridor, Gobi) verantwortlich. Über dem eigentlichen Hochland treffen die weiter südwärts vorstoßenden Luftmassen auf solche, die vom indischen Monsuntief auf das Plateau hinaufgedrückt wurden, und bilden mit ihnen ein meridionales Zirkulationssystem aus. Durch die Strömungskonvergenzen entstehen meridionale Strömungszellen, deren nördliche mit ihrer absteigenden Tendenz zum Wüstenklima des Qaidam-Beckens führt (Ye Duzheng/Gao Youxi, in: PSQXP 1981: 1.454 ff.).

Wegen der geringen Niederschläge kann Ackerbau nur in Oasen betrieben werden, deren Grundlage das Schmelzwasser der vergletscherten Bergketten des Kunlun und des Nan Shan ist. Aufgrund der großen Temperaturunterschiede (in Lenghu +5,4°C bis -34,3°C im Januar und -1,8°C bis +34,2°C im Juli möglich; XSXD 1984:191) ist deshalb in der Regel nur eine (Sommer-) Weizenernte im Jahr möglich (Gao 1984:169[102]).

Durch den Abbau von Salz ("Qaidam" ist das mongolische Wort für "Salzsumpf"), Erdölvorkommen und verschiedene andere Bodenschätze rückte das bis dahin nur von einigen zehntausend nomadischen Hirten bewohnte Hochlandbecken in der Mitte unseres Jahrhunderts in den Mittelpunkt des wirtschaftlichen Interesses der Region. Zur Erschließung genannter Vorkommen erfolgte der Bau einer Bahnlinie (1984 fertiggestellt), die zur Zeit bis Golmud am südlichen Beckenrand führt. Der Ort wurde zum Zentrum der wirtschaftlichen Entwicklung und ist neben Bergbau- und Industriestandort auch eine Ackerbauoase mit Anbau von Sommerweizen, Gerste, Saubohnen, Kartoffeln und Raps (CHS 1987a:57, 267).

Nach dem Willen chinesischer Planer soll das Qaidam-Becken zu einer "industriellen Basis der Provinz Qinghai"[103] werden, und es ist bis heute auf dem besten Weg hierzu. Um die Arbeiterbevölkerung ernähren zu können, war man lange Zeit auf die Versorgung über die äußerst langen Transportwege angewiesen (750 km bis zur Provinzhauptstadt Xining). Aus diesem Grund sollte zur Selbstversorgung des Qaidam-Beckens die vorhandene bescheidene Oasenlandwirtschaft erweitert und durch Neulanderschließung ergänzt werden, um "diese Bevölkerung aus der Region selbst ernähren" (Fezer et al. 1988:91) zu können.

Nach Tregear (1970:55) wurden bis dato 20.000 ha Ödland von "zahlreichen Staatsfarmen im Qaidam-Becken" erschlossen; vermutlich handelt es sich dabei um zu Golmud gehörende Areale, wo nach Kuo (1979:95) eine entsprechende Fläche Neuland erschlossen worden war. Die meisten der 16 Staatsfarmen der Provinz sind nahe dem Qinghai Hu und im Weideland auf dem Qiangtang-Plateau gelegen. Sie bewirtschaften 16700 ha Ackerland (Weizen, Gerste, Raps) und 308.000 ha Weideland (Zhang Linchi 1986:99).

Die originären, auf Alluvialebenen (Tafel 9) gelegenen Oasen am Rand des Qaidam-Beckens umfaßten ursprünglich eine Ackerfläche von nur 800 ha, die bis heute auf 4.400 ha ausgedehnt worden ist (Zheng Du et al. 1985:216 f.). In der Nähe dieser Oasen wurden Staatsfarmen gegründet, um am Wüstenrand Neuland zu erschließen. Simultan zu ihren Aktivitäten sollten die landwirtschaftlichen Produktionsgenossenschaften bzw. die Kommunen - insbesondere jene mit überschüssigen Arbeitskräften - zusätzlich zum eigenen Ackerland so viel Ödland wie möglich urbar machen (Kuo 1979:99).

Nördlich der Staatsfarm von Nomhon erstrecken sich in der Flußaue und auf den Flußterrassen des Qaidam He über 33.000 ha Waldsteppe und Wald[104]. Dieser 130-150 km lange und 3-4 km breite Waldstreifen ist ein idealer Windschutzgürtel, der neuerschlossenes Ackerland von der sich nach Norden hin ausbreitenden Wüste abschirmt. Die Nomhon-Oase und die Staatsfarm nutzen das Wasser des Nomhon He, der eine durchschnittliche Wassermenge von 5 m^3/sec liefert (Zhao S. et al. 1985:72). Die Arbeiter der Nomhon-Farm pflanzen auf ihren 3.330 ha Ackerland überwiegend Sommerweizen an, der im sonnenbeschienenen Qaidam-Becken außergewöhnlich hohe Erträge bringt. Der Durchschnittsertrag von Weizen liegt hier inzwischen bei 4,5 t/ha.[105] 1979 wurde auf einem 1-ha-großen Sommerweizenfeld gar eine Rekordernte von 14,4 t eingebracht, auf einem anderen außerdem ein Ertrag von 4-5 t/ha Raps (Zheng Du et al. 1985:216 f.).

In der Umgebung der weiter östlich gelegenen Oase Xiangride (Tafel 10) dauert die Vegetationsperiode nahezu 200 Tage. Hier können deshalb außer Weizen und Raps auch Zuckerrüben angebaut werden. Auf einer Staatsfarm in Xiangride wurde 1978 auf einem 26 a großen Versuchsfeld der bisher in ganz China höchste Hektarertrag von Weizen erzielt: 15,2 t/ha (Zheng Du et al. 1985:216 f.). Hier sollen, wie auf den Farmen in Nomhon und Delingha, Feingemüsesorten wie Erbsen, Porree, Knoblauch, Paprika, Rüben, Kohl, Tomaten, Eierpflanzen und Gurken "genauso vorzüglich wie in Südchina" sowie Wssermelonen gedeihen. Ergänzt werden die Staatsfarmökonomien durch Schweinemast und Hausgeflügelzucht (Wang Hai 1984:32 f.).

Die Wasserressourcen am Südrand des Qaidam-Beckens[106] bieten nach Meinung von Wang Hai günstige Bedingungen für den Ackerbau, sofern sie rationell erschlossen und Bewässerungskanäle sowie Windschutzwälder angelegt werden. Ein großes Handicap der landwirtschaftlichen Erschließung ist - wie bei der Industrie - der Arbeitskräftemangel im Qaidam-Becken. Eine Lösung hierfür sieht er in der freiwilligen Umsiedlung aus dem Ostteil der Provinz. Als ein gelungenes Beispiel nennt er den Fall des neu gegründeten Dorfes Xiaozaohuo, das 140 km westlich von Golmud am Nordfuß des Kunlun Shan liegt (vgl. Karte Abb.11). Auf ehemaligem Weideland wurden hier 150 Bauernfamilien angesiedelt, die auf bislang 207 ha Ackerland einen jährlichen Ertrag von 750 t Getreide und 10 t Raps erwirtschaften. Als Nebenerwerb würden sie Futtergras an Viehzüchter liefern (Wang Hai 1984:33,37).

Insgesamt gesehen haben Neulanderschließungen im Qaidam-Becken nur in sehr bescheidenem Umfang stattgefunden, was andererseits dem ökologischen Gleichgewicht zugute kommt. Insgesamt gab es 1985 in Qinghai 16 Staatsfarmen mit 12.000 ha Ackerland, wovon auf 3100 ha knapp 7.000 t Getreide und auf 8.250 ha rund 11.000 t Ölsaaten geerntet wurden (nach Zhang Linchi [S.99] 13% der Erzeugung in der ganzen Provinz). Auf ihren Weiden grasten 36400 Stück Großvieh, davon 30300 Rinder, und 212.000 Schafe. Sie produzierten 1200 t Fleisch und 4.057 t Milch (MLVF 1986:164-175). Selbst bei den Staatsfarmen überwiegt in Qinghai - wie in der Inneren Mongolei - die Viehzucht.

Nach Wang Hai (1984:30) wuchsen die Ackerfläche von 1949 bis 1982 von 453.000 ha auf 600.000 ha und die Getreideproduktion um 77%. Doch selbst diese bescheidenen Zahlen scheinen zu hoch gegriffen zu sein, wie Tab.12 zu zeigen versucht, denn insgesamt halten sich - statistisch - Landgewinne und -verluste seit 1947 mehr oder weniger die Waage. Unvorstellbar sind jedenfalls Zeitungsmeldungen (RMRB 11.7.1960), die von 0,5 Mio.ha neu umgebrochenen Landes in Qinghai berichten (nach Etienne 1963:182).

Es darf jedoch nicht übersehen werden, daß in Anbetracht der geringen Ackerfläche der Staatsfarmen davon ausgegangen werden muß, daß das Gros der neu erschlossenen Flächen von landwirtschaftlichen Produktionsgenossenschaften oder Kommunen urbar gemacht wurde. Deren Leistungen in der Neulanderschließung gehen in der Regel nicht in die Bilanzen der Staatsfarmen ein, obschon sie hierfür die Impulse liefern. Ihnen kommt bezüglich der *lokalen* Selbstversorgung somit durchaus Bedeutung zu: Diese ist zwar für das Qaidam-Becken noch nicht vollständig verwirklicht worden, doch ist man diesem Ziel schon deutlich nähergekommen: Fezer et al. (1988:92) beschreiben den für China außerordentlichen Umstand, daß "die Bevölkerung reichlich Fleisch und - ungewöhnlich für China - nicht so viel Gemüse ißt".

Fallbeispiele 107

Tab. 12: Ackerland in der Provinz Qinghai (1938-1986)

Jahr	Ackerfläche* (ha)	Getreide Anbaufläche	Ertrag (t)	Quellen
1938		180.000	225.000	FERI (1956:642a)
1939		175.000	273.000	FERI (1956:642a)
1940		169.000	194.000	FERI (1956:642a)
1941		177.000	236.000	FERI (1956:642a)
1946	517.000		[296.000][1]	FERI (1956:642)
1979	508.000	420.000	820.000	Dürr/W. 1983
1980	509.000	412.000	955.000	SSB (1987:45 ff.)
1984	506.000	406.000		MLVF (1986:28 f.)
1985	500.500	387.000	1,003 Mio.	MLVF (1986:28 f.)
1986	508.000	387.000	984.000	SSB (1987:45 ff.)

* evtl. nur Saatfläche [Dürr/Widmer 1979: 579.000 ha Ackerland, 507.000 ha Saatfläche
[1] im Jahr 1949 [Dürr/Widmer 1979].

C.2.3.2 Staatsfarmen in der AR Xizang (Tibet): Landwirtschaftspolitik als Mittel staatlicher Herrschaftssicherung

Chinesische Wirtschaftspolitik und Politik in Tibet überhaupt ist eines der kontroversesten und heikelsten Themen und deswegen außerhalb der VR China auch nur sehr unzureichend dokumentiert. Die zur Verfügung stehenden Quellen stammen jeweils von Vertretern entgegengesetzter Auffassungen, ja Weltanschauungen, die eine Auswertung äußerst schwierig machen. Dennoch möchte ich das Problem der chinesischen Neulanderschließung und Agrarpolitik in Tibets Trockenräumen hier ansprechen, da sie bei der Nahrungsversorgung Tibets eine gewisse Rolle gespielt haben und immer noch spielen.

Bekanntermaßen löste der Einmarsch 1950/51 von 30.000 chinesischen Soldaten der "Volksbefreiungsarmee" fast Hungersnot aus (Zischka 1959:147). Durch ihre Ankunft im kaum ebenso viele Einwohner zählenden Lhasa, durch das Geld, das sie ausgaben bzw. das sie über Zuschüsse und Darlehen an die lokale Bauernschaft auf den tibetischen Markt brachten, wurde eine gewisse Inflation angefacht, unter der vor allem die tibetische Bevölkerung zu leiden hatte. Nahrungsmittel waren vorhanden - bis 1950 wurde in Tibets Kernprovinzen[107] eine Pro-Kopf-Produktion von 180 kg Getreide erwirtschaftet -, doch waren sie für manche zu teuer geworden (Grunfeld 1987:169). Einfache Marktgesetze waren von den Chinesen jedoch nicht als solche erkannt worden, sondern sie betrachteten sie als Machenschaften einer "reaktionären Clique".

Die im September 1951 nach einem über zehnmonatigen Feldzug aus China in Lhasa einmarschierenden Truppen hatten nur Verpflegung für eine Woche übrig (XZG 1984:583), als sie Tibets Hauptstadt erreichten und konnten somit beim besten Willen die Beijinger Direktive, sich selbst zu verpflegen, nicht erfüllen. Die überlangen Versorgungswege und Guerilatätigkeit entlang dieser Wege machten die Soldaten in großem Maße vom Markt in Lhasa abhängig, den sie auf diese Weise über Gebühr belasteten.[108] In einer solchen Situation blieb den Truppen - selbst mit Aussicht auf später zu erwartende Versorgung über von China aus neugebaute Straßen - langfristig keine Alternative als selbst Farmen aufzubauen (Grunfeld 1987:110 f.) Nach dem Aufstand von 1959 wurden neue Versorgungslücken offenbar, die sich über längere Zeit durch die Flucht Zehntausender Bauern mit leitenden und landwirtschaftlichen Fähigkeiten (Grunfeld 1987:169) bemerkbar machen sollten.

Aus China wurden landwirtschaftlich geschulte Wissenschaftler ausgesandt, um die traditionellen, aber teilweise rückständigen Anbaumethoden Tibets zu verbessern. Den Staatsfarmen kam hierfür eine Vorbildfunktion zu: Sie sollten das Tiefpflügen der Äcker, eine systematisierte Aussaat und die Anwendung von Düngern popularisieren. Nach chinesischen Angaben habe die Produktion von 1963 dadurch 80% über der von 1959 gelegen. Dennoch hatten bis 1975 ca. 30% des Getreides aus anderen Teilen Chinas importiert werden müssen (Grunfeld 1987:168). Die Gründe für diese wirtschaftliche Misere lagen vor allem in der kulturrevolutionären Unterdrückung, in der Errichtung der Volkskommunen, die nicht genügend Rücksichten auf lokale Gegebenheiten und Eigenarten Tibets und der Tibeter nahmen, und die in den 60er Jahren vorrangig angestrebte Weizenproduktion (Gerner 1981:178).

C.2.3.2.1 Staatsfarm "Erster August" (Bayi Nongchang)[109]

Sozusagen als eine "Staatsfarm der ersten Stunde" liegt die Bayi Nongchang heute im Westteil von Lhasa, zur Gründungszeit vor den westlichen Toren der Stadt (vgl. Abb.12b). Somit ist sie dem semiariden und nicht dem vollariden Bereich des Hochlands von Tibet zuzurechnen, dennoch will ich sie als Beispiel nehmen, da Farmen aus dem ariden Westen Tibets (Ngari) nicht ausführlich dokumentiert sind. Außerdem sind Projekte der Neulanderschließung in den weiter westlich liegenden Trockengebieten zumeist "Tochterunternehmen" der zentralen Staatsfarmen der Distrikte Lhasa und Xigazê.

Für den Aufbau ihrer ersten Farm war der Armee 1952 ein Stück Land vom *Kashag*, der tibetischen Regierung, zugewiesen worden, das nur aus Sand und Dornsträuchern bestanden habe - was in Tibet keine Besonderheit darstellt. "You can have for your farm just as much land as you can reclaim in three days" sollen die tibetischen Beamten gesagt haben (Epstein 1983:111). In den genannten drei Tagen sollen von der Truppe erstmals 34 ha Ackerland (nach XZG 1984:585 67 ha) urbar gemacht worden sein. Um den sandigen Boden mit Dünger anzureichern, wurden in der Stadt die menschlichen Fäkalien zusammengetragen - eine Methode, der man vor allem in Südchina noch heute begegnet. Kanäle zur Bewässerung und Drainage mußten angelegt werden, um das erschlossene Ackerland vor Trockenfallen einerseits und Hochwasser andererseits zu schützen. Im ersten Jahr (1951) konnten auf der Farm 200 t Gerste und Erbsen geerntet werden.

Nach der Fertigstellung (1954) der Straßen von Sichuan und Qinghai nach Tibet kamen mit zwei Traktoren die ersten Maschinen auf die "Bayi"-Farm. In der Folge des 1959er Aufstandes wurde mehr Neuland erschlossen,[110] und allein im Jahre 1960 machten die Angehörigen der Staatsfarm in vier umliegenden Kreisen über 1.330 ha Land urbar. Die Hälfte davon wurde an die lokale Bevölkerung zur Bestellung übergeben, während die verbleibenden 640 ha zum Unterhalt der Armee zurückbehalten wurden.

Die Nutzung ehemals unfruchtbaren Bodens beruhte vor allem auf der Einführung des Tiefpflügens, der Anreicherung des Oberbodens, der Benutzung guter Saatzuchten und chemischer Dünger. Das führte 1964 auf diesen 670 ha zu einem Ertrag von 800 t Getreide, 610 t Gemüse und 50 t Rapssamen. Ergänzt wurde die Farmwirtschaft durch die Hege von 1.280 Obstbäumen und einen Viehbestand von 1.000 Pferden, Yaks[111] und Kühen, 2.000 Schafen, 50 Schweinen und einer Menge Geflügel, deren Dung wiederum zur Anreicherung des Ackerlandes genutzt werden konnte.

Insgesamt waren bis 1965 Bauarbeiten für die Anlage von Bewässerungs-, Drainage- und Flutkanälen zum Schutz vor Hochwasser von 90 km Länge durchgeführt worden, in deren Verlauf eine halbe Million Tonnen Erdreich und Steine bewegt und 600.000 Bäume für den Windschutz angepflanzt wurden. Neun Traktoren, sieben Lastwagen und Stahlpflüge unterstützten die Arbeiten auf der Farm, die nicht nur eine eigene Getreidemühle und ein Sägewerk besaß, sondern bis dato autark in der Versorgung mit Getreide, Speiseöl, Fleisch und Futtermitteln geworden war.

Die Zeit der Kulturrevolution ist für die Staatsfarm nicht dokumentiert, sie dürfte jedoch als direkt der Staatsregierung unterstehende Einheit ähnliche Rückschläge wie Staatsfarmen andernorts erlebt haben. Als Vorbild für eine "sozialistische Landwirtschaft" dürfte sie den meisten der unterdrückten Tibeter kaum gedient haben, zumal inzwischen ja bekannt ist, welch katastrophale Zustände durch die in der Kulturrevolution übertrieben schnell vorangetriebene und mit Gewalt durchgesetzte Kommunisierung ausgelöst wurden (vgl. S.112 ff.).

Bis 1976 war die Fläche der Staatsfarm "Erster August" (Tafel 11) auf 173 ha reduziert und das restliche Ackerland, ob füher erschlossen oder neu kultiviert, an umliegende Kommunen verteilt worden. Der durchschnittliche Hektarertrag von Weizen hatte sich gegenüber 1965 auf 6 t/ha fast verdoppelt, und die Produktion von Gemüse und Früchten sowie Butter, die von der Milch von 5.000 Stück auf den im Norden und Osten gelegenen Weiden grasendem Vieh hergestellt wurde, machen einen beträchtlichen Anteil am Einkommen der Staatsfarm aus.

C.2.3.2.2 Die Phampo- und Lhundrup[112]-Staatsfarmen im Kreis Lhünzhub

Diese Staatsfarmen sind etwa 80 bzw. 90 Straßenkilometer nordöstlich von Lhasa gelegen (Abb.12a) und wurden 1960 bzw. 1966 eingerichtet. Tab.13 gibt Auskunft über einige Basisdaten der beiden Staatsfarmen. Wie die meisten Neuland erschließenden Staatsfarmen in Weidegebieten zeichnen sich auch die Phampo- und die Lhundrup-Farm durch eine integrierte Wirtschaftsform aus, die Ackerbau mit Viehwirtschaft und einer leichten Industrialisierung verknüpft.

Die Staubecken, die diese beiden Farmen in den Jahren 1974/75 angelegt hatten, gehören zu den ersten und größten derartigen Anlagen auf dem Hochland von Tibet. Die Bewässerungskanäle, die von ihnen in die Felder führen, sind durch lange Steinreihen befestigt worden. Die Arbeiten hierfür waren von der Arbeitsbevölkerung der Staatsfarmen in der landwirtschaftlichen Ruhezeit ausgeführt worden, wofür 1.000 Männer und Frauen der Phampo-Farm etwa acht Monate, die geringere Anzahl von Arbeitern der Lhundrup-Farm etwas länger brauchten.

In den 70er Jahren wurden Teile der alten Dörfer der Phampo-Staatsfarm auf den Hangsaum verlegt, um das von Häusern belegte flache Land als Ackerland zu nutzen. Das kam auch der Ausnutzung des großen Maschinenparks entgegen. Inwiefern dieser Mechanisierungsgrad noch sinnvoll ist, seit sich die Modalitäten für Verwaltung und Management der Staatsfarmen (wie in ganz China) in den 80er Jahren geändert haben, läßt sich aus den Quellen nicht entnehmen. Allerdings scheinen die Staatsfarmen in Tibet bis 1983 noch immer als Ganzheit

Tab. 13: Basisdaten zweier Staatsfarmen in Zentraltibet

	Phampo Staatsfarm	Lhundrup Staatsfarm
Bevölkerung	15.000	14.800
Arbeiter	6.400	vergleichbare Zahl
Ackerland (ha)	7.350	5.130
Getreideanbaufläche (ha)		
1960	2.000	
1966	4.000	
1975	4.400	4.000
Getreideernte (t)		
1960	1.700	
1966	7.000	
1972	5.000	
1975	10.000	8.000
Traktoren	55	?
Mähdrescher	12	?
Mechanisierungsgrad		
Pflügen u.a.*	95%	80%
Ernten	95%	20%
Wasserspeicher (m³)	4 Mio.	1,2 Mio.

*Aussaat, Ernte, Dreschen

(Quelle: Epstein 1983:118 f.)

strukturiert und nicht in kleine Einzelfarmen mit vertraglich gebundenen Haushalten aufgegliedert worden zu sein. Epstein (1983:528) berichtet zwar von der Möglichkeit der Staatsfarmen, ihre Überschußproduktion selbst auf dem freien Markt zu verkaufen und selbst über den Ankauf von Maschinen, Einrichtung von Werkstätten und Erschließung von Absatzmärkten entscheiden zu können; über Vertragshaushalte schweigt er sich jedoch aus.

C.2.3.3 Die Entwicklung der Ernährungssituation in Tibet seit Beginn der chinesischen Einflußnahme

Neben den Zerstörungen, die der "Ultra-Linken" angelastet werden, hatte sich die Landwirtschaftspolitik der Kulturrevolution am verheerendsten auf die tibetische Bevölkerung ausgewirkt. Die Zwangssozialisierung ohne Rücksicht auf die tibetischen Verhältnisse, die quasi zur Auslassung der Etappe der Vergenossenschaftung[113] geführt hatte, und die strenge Überbetonung des Anbaus von - im Normalfall - ertragreicherem Winterweizen in einem Land, dessen Ernährung traditionell durch den Anbau einer bestimmten Hochlandgerste (*qingke*) gesichert wurde, führten zu katastrophalen Zuständen. Die nicht an die natürlichen Bedingungen des Hochlands von Tibet angepaßten Weizensorten aus Nordchina ließen zwar seinen Ertrag sehr stark anwachsen (vgl. S.110 und Tab.14; s.a. Haffner 1981:76), doch sein Korn wies eine Reihe von Charakteristika auf, die das Mahlen des Getreides zu einem guten Mehl sehr erschwerten (Epstein 1983:74).

Des weiteren reduzierte die Überbetonung des Weizenanbaus natürlich auch die Anbaufläche und Erntemenge der in Tibet so wichtigen Qingke-Gerste, die außergewöhnlich gut an das Hochlandklima Tibets angepaßt ist.[114] Außerdem dürfte der angebaute Weizen überwiegend in Getreidespeicher außerhalb Tibets abgewandert sein, wo er als "Vorkehrung" für eine von Mao Zedong befürchtete militärische Auseinandersetzung mit der Sowjetunion[115] gehortet wurde. Als Folge davon sollen etwa 30.000 Tibeter verhungert sein.

Tab. 14: Ackerland und Getreideerträge in der AR Tibet

Jahr	Ackerfläche (ha)	Getreide Anbaufläche(ha)	Ertrag(t)	(t/ha)	Staatsfarmen: Zahl	Ackerfläche(ha)	Getreide Ertrag(t)	(t/ha)
1952		163.000	155.000	1,2				
1959			182.500					
1969-75					9			
1978	252.000		525.000					
1980	221.000	199.000	505.000	2,5		14.700	25.000	
1984	213.000	192.000			8	12.700		
1985	210.000	194.000	531.000	2,7	6	7.200 (6.550)	13.700	2,1
1986		190.000	454.000	2,4				
1988			520.000					

Quellen: Gerhold (1987), MLVF (1986), SSB (1987), XZG (1984:463, 468), Zhang Linchi (1986), *Zhongguo Xizang* (1989/Nr.1:59)

Tafel 1:
Flußtal des Tsangpo (Oberlauf des Brahmaputra)

Die Trockenheit des Hochlandes von Tibet und die in der Talniederung des Tsangpo (chin. *Yarlung Zangbo Jiang*) vorherrschenden Fallwinde lassen selbst im feuchteren Südosten Tibets noch Wüstenlandschaften entstehen wie hier zwischen Zhanang und Zêdang.

Tafel 2:
Bewässerungskanäle und Felder bei Korla (Tarim-Becken)

Eines der wichtigsten Erschließungszentren in Xinjiang

Tafel 3:
Hoher Grundwasserstand führt zu Versalzung

(bei Luntai/Tarim-Tal)

Tafel 4:

Wasser-Rückhaltebecken eines Erschließungsgebietes am Südrand des Tarim-Beckens (Distrikt Hotan)

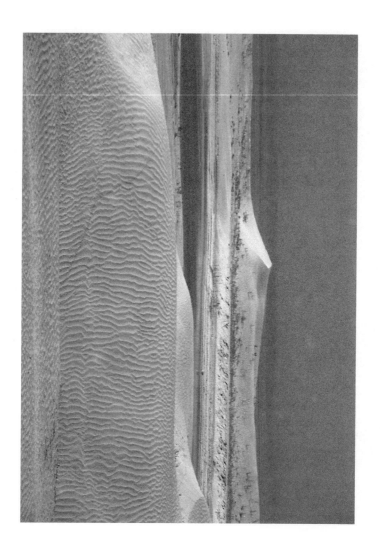

Tafel 5:
Baumreihen schützen Felder und Verkehrswege vor Wind und Sand

(hier in der Oase Yarkant, westliches Tarim-Becken)

Tafel 6:

In der Inneren Mongolei wurde die landwirtschaftliche Erschließung seit Gründung der VR China vor allem entlang der Bahnlinien vorangetrieben

(wie hier im Bund Xilin Gol an der Strecke Jining-Erenhot, dem Anschluß an die transmongolische Zweigstrecke der Transsibirischen Eisenbahn).

Tafel 7:
Erosionslandschaft im **Bund Ih Ju** (bei Ejin Horo Qi/Innere Mongolei)

Ackerbauliche Erschließung von nicht für den Ackerbau geeigneten Weideflächen haben im innermongolischen Hochland zu verstärkter Erosion geführt.

Tafel 8:
Ackerflächen im innermongolischen Kernland aus der chinesischen Agrarkolonisation im frühen 20.Jh.
(Salaqi, rechtes Tumd-Banner)

Tafel 9:
Alluvialebene im südöstlichen Qaidam-Becken
(hier am Nordfuß des Burhan Budai Shan Kunlun Shan zwischen Nomhon und Xiangride)

Die Wasserressourcen am Südrand des Qaidam-Beckens bieten nach Meinung chinesischer Wissenschaftler der Landwirtschaft noch Entwicklungsmöglichkeiten.

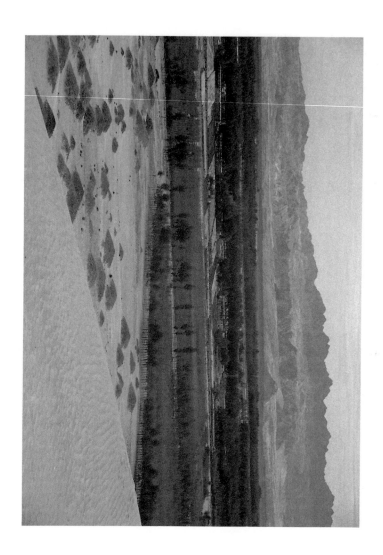

Tafel 10: Oase Xiangride am Südostrand des Qaidam-Beckens

Tafel 11:
Lhasas Staatsfarm "Erster August". Weideflächen im Kyichu-Tal

Tafel 12:
Flugsanddünen bedrohen Ackerland in weiten Teilen der chinesischen Trockengebiete
(hier am Huang He im Kreis Zhongwei/Ningxia)

Tafel 13:
Bewässerungskanal der Oase Pishan (Guma/Xinjiang)

Tafel 14:
Sandbefestigungen in Dünenfeldern der Tengger-Wüste

(hier bei Shapotou Kreis Zhongwei in der AR Ningxia)

Tafel 15:
Das über die Sanddünen gelegte Strohgeflecht soll den Sand der Tengger-Wüste fixieren (bei Shapotou/Ningxia)

Tafel 16:
Sandbefestigungen werden teilweise auch bewässert (Shapotou)

Tafel 17:
Die Spezialisierung auf Weinbau ist in Xinjiang weit verbreitet.

Solche Lehmziegelbauten dienen auch den Staatsfarmen zum Trocknen der Weintrauben. (Hier im Kreis Shanshan in der Turpan-Senke)

Tafel 18:
Uigurische Bauern in der Oase Hotan (Tarim-Becken) bei der Ernte

Das "Produktionsverantwortlichkeitssystem" hat auch auf den Staatsfarmen wieder kleinbäuerliche Strukturen geschaffen. Die Bearbeitung der Felder wird einzelnen Bauernhaushalten auf vertraglicher Basis überantwortet.

Nach der Berichtigung der wirtschaftspolitischen Fehler der "Ultra-Linken" sollte die Modernisierung der Landwirtschaft über die Staatsfarmen als Vorbilder geschehen. Außerdem weiteten sie tatsächlich das Ackerland aus, zum einen durch Neulanderschließung auf Ödlandstreifen, zum andern gelang es ihnen, auf dem Weg über neugezüchtete Getreidesaaten die Anbaugrenze des Getreides in die Höhe zu treiben. Gerste wird heute im Kreis Saga bis auf 4.750 m Höhe angebaut,[116] Weizen bis auf 4.400 m, was der tibetischen Bevölkerung - unter Berücksichtigung des natürlichen Bevölkerungswachstums, der Ansiedlung hanchinesischer Zivilisten und der Stationierung von Soldaten - eine leichte Steigerung der Pro-Kopf-Produktion des Getreides von 180 kg (1959) auf lediglich 250 kg (1979/82) bescherte (Grunfeld 1987:171 f.). Die auf Neulanderschließungen durch Staatsfarmen zurückgehende Erweiterung der ackerbaulich genutzten Fläche ist eng verknüpft mit Fortschritten im Ausbau und in der Perfektionierung der Bewässerungstechnik, die nach Haffner (1981:75) "bei einer Fahrt durch Südtibet nicht zu übersehen" sind. Auch ich selbst konnte dies auf mehreren Reisen durch Tibet konstatieren.

Zu den technischen Verbesserungen wie Tiefpflügen, Bewässerung und Saatzucht gehört auch die Einführung eines Dry Farming, wie Haffner (1987:76) dies für den Raum Xigaze beschreibt. Die Fortschritte gerade auch in den durch die starken Berg- und Talwinde im Tsangpo-Tal[117] semiarid bis fast arid geprägten Landstriche Südtibets deuten auf eine eventuell erfolgreiche Neulanderschließung im vollariden Westen Tibets (Ngari) hin. So berichtet Epstein (1983:103) davon, daß von zahlreichen, über 4.000 m hoch gelegenen Orten in Ngari Ernteerträge von bis zu 2,25 t/ha gemeldet worden seien. Der Ackerbau ist dort völlig auf Bewässerung angewiesen und bringt Qingke-Gerste, Sommerweizen und Erbsen hervor (Zheng Du et al. 1985:200 f.).

Im Kreis Rutog (chines. Ritu) in Ngari sind seit einigen Jahren neue, äußerst kleine Ackerbau-Oasen angelegt worden, die unter den äußerst schwierigen klimatischen Bedingungen des Qiangtang-Plateaus ihre Landwirtschaft betreiben. So gibt es in den auf 4.900 m ü.M. gelegenen Kommunen Songxi (am Südfuß des Kunlun Shan, vgl. Abb.12a) und Dongru keine sicher frostfreie Periode, und doch wird dort seit 1982 auf 27 ha Ackerfläche Qingke-Gerste angebaut. Im etwas südlicher gelegenen Domar (4.780 m ü.M.) war der Anbau 1984 bereits im zehnten Jahr. Während der ersten drei Jahre gab es zwar keine Ernte einzubringen, doch nach Verbesserungen in der Bewässerung und der Düngung ist der Ertrag seit dem vierten Anbaujahr am Steigen - im besten Erntejahr lag der Hektarertrag immerhin bei 2,4 t Gerste. Seither kann sich diese mitten in den Weidegebieten des Qiangtang liegende Gemeinde selbst mit Getreide versorgen (Zhang Xinshi 1984:238 ff.).

Die Entwicklung der Ernährungssituation durch chinesische Landwirtschaftspolitik in Tibet stellt sich somit als ein Antagonismus besonderer Art dar: Zum einen bedurfte ein durch Handelsaustauschbeziehungen auf einem Niveau von 180 kg Getreide pro Kopf der Bevölkerung versorgtes Tibet gewisser Verbesserungen in der Produktionsweise, da sich diese Austauschbeziehungen in absehbarer Zeit zuungunsten Tibets verändert[118] hätten. Zum andern führten die Chinesen - vor allem über die Staatsfarmen - eine modernere Produktionsweise ein, gleichzeitig aber ein verändertes Anbausystem, das außer Ertragssteigerungen die erste Hungerkatastrophe in Tibets neuerer Geschichte hervorbrachte. Erst nach einer Liberalisierung der landwirtschaftlichen Produktion konnte die Ernährung wieder sichergestellt werden. Die Ernteeinbußen von 1986 erklären sich aus einer größeren Dürre, die in jenem Jahr fast ein Viertel (49.000 ha) des in Tibet zur Verfügung stehenden Ackerlandes heimsuchte (SSB 1987:244). Ein weiterer Ausbau des Bewässerungsnetzes könnte dem entgegenwirken. Bei einer angepaßten Modernisierung der Landwirtschaft spielen Chinas Staatsfarmen auf jeden Fall wieder eine große Rolle.

Tab. 15: **Hektarerträge von Weizen und Qingke-Gerste auf staatlichen Farmen und Experimentierstationen in der AR Tibet**

Ort	Distrikt	Höhe ü.M. (m)	Hektarertrag der besten Ernte von Weizen	Qingke-Gerste
Bayi-Staatsfarm in Lhasa	Lhasa	3.650	6 t/ha	
Domar	Ngari	4.780		2,4 t/ha
Purang	Ngari	3.900	2,25 t/ha	
Experimental Station in Xigaze	Xigaze	3.836	12,75 t/ha 14,77 t/ha	9,2 t/ha

Quellen: Huang Ping-wei (in: Ma/Noble 1981:53), OCSQX[119], XZG (1984:466) Zhang Xinshi (1984)

C.3 Bilanz der ersten drei Jahrzehnte Neulanderschließung in den chinesischen Trockengebieten

C.3.1 Nationale Anstrengungen um Erweiterung der Getreideanbaufläche

Nach der Betrachtung einer Reihe von Erschließungsprojekten in den Großregionen Xinjiang, Mongolisches und Tibetisches Hochland sollte deutlich geworden sein, daß die Ziele der Neulanderschließung in den Trockengebieten zwar fast immer komplexerer Natur waren, sich jedoch stets auf die Komponente der Nahrungsversorgung konzentrierten, sei es die einer lokalen Bevölkerung (Hulunbuir/Innere Mongolei, Qaidam-Becken/Qinghai), einer stationierten Truppeneinheit (PAK-Einheiten im Manas-Gebiet/Xinjiang; Staatsfarmen um Lhasa/AR Tibet) oder mit Blick auf die Versorgung einer ganzen Region (Xinjiang).

Der Versuch, die Neulanderschließungsprojekte und die ihnen auferlegte Getreideproduktion in einen nationalen Bezugsrahmen zu setzen, indem nämlich hier die Ernährung einer aus den Nähten platzenden Gesamtbevölkerung sichergestellt werden sollte, wurde in den 60er Jahren unternommen und muß als Fehlschlag betrachtet werden. Als Fehlschlag nicht allein deshalb, weil es weder gelang, die Entwicklung der Getreideproduktion auf den neu erschlossenen Ackerflächen in eine Richtung zu lenken, die Anlaß für die Hoffnung gab, sie könnten diese Nahrungsversorgung gewährleisten, noch die Konsolidierung aller begonnenen Projekte glückte; sondern ausdrücklich deshalb, weil die Neulanderschließung im großen Umfang zu einer Anzahl neuer, teilweise bis heute unbewältigter Probleme geführt hat, die anzuerkennen noch nicht einmal alle chinesischen Planer und Politiker bereit sind.[120]

C.3.2 Erörterung der durch die Agrarkolonisation neu geschaffenen Probleme

Die im Rahmen der in den Trockengebieten durchgeführten Neulanderschließung aufgetretenen Probleme sind vor allem ökologischer Natur, die sich aber unmittelbar auf die Ökonomie der betroffenen Gebiete auswirk(t)en. Selbst bei vorausgegangener wissenschaftlicher Erforschung war offenbar nicht zu verhindern, daß ökologische Schäden schwerster Art auftraten. Zum einen lag dies am unvollständigen Kenntnisstand der ökologischen Zusammenhänge, als die ersten Neulanderschließungsprojekte Ende der 40er Jahre in Angriff genommen wurden, zum andern an der fehlenden politischen Einsicht, daß diese Zusammenhänge eine bedeutende Rolle spielten. Die Frage der Ernährungssicherung ließ das Problem der Ökologie als ein geringfügiges erscheinen. Nicht zuletzt wurden und werden solche Schäden selbst dann noch verursacht, wenn sowohl Wissen als auch Einsicht vorhanden sind, aber aus kurzfristigem ökonomischem Interesse zuwidergehandelt wird. Das empfindliche ökologische Gleichgewicht in Chinas Trockengebieten hat jedoch sehr scnell dazu geführt, daß ein solches ökonomisches Interesse in seine Schranken verwiesen wurde.

Die gravierendsten nachteiligen Folgen der Neulanderschließung sind bereits 1981 von Zhao S./Han und Wu Chuanjun zusammengefaßt worden. Am Beispiel Xinjiangs aufgezeigt, haben sie im großen und ganzen doch Gültigkeit für den ganzen chinesischen Trockenraum.

1. Veränderungen des Abflußverhaltens und des Grundwasserspiegels
Die oft großzügige Nutzung der limitierten Reserven an Oberflächen- und Grundwasser in den ariden Gebieten hat vor allen Dingen die Gegenden am Unterlauf diverser Flüsse in Schwierigkeiten gebracht. Das künstlich verringerte Wasserangebot dort und in nicht bewässerten Gebieten führte zu einem Absinken des Grundwasserspiegels mit der Folge, daß landwirtschaftliche Produktion - sofern vorhanden - und natürliche Weiden verkümmerten und der Verwüstung zum Opfer fielen. In bewässerten Gebieten dagegen stieg der Grundwasserspiegel stark an, weshalb über eine verstärkte Verdunstung der Mineralgehalt im Grund- und im Drainagewasser heraufgesetzt wurde.

2. Bodenversalzung
Die genannte Erhöhung des Mineralgehaltes im Grundwasser - an den Fluß-Unterläufen auch im Flußwasser - wirkt sich stark auf den Salzgehalt des Bodens aus. Dessen gesteigerte Salzkonzentration wiederum läßt einerseits die landwirtschaftlichen Erträge sinken und andererseits die an einen anderen Mineralhaushalt gewöhnte Vegetationsdecke verkümmern und absterben. Eine geringere oder fehlende Bodenbedeckung jedoch öffnet über eine wachsende Verdunstung der Bodenfeuchtigkeit einen die Bodenversalzung fördernden Teufelskreis.

3. Versandung
Der Verlust der Vegetationsdecke durch die beiden vorgenannten Effekte wurde noch verschlimmert durch Entwaldung zum Zweck der Neulanderschließung wie auch durch Bau- und Brennholzentnahme. Vor allem in unmittelbarer Nähe von urbar gemachtem Land führte dies oft sehr schnell zu einer neuerlichen Aktivierung von Flugsanddünen und damit zur Versandung von Ackerland (vgl. Tafel 12).

4. Zunehmende Desertifikation

Versandung und Versalzung von Ackerland, Absinken des Grundwasserspiegels, Absterben der Vegetationsdecke - dies alles führt zu einer Beschränkung der Landwirtschaft auf immer kleinere Flächen. Da außerdem die zur Verfügung stehende Weidefläche immer geringer wird und zudem von schlechterer Qualität ist, wächst die Gefahr der Überweidung an. Ackerbauliche Nutzung von Weideland hat zudem nicht selten zum Verlust der Bodenkrume geführt und neue Desertifikationsprozesse ausgelöst. Die auslösenden und verstärkenden Faktoren der Desertifikation sind mancherorts von einer solchen Komplexität, die ihre Bekämpfung inzwischen als eine einzige Sisyphusarbeit erscheinen läßt.

5. Verlust der Bodenfruchtbarkeit

Die ohnehin meist geringe Bodenfruchtbarkeit in den Trockengebieten ist vor allem in den 60er Jahren durch permanente Getreide-Monokulturen auf ein absolutes Minimum herabgesetzt worden.

Die Auflistung der Folgen des zerstörten ökologischen Gleichgewichtes in Chinas Trockengebieten kann nicht mehr als einen groben Einblick in das Ausmaß und die Vielschichtigkeit des Problems geben. Außerdem existierende infrastrukturelle und ethnische Probleme, die durch die Ansiedlung von Han-Chinesen in weit vom chinesischen Kernland entfernten Gebieten entstanden, sind keineswegs unbedeutend, scheinen aber neben der Dramatik der aus ihrem Gleichgewicht gewordenen Natur zu verblassen.

Es steht nicht mehr zu bezweifeln, daß die Desertifikationsgefahr in China inzwischen ernstgenommen wird. Nachdem noch bis in die jüngste Zeit fast ausschließlich Erfolgsmeldungen über neues, der Wüste abgerungenes Ackerland verbreitet worden waren, wird jetzt angesichts von 39.000 km^2 Land, das im vergangenen Vierteljahrhundert an Chinas Wüsten verlorenging,[121] versucht, über die Medien ein wachsendes Bewußtsein in der Bevölkerung für das Desertifikationsproblem zu schaffen. Der noch immer hoffnungsvolle, optimistische Unterton - "Scientists hail progress in desert reclamation" (*CD*, 10.1.1986) - ist allerdings bedenklich.

Angesichts des Ausmaßes und der Geschwindigkeit, mit der die Natur auf teilweise - im nationalen Rahmen - geringe Veränderungen im Landschaftsgefüge reagiert hat, ist man sich auch in China darüber klar geworden, daß drastische Maßnahmen zunächst das Schlimmste verhüten sollen. Der Traum von einer nationalen Nahrungsmittelversorgung durch in Trockengebieten erschlossenes Neuland wandelte sich zum Alptraum nicht nur der Zerstörung des Naturgefüges, sondern sogar der Bedrohung der angestammten Land- und Viehwirtschaft.

Um die Schäden zu mindern und neue zu verhindern, ist von der Regierung in Beijing eine Festschreibung des bis dahin fehlenden Landwirtschafts- und Umweltschutzrechts (vgl. Weggel 1987a/b) vorgenommen worden. Zur Begrenzung der ökologischen und ökonomischen Schäden bzw. zu ihrer Sanierung sind von chinesischen Wissenschaftlern Strategien entwickelt worden, die in erster Linie einen Maßnahmenkatalog von fünf wesentlichen Punkten umfassen. Im Rahmen eines politischen und wissenschaftlichen Gesamtkonzeptes sollen diese Maßnahmen zur Konsolidierung des erschlossenen Ackerlandes führen und dort eine weitere Neulanderschließung durchführen helfen, wo dies mit einer angepaßten Wirtschaftsweise möglich scheint.

C.3.3 Maßnahmen zur Wiederherstellung des ökologischen Gleichgewichts und zur Konsolidierung der Neulanderschließungsprojekte

Ein Infragestellen des Ackerbaus, geschweige denn der Neulanderschließungen in solchermaßen gefährdeten Trockengebieten steht in China vermutlich überhaupt nicht zur Debatte. Das zeigt sich auch in der öffentlichen Diskussion der Desertifikation, die dort ganz allgemein auf "over-exploitation of resources", im speziellen aber auf "excessive grazing and free felling on a large scale" (*CD*, 24.3.1986) zurückgeführt wird. Die jahrtausendealte Auseinandersetzung zwischen den chinesischen Ackerbauern und den viehzüchtenden Nomaden Innerasiens hat das chinesische Weltbild derart geprägt, daß ein kritisches Hinterfragen der Möglichkeiten des Ackerbaus selbst unter extremsten Bedingungen nur schwer möglich zu sein scheint. Anders bleibt jedenfalls kaum verständlich, daß in China Ackerland 100 km tief in der Sandwüste (Mosuowan/Manas-Region) und in fast fünf Kilometer Höhe über dem Meeresspiegel (Songxi/Ngari) erschlossen wurde und außerdem noch halbwegs durchschnittliche Erträge erbrachte!

So sollen die von Zhao S. und Han (1981:117 f.) ins Auge gefaßten Maßnahmen in erster Linie dazu dienen, bei Neukultivierungen nachteilige Auswirkungen auf die Ökologie zu vermeiden. Die Wiederherstellung des ökologischen Gleichgewichts ist somit weniger *Ziel* der Maßnahmen, als vielmehr *Zweck* zur Konsolidierung von Erschließungsbetrieben. Dazu dienen ihnen eine integrierte Planung der Neukulturen, die Verbesserung des Bewässerungssystems und damit die Herabsetzung der Dürregefahr, die Bekämpfung der Versalzung, Eindämmung der Desertifikation und Verbesserung der Bodenfruchtbarkeit.

1. *Integrierte Planung der Neukulturen.* Nur die Kopplung aller erforderlichen, auf die jeweiligen örtlichen Verhältnisse abgestimmten Maßnahmen können für die Konsolidierung alter und den Erfolg neuer Projekte sorgen. Dies bedeutet in der praktischen Durchführung zunächst die Anlage von Bewässerungs- und Draina-

gekanälen und die Anpflanzung von Windschutzgürteln. Weiterhin müssen die Versalzungsgefahr gebannt und die Bodenfruchtbarkeit erhöht werden, gegebenenfalls durch Auswahl der günstigsten Feldfrüchte, durch Brachezeiten und Gründüngung. Eine integrierte Planung sollte großräumig vorgenommen werden, also auch die Verhältnisse der Nachbarregionen berücksichtigen.[122]

2. *Verbesserung des Bewässerungssystems.* Die Herabsetzung der Dürregefahr erfordert die Sicherstellung eines bestimmten Wasserangebots, also vor allem den Bau von Wasserspeichern, Bewässerungskanälen (evtl. auch Erweiterung vorhandener Kareze[123]). In einer späteren Arbeit hat Zhao S. (1984:72) seine Vorstellungen über die Möglichkeiten zur besseren Ausnutzung des vorhandenen Wasserpotentials (und damit zur Ertragssteigerung) detaillierter aufgeführt. Dazu gehört, der hohen Versickerungsrate in Böden und dem Lecken von Bewässerungskanälen entgegenzuwirken, die Verdunstung über Wasseroberflächen und Böden herabzumindern, bessere Bewässerungsmethoden - wie Sprinkler- und Tröpfchenbewässerung - einzuführen und die Anbauprodukte entsprechend der Effizienz ihrer Wasserausnutzung auszuwählen. Der hohen Verdunstung wird im allgemeinen durch schattenspendende Baumreihen entlang der Kanäle begegnet (Tafel 13); sinnvoll wäre die Anlage unterirdischer Wasserspeicher und - gegebenenfalls -der Ausbau des traditionellen Karez-Systems.

3. *Bekämpfung der Versalzung.* Grundvoraussetzung für eine Verminderung der Versalzungsgefahr ist eine gute Drainage, die durch Herabsetzung des Grundwasserspiegels der Verdunstung und damit der Versalzung entgegenwirkt. Bei einer ausreichenden Abflußmenge können die Salze auch aus den Böden "ausgewaschen" werden, was aber zu einem höheren Mineralgehalt im Wasser des Unterlaufs solcher Flüsse führt. Der Anbau von salzverträglichen Pflanzen, manchmal auch von Naßreis[124], Tiefpflügen und Gründüngung bleiben ebenfalls nicht ohne Wirkung, die jedoch nicht überschätzt werden darf.

4. *Die Eindämmung der Desertifikation* stellt das größte Problem dar, denn dies bedeutet letztendlich Wiederherstellung des ökologischen Gleichgewichtes sowie Bewahrung der bereits geschädigten Galeriewälder und Steppenweiden. Die Maßnahmen reichen von der Anlage von Windschutzwäldern, dem Bewässern und Meliorieren vorhandener Weiden, der Aufgabe von Ackerbau auf dafür ungeeigneten Böden, dem Anpflanzen von xerophilen Gräsern und Sträuchern auf Sanddünen bis hin zur Einebnung solcher Sanddünen (vgl. Su et al. 1961).

5. *Verbesserung der Bodenfruchtbarkeit.* Die Nährstoffarmut sandiger Böden kann nicht von vornherein durch Kunstdüngergaben ausgeglichen werden, sondern die Bodenfruchtbarkeit sollte zunächst durch Gründüngung und Leguminosenanbau erhöht werden. Entsprechend abgestimmte Fruchtfolgen und Feldgraswirtschaft sind zur Bewahrung der Bodenfruchtbarkeit ebenso nötig wie ein gewisser Erosionsschutz.

Diversifizierung und Spezialisierung können dort eine angepaßte Wirtschaftsweise hervorbringen, wo ein extensiver Ackerbau unter Umständen nur zu einer Verschlechterung der Bodenqualität oder weiterreichenden Schädigungen des Naturraums führt. Eine gewisse Orientierung könnte die traditionelle Oasenwirtschaft der einheimischen Uiguren bieten. In der chinesischen Literatur werden diese Maßnahmen nicht ausdrücklich genannt, doch haben einzelne der oben betrachteten Beispiele die Möglichkeit des Anbaus von Sonderkulturen (Obst, Gemüse) bereits aufgezeigt. Eine Diversifizierung sollte nicht allein den Anbau verschiedener Feldfrüchte in Betracht ziehen, sondern vor allem die Möglichkeit integrierter ackerbau- und viehwirtschaftlicher Systeme, wie sie im Falle einiger Staatsfarmen in Xinjiang, der Inneren Mongolei und Tibets bereits aufgezeigt wurden (vgl. auch Chen Hua 1983:138 und Hoppe 1984:142).

Die Ausarbeitung des genannten Maßnahmenkatalogs hat in China damit geendet, daß dieser mehr oder weniger zur Richtlinie der Neulanderschließung, ja eigentlich der gesamten Landwirtschaftspolitik in Chinas Trockengebieten geworden ist. Die Umsetzung dieser Maßnahmen in die Praxis soll nachfolgend an einigen Einzelbeispielen kurz aufgezeigt werden. Außerdem ist es für einen Ausblick auf ihre reellen Chancen notwendig, nicht allein die technische Möglichkeit oder Unmöglichkeit ihrer Umsetzung zu betrachten, sondern auch die vor Ort auftretenden Probleme durch Unterlaufen oder Umgehen der politischen Richtlinien. Dies ist ein Faktor, der in China - traditionell - ein bedeutendes Gewicht hat.

C.4 Umsetzung der Konsolidierungsmaßnahmen - aufgezeigt an einigen Fallbeispielen

C.4.1 Meliorierung primär versalzter Böden durch die Staatsfarm Nr. 29

Rund 70 km westlich der Stadt Korla liegt unweit der Fernstraße nach Kaxgar die Staatsfarm Nr. 29 des PAK Xinjiang,[125] die im Hinblick auf die Bekämpfung der Versalzungsprobleme zu den wichtigsten gehört. Ab 1950 war hier Neuland erschlossen woren, obschon der Boden nach Meinung der Einheimischen für Ackerbau absolut ungeeignet war. Bei einem Jahresniederschlag von rund 50 mm und einer Verdunstungsmenge von 2.000 mm betrug die Salzkonzentration in der zu pflügenden Bodenschicht 2-3%, teilweise bis zu 5%, während der Mineralgehalt des Grundwassers bei 12-58 g/l lag, maximal sogar bis zu 109 g/l.

Wegen der fehlenden Erfahrung in der Bekämpfung der Bodenversalzung war diese schon nach wenigen Jahren des Anbaus untragbar geworden und machte jährlich 40% der Ackerfläche unbrauchbar. Bis 1962 hatte man von 8700 ha neu erschlossenem Land über 3300 ha wieder aufgeben müssen; der Hektarertrag bei Weizen war auf 97,5 kg, bei Baumwolle auf 165 kg abgesunken, das Hauptquartier hatte verlegt werden müssen. Deswegen wurde 1964 eine grundlegende Umstrukturierung der Staatsfarm beschlossen.

Innerhalb von 13 Jahren sind über 5 Mio.m^3 Erde bewegt und dabei 690 Streifenfelder angelegt worden. Durch die Streifenflur wurde der Abstand der Entwässerungskanäle voneinander von 500 m auf 115 m verkleinert und die Fläche jeden Streifenfeldes von 50 ha auf knapp 11 ha. Die Ausdehnung des Be- und Entwässerungsnetzes erreichte eine Gesamtlänge von 1.732 km. Es umfaßte 61 km zementierter Ableitungskanäle, die versalztes Grundwasser direkt in die Wüste führen und dort versickern lassen. Jährlich wurden auf diese Weise 25-30 Mio.m^3 versalztes Grundwasser (mit einem Salzgehalt von ca. 300.000 t) in die Wüste abgeleitet, wodurch der Grundwasserspiegel unterhalb von 1,5 m Tiefe stabilisiert werden konnte.

Eine Reihe von Begleitmaßnahmen unterstützten die Bodenmeliorierung. Ein verändertes Anbausystem mit Wechsel zwischen Naß- und Trockenfeldanbau, mit Grünlandwirtschaft und Gründüngung sowie der Züchtung salzmindernder Pflanzensorten wurde ebenso durchgesetzt wie auf eine rationelle Bewässerung, Gaben von organischem Dünger und eine wirtschaftliche Dichte bei der Aussaat Dichte geachtet wird. Außerdem versucht man, die heimische Pappelart (*Populus diversifolia*) wieder in größerem Maße aufzuforsten.

Ein wichtiger Punkt, um den Salzgehalt im Boden unter Kontrolle zu bringen, war und ist der Anbau von Wasserreis, sofern für eine gute Drainage gesorgt ist.*126 Für Wasserreis werden die Felder etwa vier Monate lang überstaut, da er einen sehr hohen Wasserbedarf hat. Das Wasser muß jedoch in ständiger Bewegung gehalten werden, wodurch es hohe Salzkonzentrationen aus dem Boden auswaschen kann (vgl. Tab.16).

Wesentlich ist aber nicht allein die Auswaschung von Salzen, sondern auch, daß der Anbau von Wasserreis die Zusammensetzung der Mineralien im Oberboden verändert. So nimmt die Konzentration der für das Pflanzenwachstum wichtigen Kationen (Kalzium, Magnesium, Kalium und Natrium) absolut zwar ebenfalls ab, im Verhältnis aber um das Fünffache zu, während die Chlorid- und Sulfat-Anionen in der Relation auf ein Siebtel zurückgehen. Diese Veränderungen wirken sich bis in eineinhalb Meter Tiefe aus, was zwischendurch den Anbau anderer Feldfrüchte erlaubt.

Tab. 16: **Wirkung des Anbaus von Wasserreis auf den Salzgehalt im Boden**

Salzgehalt (in%)/Ort	Aksu	Korla	Yanqi	Shihezi
vor der Aussaat	1,58-3,50	1,82-3,58	1,93-4,96	0,72-1,55
nach der Ernte	0,88-1,12	0,77-0,86	0,61-0,71	0,32-0,55
Auslaugungsrate	44-68	57-76	63-68	54-76

Quelle: Luo (1985:265)

Der Reis läßt nach der Ernte mehr Stoppeln und Wurzelwerk im Boden zurück als andere Ackerbaukulturen, wodurch die Humusanreicherung in den ehemals versalzten Böden gefördert wird. Im Falle guter Drainage nimmt auch der Mineralgehalt des Grundwassers ab, und zwar um 28-67% schon nach einem Jahr. Im Fall der Staatsfarm Nr. 29 war er nach einer Ernte bereits auf die Hälfte gesunken, so daß nach Durchführung aller Maßnahmen gute Erfolge erzielt werden konnten:

Seit 1982 liegt der Reisertrag der Staatsfarm Nr. 29 stets über 7,5 t/ha. Die für den Anbau von Wasserreis genutzte Fläche ist hier inzwischen 66mal so groß[127] wie 1964; von der Getreideanbaufläche standen 1965 nur 1,6% für den Wasserreis zur Verfügung, seit 1980 sind es über 70% (i.e. 2.700 ha). Der Flächenertrag hat sich zudem fast versechsfacht, so daß der Reis-Gesamtertrag der Staatsfarm Nr. 29 heute 459mal so groß ist wie 1964.

Dem Anbau von Wasserreis zur Verhinderung bzw. zur Minderung der Bodenversalzung werden vielerorts durch das geringe Wasserangebot enge Grenzen gesetzt. So wird Wasserreis zur Zeit auf etwa 31.000 ha in Xinjiang neu erschlossenen Ackerflächen angebaut. Je nach Grad der Versalzung werden verschiedene Fruchtwechselsysteme angewandt, wobei im Anbauzyklus Wasserreis um so häufiger angebaut werden muß, je höher der Salzgehalt im Oberboden ist (vgl. Tab.17).

Allein die Unterschiede zwischen zwei Feldern derselben Staatsfarm zeigen die Wichtigkeit des Wasserreisanbaus auf den Salzböden. Als wichtiges Nahrungsmittel kommt diese Notwendigkeit chinesischen Planern sehr entgegen. Gleich-

Konsolidierungsmaßnahmen

Tab. 17: Veränderung der Bodenversalzung im dreijährigen Anbauzyklus von Wasserreis auf der Staatsfarm Nr. 29 (Xinjiang)

Jahr	1973 (Wasserreis)			1974 (Weizen)			1975 (Weizen)		
	Salzgehalt (%)		Schadens-	Salzgehalt (%)		Schadens-	Salzgehalt (%)		Schad.-
	vor der	nach	fläche	vor der	nach	fläche	vor der	nach	fläche
Feld Nr.	Aussaat	d.Ernte	(%)	Aussaat	d.Ernte	(%)	Aussaat	d.Ernte	(%)
544 Ost	3,26	0,59	-	1,22	1,42	-	1,54	1,71	-
6315	4,19	0,84	2,7	2,52	2,01	12,25	2,73	4,18	31,58

Quelle: Luo (1985:276)

wohl sind die Umstände nicht auf allen Staatsfarmen ähnlich, deshalb müssen die Fruchtwechselsysteme jeder Farm individuell angepaßt sein. So ist die Geschwindigkeit der erneuten Versalzung bei Böden, die bis in eine Tiefe von über einem Meter ausgelaugt wurden, so niedrig, daß ein Fünf-Jahres-Anbauzyklus genügt: z.B. Wasserreis im ersten Jahr, Weizen und Luzerne im zweiten, Luzerne im dritten und vierten Jahr und im fünften Baumwolle oder Mais. Bei stärker versalzten Böden muß schon im dritten oder vierten Jahr wieder Wasserreis angebaut werden: Wasserreis - Weizen und Grünland - Baumwolle oder Mais. Im Falle des Feldes 6315 (Tab.17) der Staatsfarm Nr. 29 wird auf Dauer nur ein zweijähriger Fruchtwechselzyklus in Frage kommen, also abwechselnd Wasserreis und Baumwolle oder Wasserreis und Weizen/Grünland.

C.4.2 Eindämmung der Desertifikation: Sandbefestigungen in den Wüsten des Gansu-Korridors

Maßnahmen zur Bekämpfung der Desertifikation sind nicht nur wichtig als grundlegende Vorarbeiten für mögliche Neulanderschließungen, sondern grundsätzlich ebenso für den Schutz des weiterhin gefährdeten vorhandenen Landnutzungspotentials. Gerade in den ariden Gebieten bedeutet Neulanderschließung oft eigentlich nichts anderes als "Rückgewinnung der zur Bewirtschaftung verlorengegangenen Flächen". Ein Beispiel hierfür bietet das Dorf Wulidun im Kreis Linze der Provinz Gansu[128] (Abb.14).

Abb. 14: Ackerbau-Oasen im Gansu-Korridor und Lage der Kreise Linze und Minqin (siehe auch Abb.16)

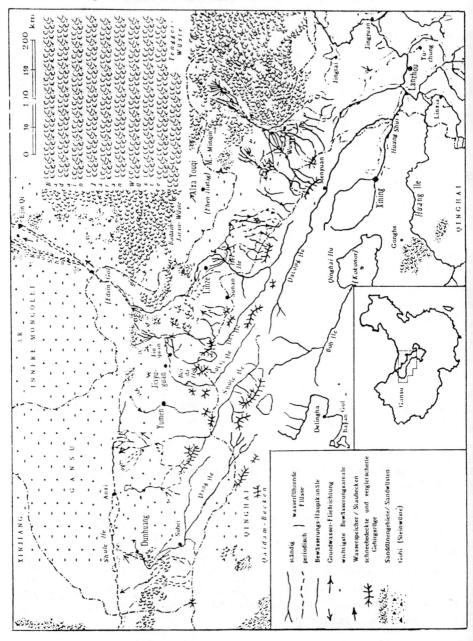

Konsolidierungsmaßnahmen 125

Innerhalb der letzten 60 Jahre war Wulidun - wie fünf benachbarte Dörfer - dreimal von Flugsanden einer Wanderdüne begraben worden, die sich am südlichen Rand der Badain-Jaran-Wüste (s. Karte Abb.14 und Satellitenbild Abb.15) über 40 km Länge erstreckte. Felder und Bewässerungskanäle wurden vom Sand zugeschüttet, Häuser ebenfalls, so daß die Bewohner umsiedeln mußten. Ab 1975 wurde hier vom Institut für Wüstenforschung der Provinzhauptstadt Lanzhou eine Versuchszone eingerichtet, in der das verlorene Ackerland zurückgewonnen und durch ein ausgeklügeltes System von künstlichen und natürlichen Schutzzonen bewahrt werden sollte.

Die Aufgabenbereiche einer solchen Planung umfassen neben der Einebnung und Stabilisierung von Sanddünen, der Errichtung von Schutzpflanzungen zur Verminderung der Einflüsse von Wind und Sand auch Maßnahmen zur Melioration, zur Wiederherstellung der Vegetationsdecke und eine ausgeglichene Landnutzung, die darauf bedacht ist, nicht nur die Wasserressourcen angemessen zu erschließen und auszunutzen, sondern auch eine Übernutzung zu verhindern.

Die Schutzzone um Wulidun umfaßt drei Teilbereiche. Im innersten wurden Baumgruppen am Rand der Felder und ein Schutzwaldgürtel um die kultivierten Flächen angepflanzt, die Häuser und Felder gegen Wind und Sand abschirmen sollen. Da die Reichweite des Windschutzes wesentlich von der Höhe der Baumgruppen abhängt, werden vorwiegend die schnell- und hochwachsenden Pappeln angepflanzt. Häuser werden zusätzlich durch den in Nordchina heimischen Dattelbaum[129], durch Weinstöcke und Kiefern geschützt.

Ein zweiter, 50 m breiter Schutzwaldgürtel aus Pappeln und Weiden am Rand der Oase dient speziell dazu, den Vormarsch der Wanderdünen zu stoppen. Um die Dünen bis zum Auswachsen der Bäume bereits zu fixieren, wurde die Oberfläche der Sanddünen am Rand der Oase mit einem Flechtwerk aus Weizenhalmen überzogen (Tafeln 14 und 15) und teilweise zusätzlich mit Lehm versetzt. Zwischen 100 m und 500 m tief in die Wüste hinein wurden Sträucher und Stauden angepflanzt, die auf den geebneten Sandflächen über zementierte Kanäle gelegentlich bewässert werden können (Tafel 16).

Die beschriebene Methode hatte sich bereits Ende der 50er Jahre beim Eisenbahnbau durch die Tengger-Wüste bewährt. Dort war zwischen Zhongwei (Ningxia) und Gantang (Gansu) ein 50 km langes Stück der Bahnlinie von Baotou nach Lanzhou durch den Südrand der von Sanddünen geprägten Tengger-Wüste gebaut und auf diese Art abgesichert worden (NHZG 1986:228 ff.; vgl. Tafeln 14-16). Bislang wurde die Bahnlinie noch nie von Flugsand verschüttet, so daß diese bewährte Methode bei der Fixierung von Wanderdünen inzwischen weite Verbreitung findet.[130]

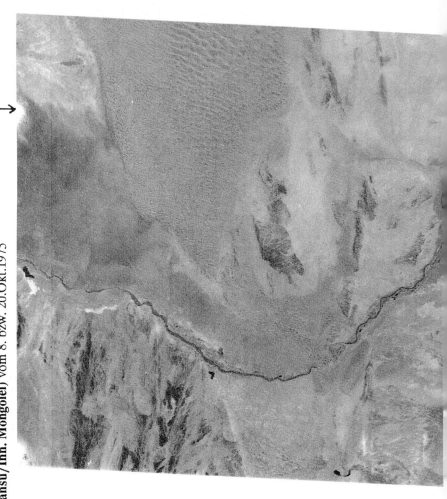

Abb. 15: Satellitenaufnahme (NASA-ERTS) des Hei He (Edsin Gol) und der Wüste Badain Jaran (Gansu/Inn. Mongolei) vom 8. bzw. 20.Okt.1975

Gut erkennbar die Gebirgsketten des Qilian Shan im Süden und die Dünenfelder der Badain Jaran-Wüste im NO, dazwischen - in S-Form - der Flußlauf des Hei He. Nach seinem Austritt aus dem Gebirge bewässert er ausgedehnte Oasenflächen (entlang des Flußlaufs). Der Kreis Linze liegt etwa im Schnittpunkt der am Bildrand angedeuteten Geraden. ⟶

Als dritter Bereich wurde in der Wüste eine Schutzzone ausgewiesen, in der eine Überwachungsstation dafür sorgte, daß weder Holz geschlagen noch zu große Herden geweidet wurden. Durch Verhinderung von Überweidung und Kahlschlag soll der Natur die Möglichkeit gegeben werden, die ursprüngliche Vegetation zu regenerieren und damit den Flugsand auf natürliche Weise zu befestigen.

Zur Bewässerung der Felder und der 14700 ha Fläche umfassenden Baumgürtel wurden zwei knapp 14 km lange Kanäle gegraben, die Wasser aus dem Hei He (Edsin Gol), dem ergiebigsten Fluß des Gansu-Korridors[131] (Abb.15), abzweigen und über 14 Seitenkanäle auf die wiedererschlossenen Ackerflächen verteilen. So konnten in Wulidun und Umgebung erneut knapp 10.000 ha Ackerland erschlossen werden, auf denen der durchschnittliche Getreideertrag von 4,8 t/ha Mitte der 70er Jahre auf jetzt 7,5 t/ha gestiegen ist. Diese Menge ist mehr als ausreichend für die lokale Selbstversorgung der 7.800 in der Oase lebenden Bewohner, denen je 0,7 ha baumbewachsenes Land und Ackerfläche pro Haushalt zur Verfügung steht. Überschüsse können im Kreis Linze verkauft werden. Außerdem existieren in Wulidun wieder insgesamt 784 ha Obstgärten.

Der Erfolg des Projekts hat die Kreisleitung ermutigt, weiteres Land in der Wüste zu erschließen. So sollen später Arbeiter aus dem Südteil des Kreises Linze in der Wüste neue Bewässerungskanäle gegraben und Bäume gepflanzt haben, wo bis heute in 11 Weilern rund 600 Bauern angesiedelt wurden. Deren mittleres Jahres-Pro-Kopf-Einkommen habe 1985 bei 485 Yuan gelegen, was für die Region einem mittleren Lebensstandard entspreche.

C.4.3 Einführung neuer Bewässerungsmethoden in der Dsungarei

Das veränderte Abflußverhalten der Flüsse in den Trockengebieten hatte seine Ursachen fast ausschließlich im Ausbau der Bewässerungsanlagen. Durch den Bau von Dämmen, Wasserstaubecken und Kanälen an den Oberläufen fiel bei zahlreichen Flüssen der Unterlauf trocken. Der hohen Verdunstung versucht man durch schattenspendende Baumreihen, den Bau unterirdischer Wasserspeicher und teilweise sogar durch die Wiederinbetriebnahme trockengefallener Karezsysteme zu begegnen. In letzter Zeit nehmen auch die Versuche mit Bewässerungsmethoden zu, die im Umgang mit dem Bewässerungswasser sparsamer sind.

Eine dieser neuen Bewässerungsmethoden wurde seit 1985 am Mittellauf des Kuytun He erprobt.[132] Auf der Staatsfarm Nr. 123 war in einem für neue Rebstöcke angelegten Bewässerungsgraben (Plastik-)Folie ausgelegt worden mit der

Folge, daß sich die benötigte Menge an Bewässerungswasser verringerte. Zudem wuchsen die Weintrauben üppiger. Daraufhin wurden 1986 auf der nahegelegenen Farm Nr. 128 auf einem 1,2 ha großen Baumwollfeld weitere Versuche mit dieser "Über-Folien-Bewässerung" (ÜFB; *moshang guangai*) unternommen. Dabei wurde eine Wasserersparnis von 57% festgestellt. Ein großflächiger Versuch (71 ha) auf den Farmen Nr. 123, 128, 129 und 130 kam 1987 ebenfalls zu guten Ergebnissen. Gleichzeitig war es gelungen, neue, an die ÜFB-Technik angepaßte Geräte zu entwickeln, die zum Auslegen der Folie geeignet waren, sowie ein Verfahren zur Schaffung der Feldgräben und der sie begrenzenden Erdwälle sowie der Baumwollaussaat darauf zu erarbeiten.

Die ÜFB-Technik sei am Beispiel der Staatsfarm Nr. 130 kurz erläutert (vgl. Abb.16). Es werden je nach Gefälle Felder von 30-120 m Länge[133] angelegt, die von 10-15 cm hohen Erdwällen eingefaßt sind. Diese Erdwälle sind 40 cm breit und liegen 80 cm auseinander. Dazwischen ist eine 90 cm breite Plastikfolie unterirdisch so ausgelegt, daß ihre Ränder unter die Erdwälle reichen. Im Boden darüber werden zwei Reihen (in der Regel im Abstand von 40 cm) Baumwollpflanzen ausgesät.

Die langgestreckten Felder werden über Zweigkanäle (20-30 l/sec) bewässert, je 6-10 auf einmal mit einer Wassermenge von 3-5 l/sec. Die 15,3 ha Baumwollfelder der 11. Kompanie sind in der ersten Wachstumszeit dreimal bewässert worden, mit insgesamt 26.600 m^3, was gegenüber normalen Bewässerungsfeldern eine Wasserersparnis von 55% bedeutet.

Neben der sparsameren Bewässerung scheint die Pflanze noch anderweitig von der neuen Bewässerungsmethode zu profitieren. Durch die unter dem Wurzelwerk sich ausbreitende Plastikfolie wird die Verdunstung zwischen den Pflanzenstengeln herabgesetzt, da die Bodenfeuchtigkeit der obersten Ackerkrume nur im Wurzelwerk der Pflanzen passable Werte aufweist. Ansonsten bezieht die Pflanze die nötige Feuchte aus den Feuchtezonen um die in die Folie gestanzten kleinen Löcher. Der Saugeffekt läßt die Pflanze auch den Dünger aufnehmen, der ihr über Kopfdüngung in 6-9 cm Tiefe zugeführt wurde. Die geringere Wassermenge dringt nicht in die Tiefe vor und führt somit auch nicht zu einem erhöhten Grundwasserspiegel; die Versalzungsgefahr ist folglich auch geringer als bei normaler Bewässerung.

Der Effekt auf den Baumwollanbau ist spürbar. Von den Sämlingen sterben nach dem Aufgehen erheblich weniger ab. Außerdem verlieren die Pflanzen weniger unreife Baumwollkapseln. Insgesamt liegen die Erträge trotz eingesparter Bewässerungsmengen höher: und zwar um 127 kg/ha, das sind 14%. Stellt man den geringeren Wasserverbrauch in Rechnung, so hat sich das Verhältnis von Ertrag an entkernter Baumwolle zu verbrauchtem Wasser verdoppelt. Erbrachte ein Kubikmeter Wasser zuvor 0,275 kg entkernter Baumwolle, so erbringt er nun 0,55 kg (Staatsfarm Nr. 130).

Das beschriebene Bewässerungsverfahren ist in China noch verhältnismäßig neu und bislang wohl auch nur in Xinjiang versucht worden. Aufgrund der Wirtschaftlichkeit (pro Hektar werden knapp 400 Yuan Kosten eingespart[134]) hat es jedoch Chancen, eine größere Verbreitung zu finden. Die Ergebnisse verschiedener Staatsfarmen sprechen hierfür (vgl. Tab.18). Liu verspricht sich noch größere Erfolge durch die Kombination der ÜFB-Technik mit Zuleitung des Wassers in Niederdruckrohren und aus Brunnen.

Abb. 16: **Schematischer Querschnitt durch ein für die ÜFB-Technik vorbereitetes Baumwollfeld (Staatsfarm Nr. 130)**

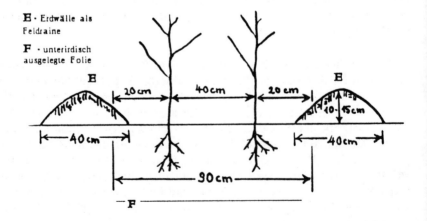

(Quelle: Liu Zhimin, in: XNK, 1988, Nr.1, S.26)

Tab. 18: ÜFB-Technik auf Staatsfarmen in Xinjiang (1987)

Staatsfarm Nr.	Region (Flußgebiet)	Versuchsfläche (ha)	eingesparte Wassermenge (in % der ursprünglichen W.)
86	Bortala He	0,45	70
123	Kuytun He	34,66	55
128	Kuytun He	1,2	56,8
128	Kuytun He	20,66	55
130	Kuytun He	15,33	55

Quelle: Liu Zhimin (1988)

C.4.4 Verbesserung der Bodenfruchtbarkeit auf der Staatsfarm Nr. 43

Die Staatsfarm Nr. 43 liegt im Kreis Markit am Westrand der Taklimakan-Wüste[135] (vgl. Karte Abb.5). Sie arbeitet mit verschiedenen Arten der Düngeranreicherung: Gründüngung, Naturdünger, Verwendung von Stroh und Ölkuchen (wie sie im chinesischen Kernland schon seit Urzeiten als Preßrückstände verschiedener Ölfrüchte wie Soja, Erdnuß und Baumwolle anfallen und als Dünger verwendet werden (vgl. King 1911:89,124 f.; Wilm 1968:139 f.).

Art und Wirkung der Grünlanddüngung. Mit Ende der 70er, Beginn der 80er Jahre wurde auf der Staatsfarm Nr. 43 begonnen, in großem Umfang den Anbau von Steinklee in der landwirtschaftlichen Mußezeit auszubauen, in den letzten zwei Jahren zunehmend auch den einer ölhaltigen, krautigen, den Malvengewächsen verwandten Pflanze namens *Youkui*.[136] Die Fläche der Grün(land)düngung steigerte sich von den 25% der 70er Jahre auf 50% der 80er Jahre.

Wegen der günstigen Licht- und Wärmeverhältnisse im Südwesten Xinjiangs bleiben in der Zeit von der Weizenernte bis zum Wintereinbruch noch 60-70 Tage der Vegetationsperiode. Da außerdem die sommerlichen Wasserressourcen äußerst ergiebig sind, können die Steinkleewiesen noch ein- bis zweimal bewässert werden. Der Klee wächst sehr schnell, nämlich 2-3 cm pro Tag, was einen täglichen Zuwachs von 450-525 kg Pflanzenmasse ausmacht, die in der Zeit zwischen 21. August und 10. September untergepflügt werden. Eine gutgediehene Kleewiese erbringt auf einem Hektar eine Blattmasse von rund 30 t und eine Wurzelmasse von ca.10,5 t. Untergepflügt entspricht dies einer Anreicherung von 195 kg reinem Stickstoff, 15 kg reinem Phosphor und 109,5 kg Kalium pro Hektar.

Der langfristige Anbau von Steinklee zur Gründüngung hat mit der Anreicherung von organischem Material und dem Wurzelwachstum einen verdichtenden Nebeneffekt. Die Rohdichte (Raumgewicht) kann auf 0,13-0,24 g/cm^3 fallen, die Porosität entsprechend um 5,9-6,1% zunehmen, wodurch die physikalischen Eigenschaften (Funktionen) des Bodens allmählich verbessert werden. Damit werden auch die Salzteilchen in die Tiefe verlagert, die Akkumulation von Salz in der Bodenoberfläche ist gering, die Auslaugung schnell, die Bedrohung durch Versalzung läßt nach.

Ähnliche Ergebnisse wurden erzielt mit Luzerne, Raps, Youkui u.a., die in kleinerem Umfang in der landwirtschaftlichen Mußezeit zur Gründüngung angebaut werden.

Vermehrte Anwendung von Naturdünger. Seit den 70er Jahren wurde auf der Staatsfarm Nr. 43 großer Wert auf das Sammeln von Stalldünger, Kompost u.a. Naturdünger gelegt. Während eines Jahres kamen so über 5.0000 t Dünger zusammen, die auf einer Fläche von 1.000-1.340 ha verwendet wurden (45-60 t/ha). Als in den 80er Jahren die Gründüngung entwickelt wurde, hat man begonnen, die Qualität des Naturdüngers zu erhöhen, vor allem darauf geachtet, Stalldünger erster Qualität zu erhalten. Zwar war die jährlich anfallende Menge nur noch halb so groß (25.000 t), es wurde aber weniger Dünger (37-45 t/ha) ausgefahren (also eine Fläche von 400-550 ha behandelt) und die Bodenfruchtbarkeit gleichwohl konstant erhöht.

Das Stroh auf die Felder zurückzubringen, erwies sich als eine sowohl den Boden pflegende als auch Arbeit sparende Maßnahme, die den Anteil an organischem Material im Boden erhöht und seine physikalische Beschaffenheit verbessert. Den Erfahrungen auf der Staatsfarm zufolge kann der Gehalt an organischem Material in den obersten 20 cm des Bodens um 14,4% zunehmen und so den Gehalt an Stickstoff um 22,8%, den an P_2O_5 um 19,9% erhöhen.

Auf der Staatsfarm Nr. 43 wird auf über 1.300 ha Weizen angebaut, von dem nach dem Mähen etwa 40 cm lange Stoppeln stehenbleiben - das sind 2,25 t/ha. Jährlich fallen hier 3.000 t Weizenstroh an, die zur Bodenpflege dienen. Auf ca. 67 ha werden Maisstengel untergepflügt, was besonders den zu hohem Grundwasserspiegel und Salzgehalt neigenden Böden guttut. Seit in den letzten Jahren der Getreideanbau zurückgeschraubt und der Anbau von Baumwolle gefördert wurde, richtete man auf der Staatsfarm Nr. 43 das Hauptaugenmerk auf die Strohdüngung mit Stengeln der Baumwollpflanze. In den Jahren 1986 bis 1988 wurden jeweils 137 ha, 210 ha und 253 ha mit krankheitsfreien Baumwollstengeln gedüngt. Außer einer Erhöhung des Gehaltes an organischem Material steigern die Baumwollstengel besonders den Nährstoffgehalt des Bodens, da in ihnen viel Phosphor enthalten ist.

Anwendung von Pflanzenölrückständen. Ölkuchen aus Baumwollsamen und die Hülsen der Baumwollsamen wurden einerseits verfüttert und gelangten nachher als Tiermist aufs Fels, andererseits kamen seit 1984 auch 500-1.000 t Baumwollsaaten-Fettgriebe direkt zur Düngung auf die Felder. Besonders in den Jahren 1987 und 1988 wurden ca. 1,2 t/ha Fettgriebe verwendet, und zwar auf einer Fläche von 450 ha bzw. 530 ha.

Die Auswirkungen der verschiedenen Methoden zur Erhöhung der Bodenfruchtbarkeit auf die Ernteergebnisse. Bei den langjährigen Versuchen mit der Anreicherung organischen Düngers im Boden hat man nicht allein mit Gründüngung und Naturdünger experimentiert, sondern auch mit der Düngung durch Stroh und Ölkuchen - stets mit guten Ergebnissen. Die steigende Anwendung verschiedener natürlicher Dünger führte über einen höheren Humusgehalt zu einer größeren Bodenfruchtbarkeit (vgl. Tab.19) und diese wiederum zu deutlich höheren Erträgen.

Zwar waren auch die chemischen Düngergaben von 180 kg/ha im Jahre 1979 auf eine halbe Tonne in 1988 gesteigert worden, doch war dessen Wirksamkeit auch nur infolge der durch die Grün- und Strohdüngung gesteigerten Bodenaustauschkapazität zur Geltung gekommen. Eine knapp 30prozentige Steigerung des Steinklee-Zwischen-Anbaus hatte zusammen mit einer Verdoppelung der chemischen Düngergaben eine Steigerung des Weizen-Hektarertrags um 138% erbracht. Die Hektarerträge hatten vor 1980 durchweg um 1,5 t Getreide/ha gelegen und waren innerhalb von acht Jahren fast auf das Vierfache gestiegen. Im Falle von für Steinklee als Zwischenfrucht ungeeigneten Böden wurde Youkui angebaut, die 1986 auf einem Feld über 100 t/ha Pflanzenmasse zum Unterpflügen lieferte und beim daraufhin angebauten Weizen zu einem Hektarertrag von 5,3 t führte.

Die Erfahrungen beim Baumwollanbau haben bei der Benutzung mit den verschiedenen Methoden der Bodenanreicherung zu ähnlichen Ergebnissen geführt. Tab.20 zeigt, daß Gaben nur von chemischem Dünger wenig sinnvoll, die Benutzung von Natur- und Gründünger dafür vielversprechend waren. Die Erträge lagen beim Unterpflügen von Steinklee und der Anwendung von Naturdünger um 16,9% bzw. 6,2% höher als bei der alleinigen Anwendung von chemischen Düngern. Die zusätzliche Gabe von Fettrückständen (aus der Produktion von Soja und Baumwolle) führte seit 1986 zu einer neuerlichen Produktionssteigerung von 28,6%.

Tab. 19: Einfluß der Anreicherung organischen Materials im Boden auf die Ertragsleistung - am Beispiel der Staatsfarm Nr. 43 (SW-Xinjiang)

Jahr	Saatfläche (ha)	angereicherte (ha) Fläche	(%)	davon (in%)[1] G	N	S	Ö	Weizenanbau: Fläche (ha)	anger.[2]	Hektarertrag
1978	3.060	2.000	66	36	30				in %	
1979	2.890	2.210	76	43	33			1.090	72,8	1,6
1980	2.990	2.080	70	42	26	1,6		1.080	81,1	2,5
1981	3.130	2.210	70	47	21	2,3		1.190	88,2	2,9
1982	3.090	2.250	73	50,5	19	3,2		1.260	91,0	3,1
1983	3.080	2.010	65	48	15	2,2		1.310	84,6	3,4
1984	3.240	2.300	71	51	17	1,2	1,6	1.420	96,3	3,0
1985	3.270	2.180	67	50	13	1,2	2,3	1.600	95,8	3,4
1986	3.190	2.210	69	47	13	5,0	4,4	1.530	93,0	3,5
1987	3.050	2.550	83	45	15	8,1	14,9	1.470	94,1	3,6
1988	2.870	2.600	91	45	17	10,7	18,6	1.310	93,9	3,8

[1] G = Gründüngung, N = Naturdüngung, S = Stroh- und Ö = Ölkuchendüngung.
[2] anger. = durch Anbau von Steinklee angereicherte Fläche in Prozent der Weizenanbaufläche.
Quelle: Zan/He (1989:18 f.)

Tab. 20: Baumwollerträge bei unterschiedlichen Düngemethoden Staatsfarm Nr. 43

Jahr	Anwendung nur von: chemischem Dünger Fläche (ha)	Hektarertrag (t/ha)	Naturdünger Fläche (ha)	Hektarertrag (t/ha)	untergepflügtem Steinklee (Gründünger) Fläche (ha)	Hektarertrag (t/ha)
1982	66	0,945	134	1,052	104	1,095
1983	73	1,115	60	0,941	171	1,305
1984	152	0,921	40	1,122	280	1,070
Durchschnitt:		0,975		1,035		1,146

Quelle: Zan/He (1989:20)

Eine kombinierte Form der Anreicherung von organischem Material und chemischen Düngemitteln kann zu einer optimalen Vergrößerung der Bodenfruchtbarkeit und damit Erhöhung der Hektarerträge führen. Die Versuche auf der Staatsfarm Nr. 43 haben hierin zu deutlichen Erfolgen geführt, die über die

Medien weiterverbreitet werden in der Hoffnung, daß diese Methoden zur Steigerung der Bodenfruchtbarkeit weitere Verbreitung finden. Auch von anderen Staatsfarmen wurden erfolgreiche Versuche mit verschiedenen Methoden zur Verbesserung der Bodenfruchtbarkeit gemeldet, so von der

- Staatsfarm Nr. 45 (Kreis Markit, Westrand der Taklimakan[137]), die es durch den Zwischenfruchtanbau von Steinklee bei frühreifenden Winterweizensorten auf einen Hektarertrag von 4,5-6 t brachte.

- Staatsfarm Nr. 87 (Kreis Wenquan, Westrand der Dsungarei[138]), wo innerhalb von fünf Jahren (1982-86) mit Grün- (Luzerneanbau), Stroh- und Ölkuchendüngung im Getreideanbau eine Steigerung des Gesamtertrags um 48,6% und des Hektarertrags um 57,5% (jetzt 4,13 t/ha, Weizen 3,9 t/ha) erreicht wurde.

- Staatsfarm Nr. 124 (Kreis Usu in der westlichen Dsungarei[139]). Die Gründüngung wurde hier gefördert, indem pro Mu (1/15 ha) Ackerland, das über 3,5 t Steinklee bzw. über 5 t Youkui lieferte, eine Prämie von 10 Yuan bezahlt wurde. So hat sich hier die Fläche mit Gründünger-Zwischenfruchtanbau von 1985 auf 1986 mehr als verdoppelt.

- Staatsfarm Nr. 133 (Kreis Shawan, westliches Manas-Gebiet/Dsungarei[140]) düngt durch Unterpflügen von Youkui.

- Staatsfarm Nr. 148 (Kreis Manas, bei Mosuowan am Südrand der Gurbantünggüt-Wüste[141]). 1981 wurde mit Bodenmelioration begonnen, zunächst mit Stalldünger, später Gründüngung (Youkui). Inzwischen gibt es Gründüngung auf 95% der Weizenanbaufläche. In den Jahren 1986/87 konnte der Einsatz von chemischem Dünger um 150 kg/ha verringert werden, und dennoch stiegen die Flächenerträge für Weizen, Mais und Baumwolle um 31,7% bzw. 37,3% und 33,1% (*XNK*, 1988/6, S.52). Der durchschnittliche Hektarertrag von Sommerweizen wurde durch Gründüngung (Steinklee, Youkui) von 3 t/ha auf 4,5 t/ha gesteigert.

Zumindest in Xinjiang scheint sich also die Bedeutung der Gründüngung für die Vergrößerung der Bodenfruchtbarkeit deutlich herumgesprochen zu haben, so daß davon ausgegangen werden kann, daß diese Maßnahme einen wesentlichen Beitrag zur Produktionssteigerung leistet. So wurde schon 1988 berichtet (*XNK*, 1988, Nr.4, S.54), daß nach bis dato letzten Untersuchungen 144 Staatsfarmen des PAK Xinjiang (86,7%) Fonds für die Förderung der Bodenfruchtbarkeit eingerichtet hatten. So sei bis 1987 auf rund 215.000 ha Ackerland Strohdüngung eingesetzt worden und die Gründüngung mit Luzerne um knapp 45% angestiegen (auf 103.000 ha). Der durchschnittliche Getreide-Hektarertrag konnte innerhalb eines Jahres (1986/1987) im gesamten PAK Xinjiang um 15% gesteigert werden. Die Bedeutung dieser Maßnahmen für die Nahrungsmittelversorgung ist somit erheblich. (Vgl. MAT 6)

C.4.5 Diversifizierung und Spezialisierung der Staatsfarmen

Maßnahmen zur Anbau-Diversifizierung sind teilweise schon in den regionalen Fallbeispielen (Manas-Gebiet/C.2.1.1; Innere Mongolei/C.2.2.3) deutlich geworden. Die Diversifizierung, oft als eine Kombination von Ackerbau und Viehzucht, steht einer eher agroindustriellen Spezialisierung (Schafwolle, Baumwolle - Textilindustrie; Zuckerrübenanbau - Zuckerverarbeitung) gegenüber. Von auf Getreide spezialisierten Ackerbaumonokulturen kommt man durch die schlechten Erfahrungen immer mehr ab. Allerdings werden vor allem auf den Versuchsstationen der Staatsfarmen nach wie vor Versuche mit der Züchtung von Hochertragssorten in größerem Maßstab durchgeführt, die an die örtlichen Gegebenheiten besser angepaßt sind, so z.B. in

Hami, auf dessen Roter-Stern-Farm Nr. 2 (*Hongxing er chang*) auf 670 ha mit Sommerweizen bebautem Ackerland ein Hektarertrag von über 5 t erbracht wurde. Auf kleinen Flächen der Staatsfarm "Roter Berg" (*Hongshan nongchang*) gelang gar ein Sommerweizenertrag von 9 t/ha (*XNK*, 1988/1, S.12). Es ist verständlich, daß hier die Spezialisierung auf Nahrungsgetreide fortgeführt wird.

Lhasa, wo die ehemalige Staatsfarm "1.Juli" (*Qiyi Nongchang*) zum Landwirtschaftlichen Forschungsinstitut Tibet geworden ist. Neu gezüchtete Weizensorten, die an die teilweise sehr günstigen Wachstumsbedingungen in Zentraltibet angepaßt wurden, haben hier schon 1965 einen Hektarertrag von 8 t/ha Winterweizen (allerdings zweifelhafter Qualität) erbracht. Bessere Sorten haben inzwischen zu einem Rekordergebnis (Experimentierfeld!) von 10,8 t/ha geführt (Epstein 1983:106).[142]

Ähnliche Forschungen werden allerdings nicht allein in den Trockengebieten, sondern überall in der Volksrepublik China durchgeführt und in größerem Umfang in der Landwirtschaft umgesetzt. Man könnte dies eine Spezialisierung auf "wissenschaftlichen Getreideanbau" nennen.

Besonders wichtig bei der ackerbaulichen Spezialisierung in den chinesischen Trockengebieten - insbesondere in Xinjiang und dem Gansu-Korridor - sind die Sonderkulturen. Der Anbau von Weintrauben und Wassermelonen hat eine lange Tradition und wurde in den letzten Jahren wieder vermehrt gefördert. Die berühmten "Hami-Melonen" aus Xinjiang werden in der Saison bis nach Tibet, nach Shanghai, Hongkong und in die Hauptstadt Beijing geliefert.

Für Xinjiang ist namentlich der Traubenanbau von besonderer Bedeutung, produziert doch die AR allein mehr als 40% des gesamtchinesischen Weintraubenertrags. Die Staatsfarmen sind in diesem Falle hauptsächlich bei Forschungen zur optimalen Düngung und Bewässerung und der Ausweitung der Obstanbauflächen engagiert.

Eines der Zentren des Weinanbaus ist die Oase Turpan. Im Nordosten der Senke liegt der Kreis Shanshan, wo das PAK Xinjiang auf seiner Obstfarm (*Shanshan Yuanyichang*) in den letzten Jahren beständig die Weinstöcke erweitert und die Erträge erhöht hat (vgl. Tab.21 und MAT 9).

Tab. 21: Ausweitung des Traubenanbaus auf der Obstfarm Shanshan

Jahr		1983	1984	1985	1986	1987	1988
Anbaufläche	(ha)	354	356	348	362	386	402
Gesamtertrag	(t)	2.226	2.300	2.325	2.390	3.658	3.905
Flächenertrag	(t/ha)	6,3	6,5	6,7	6,6	9,5	9,7

Quelle: Shi Jingyuan (1989)

Während also die Weinanbaufläche um 13,5% ausgeweitet wurde, stiegen im gleichen Zeitraum der Gesamtertrag um 75% und der Flächenertrag um 56%. Dies beruhte zum einen auf der Einführung neuer Weinsorten, zum andern auf einer ausgewogeneren, rationelleren Düngung. Selbst auf dieser Farm ging mit der Spezialisierung auf Obst (Weintrauben) eine Ergänzung durch Viehzucht (Schafe und Schweine) einher. Es wurde der Tierdung benötigt, und außerdem konnten die zur Gründüngung gezogenen Wiesen zusätzlich genutzt werden.[133] Auch auf dieser Farm wurden Erfahrungen anderer Staatsfarmen konsequent mitverarbeitet.

C.4.6 Integrierte regionale Planung der Neukulturen

Den Amtsstellen für Neulanderschließung sind in der AR Ningxia 14 Staatsfarmen unterstellt, die am Fuß des Gebirges Helan Shan und beiderseits des Huang He liegen. Nach den schlechten Erfahrungen während der einseitig auf den Getreideanbau ausgerichteten Kampagne wurde 1978 eine Konferenz über Landerschließungsarbeiten abgehalten, die eine regionale Arbeitsteilung, d.h. Spezialisierung der Staatsfarmen vorsah.

Der Anbau von Lebensmittelgetreide (Weizen, Naßreis) sollte demzufolge den Farmen im Mittelteil des Huang-He-Bewässerungsgebietes vorbehalten sein, wo günstige natürliche Bewässerungsbedingungen herrschen. Ergänzend werden Sonderkulturen (Obst) angebaut. Am Westrand des Bewässerungsgebietes liegen Staatsfarmen, deren natürliche Grundlagen besonders für den Zuckerrübenanbau geeignet sind, der demzufolge schwerpunktmäßig gefördert wird. Die Staatsgüter am östlichen Gebirgsfuß des Helan Shan nutzen ihre ausgedehnten Weidegebiete und spezialisieren sich auf die Produktion von Milch- und Schlachtvieh (Rinder). Im äußersten Süden Ningxias waren in den Berggebieten des Liupan Shan Ackerflächen erschlossen worden, auf denen die Staatsfarmen nun vorzugsweise Ölpflanzen (Sesam, Sonnenblumen) anbauen, um die Region zu der Basis der Speiseölproduktion zu machen, die sie (nach Betke 1987b:58) früher einmal war.

Für die Umstellung sind vor allem während der Übergangszeit materielle (Nahrungsmittel), finanzielle und technische Hilfen notwendig gewesen. Außer den Farmen im Herzen Ningxias wurde generell die Getreideverkaufsverpflichtung der Staatsfarmen verringert (*Geochina* 1979:39 f.).

Die Neustrukturierung hat - sofern man von den Staatsfarmen auf die gesamte Landwirtschaft Ningxias schließen kann - zu großen Erfolgen geführt. Von den genannten 14 Staatsfarmen liegen 11 im Bewässerungsgebiet der Ningxia-Flußoase (Abb.17) des Huang He, die äußerst großen Anteil an den Leistungen für das neu erschlossene Ackerland dort haben (vgl. Tab.22).

Insgesamt verfügen die 14 (nach MLVF 15) Staatsfarmen Ningxias über 30.000 ha Ackerfläche (i.e. 3-4% der Gesamtackerfläche der AR), wovon 16.000 ha für den Getreideanbau verwendet wurden (1985) - mit einem Gesamtertrag von 65.000 t Getreide.

Konsolidierungsmaßnahmen

Tab. 22: Historische Neulanderschließungen in der Ningxia-Flußoase

Dynastie	Zeit	erschlossene Bewässerungsfläche	geschätzte Gesamtackerfläche (bewässert)
Qin-Dynastie	214 v.Chr.	9.700 ha	10.000 ha
	211 v.Chr.	17.100 ha	
Han-Dynastie	119 v.Chr.	6.700 ha	
	102 v.Chr.	31.200 ha	
	100 v.Chr.	13.900 ha	
Qing-Dynastie	1726	18.900 ha	
	18./19.Jh.	9.300 ha	
Republik China	1946		123.000 ha
		6.000 ha	
VR China	1949		129.000 ha
	1986	143.000 ha	272.000 ha

Quellen: FERI (1956:642), NHZG (1986:161), Xian/Chen (1986:102)

Tab. 23: Land- und viehwirtschaftliche Produktion in Ningxia 1985

Produkt	Ningxia (gesamt)			davon auf Staatsfarmen			T
	Aussaatfläche (ha)	Gesamt- (t)	Hektar-Ertrag (t/ha)	Aussaatfläche (ha)	Gesamt- (t)	Hektar-Ertrag (t/ha)	(%)
Getreide:	590.000	1,3 Mio.	2,2	16.100	65.300	3,9	5
-Reis	49.800	419.000	8,4	5.500	27.300	5,0	6,5
-Weizen	282.000	586.000	2,1	7.400	25.100	3,4	4,3
-Mais	35.500	142.000	4,0				
-Gaoliang	1.600	8.000	4,9				
-Hirse	27.700	15.000	0,5				
-andere	196.000	159.000	0,8	3.200	12.900	4,0	4
Kartoffeln	53.300	40.000	1,1				
Sojabohne	22.000	15.000	1,7	47	55	1,2	0,4
Ölsaaten	91.500	53.400	0,6	4.700	7.350	1,6	13,8
Zuckerrüben	11.900	385.000	32,5	1.700	52.000	30,6	13,5
Baumwolle	6,7	1,8	0,27	6,7	1,8	0,27	100
Vieh:		[Stück]			[Stück]		
-Rinder		232.000			2.200		1
-Milchkühe					1.700		
-Schweine		391.000			28.900		7,4
-Schafe		606.000			92.200		15,2
Produktion							
- Fleisch		34.000			1.980		5,8
- Milch		13.000			4.300		33,1

T prozentualer Anteil der Produktion der Staatsfarmen an der Gesamtproduktion der AR Ningxia.
Quelle: MLVF (1986)

Abb. 17: Satellitenaufnahme (NASA-ERTS) der AR Ningxia vom 29.Juni 1976
Deutlich heben sich die bewässerten Felder in den Flußoasen am Huang He von der vegetationsarmen Umgebung ab (im Norden die Ebene zwischen Qingtongxia und Yinchuan, im Süden die Weining-Ebene). Am südöstlichen Blattrand wird die starke Erosion im Lößbergland deutlich.

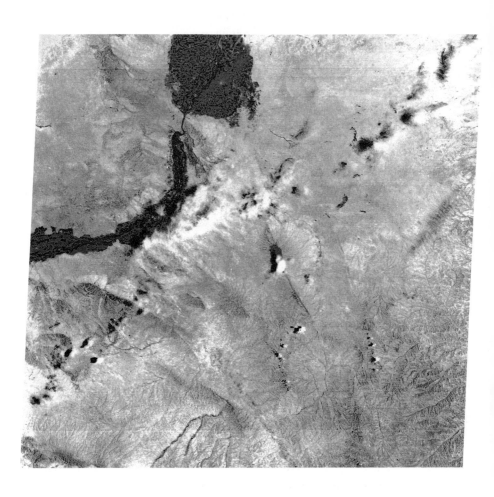

C.4.7 Veränderung des Bodennutzungssystems: Aufgabe des Getreideanbaus auf der Staatsfarm Nr. 28

Weil Staatsfarmen sich im allgemeinen selbst mit Grundnahrungsmitteln versorgen sollten, war es lange Zeit schlechterdings unmöglich, daß sie auf Getreideanbau verzichteten. So war beispielsweise auf der Staatsfarm Nr. 28 (westlich von Korla) bislang selbst auf den Obstbaum-Flächen noch Getreide und Gemüse angebaut worden. Wegen des unterschiedlichen Wasserbedarfs von Gemüse und Weizen einerseits und Obstbäumen (vor allem Birnen) andererseits und wegen der Düngerkonkurrenz blieben die Erträge in aller Regel niedrig.

Nach der Liberalisierung der Landwirtschaftspolitik in China wurde auch hier mit verschiedenen Feldfrüchten experimentiert, bis die reine Ackernutzung zwischen den Obstbäumen vollständig aufgegeben wurde. Heute werden Wiesen von Luzerneklee angebaut, die als Weiden für Schafe dienen, mit deren Aufzucht auf der Staatsfarm Nr. 28 begonnen wurde. Die Bewässerung kann jetzt besser auf die Bedürfnisse der Obstkulturen abgestimmt werden, die zudem vom Tierdung der weidenden Schafe profitieren. Eine Aufgabe des Getreideanbaus führte über ein höheres Einkommen der Staatsfarmarbeiter zu einer wesentlich besseren Versorgung. Durch die ergänzende Schafzucht - also Fleisch- und Wollproduktion - wurde das Einkommen im Vergleich zum gemischten Gemüse-Obstanbau verdreifacht, im Vergleich zur Getreide-Obst-Kultur sogar auf das 18fache vergrößert.[144]

C.4.8 Administrative Maßnahmen: Einführung des "Systems der Produktionsverantwortlichkeit"

Eine wesentliche Voraussetzung für die Konsolidierung der Wirtschaft auf neu erschlossenem Ackerland und für den Schutz der vorhandenen Landwirtschaftsfläche ist eine auf die Ökologie Rücksicht nehmende Wirtschaftsweise (ein Problem, das im übrigen auch in den Industrienationen zwar erkannt, jedoch nur sehr unzureichend angegangen wird). Durch die vorgegebene, auf der Kollektivwirtschaft basierende Planungsstruktur der ersten Dekaden in der VR China waren eigentlich günstige Voraussetzungen für die Durchsetzung einer Rücksicht nehmenden Wirtschaftsweise gegeben. Eine falsche oder unausgewogene Planung (Schwerpunkt Winterweizenanbau im "Großen Sprung nach vorn") konnte katastrophale Folgen haben; aber auch eine richtige Planung führte nicht automatisch zu Erfolgen, was seinen Grund nicht selten in den Verwaltungsstrukturen hatte.[145]

Die Erfahrungen im Lößbergland (Wuding-Flußgebiet, Ningxia) haben den Behörden aufgezeigt, wie wichtig der Bodenschutz für eine erfolgreiche Landwirtschaft ist. So wurden nach der Schaffung neuer Bodenschutzbestimmungen (*RMRB*, 8.7.1982) im Bereich der Agrarpolitik Maßnahmen getroffen, die geeignet waren, nicht nur der Erhöhung der landwirtschaftlichen Produktion, sondern auch einem verbesserten Bodenschutz nachzuhelfen.

Eine der wesentlichsten Maßnahmen war die Einführung des sogenannten Systems der "Produktionsverantwortlichkeit", in dessen Rahmen den Bauern die langfristige Verfügungsgewalt über den von ihnen bearbeiteten Boden gegen ein vorher festgelegtes Produktionssoll, Abgabequoten, Agrarsteuern usw. vertraglich gewährt wird. In den dünn besiedelten Bergregionen des Lößberglandes und der übrigen Trockengebiete wurden Bodenschutzauflagen mit der Nutzung verbunden. In besonders armen Gebieten wurden nicht nur die Agrarsteuern gesenkt bzw. zeitweilig gestrichen, sondern auch die Getreideverkaufspflicht aufgehoben, die Getreideversorgung von staatlicher Seite sichergestellt und Zuschüsse sowie günstige Kredite an im Bodenschutz engagierte Bauern vergeben (Betke 1987b:57 f.; Chen Rinong 1986:18).

Als konkretes Beispiel mag uns der Kreis Xiji dienen,[146] der zu jener Region im Süden Ningxias (Abb.17) gehört, die durch die forcierte Erschließung von Getreideanbauflächen seit dem "Großen Sprung" vollkommen heruntergewirtschaftet wurde.[147] In den 70er Jahren wurden im Kreis, der gerade noch zu 3% von Wald und zu 9% von Grasland bedeckt war, im Durchschnitt nur noch 0,5 t Getreide (Weizen, Hirse, Hafer oder Mais) pro Hektar geerntet.

Seit 1982 wurden hier gemeinsam vom chinesischen Staat und dem World Food Program (WFP) der UN Maßnahmen zur Erosionskontrolle durchgeführt. Während die Administration des Kreises die Arbeitskräfte (nämlich die betroffenen Bauern von Xiji) aufbot, die Berghänge zu terrassieren und 45.000 ha Wald sowie 49.000 ha Grasland anzupflanzen,[148] wurde deren Versorgung mit Getreide, Dörrfleisch u.a. durch das WFP sichergestellt.

Den Ackerbau an steilen Hanglagen hat man zugunsten terrassierter Schonungen aufgegeben, dafür aber in den Tälern neue Felder angelegt. Den Rückgang der Ackerfläche versucht die Verwaltung durch Auswahl besseren Saatgutes und die Verwendung von Kunstdünger auszugleichen. Tatsächlich sind die Erträge in einem Ausmaß gestiegen, die dem Kreis Xiji die Selbstversorgung ermöglichen (Grobe).

Heute besitzt jeder Bauernhaushalt zusätzlich zum Ackerland rund 0,7 ha Wald- und ebensoviel Weideland. Für die Umwandlung eines Mu (= 6 $^2/_3$ Ar) Ackerfläche in Waldland hatten die Bauern 1983 einen Geldbetrag von 2,5 Yuan, 40 Yuan Darlehen und 35 kg Getreide erhalten. Dafür sollten sie nach 15 Jahren einen Kubikmeter Holz (pro Mu) an den Staat abliefern. Damit später nicht wieder übermäßig Holz geschlagen wird, sollen für einen gefällten Baum drei neue gepflanzt werden.

Das Darlehen diente zum Ankauf verbesserten Saatgutes und von Düngemitteln. Durch die zusätzlichen Weideflächen konnte wieder eine Mischwirtschaft von Ackerbau und Viehzucht entstehen, wie sie bis 1949 aus dem Bezirk Guyuan bekannt war, ergänzt nun durch ein wenig Forstwirtschaft. Trotz der Reduzierung des Ackerlandes um ein Drittel war der Getreideertrag durch Verbesserung der Anbaumethoden und durch Beschränkung auf die geeignetsten Flächen um 49% gestiegen (Chen R.).

Ähnlich wurde in den Nachbarkreisen Guyuan und Jingyuan in Ningxia (im O und SO von Xiji gelegen) und Jingyuan in Gansu (westlich von Xiji) verfahren. Sie dürften damit einen Beitrag zur Erosionskontrolle im gesamten Lößbergland geleistet haben, auch wenn die Erfolge im Wuding-Flußgebiet in Nord-Shaanxi deutlich größer waren. Immerhin war seit Beginn der 80er Jahre in der jährlichen Feststoff-Fracht des Huang He eine Verringerung um 16% festgestellt worden.[149] Das bedeutet letztlich, daß vor allem dem Lößbergland pro Jahr 200 Mio.t wertvoller Ackerkrume mehr erhalten geblieben sind als zuvor. Die Folgen der forcierten Erschließung in den 50er und 60er Jahren können so durch eine qualitative, und nicht quantitative Erschließung der natürlichen Ressourcen der Landwirtschaft behoben werden. Die Konsequenzen für die Nahrungssicherung der Bevölkerung in den betroffenen Gebieten sind deutlich spürbar.

C.5 Evaluierung der Fallbeispiele: Hoffnungsvolle Ansätze zur Konsolidierung eines angeschlagenen Agrarökosystems

Die landwirtschaftliche Neulanderschließung in Chinas Trockengebieten hat unbestreitbar zu gravierenden Veränderungen sowohl im Naturraum als auch in der wirtschaftlichen Struktur der betroffenen Gebiete geführt. Als besonders schwerwiegend dürften die durch viele Erschließungsprojekte verursachten Störungen des ökologischen Gleichgewichtes gelten, die außer einer Beschleunigung der Desertifikationsprozesse sehr bald auch zu großen ökonomischen Schäden geführt haben. Aber gerade darin, daß die Ökonomie so überaus schnell angeschlagen wurde, liegt die Chance zu einer Korrektur der Erschließungspolitik.

Die Wende zu einer ökologisch angepaßten Wirtschaftsweise liegt schon allein deshalb im Bereich des Möglichen, weil der Kenntnisstand des chinesischen Ackerbaus eigentlich höher ist, als es manche der katastrophal geendeten Erschließungsprojekte nahelegen. Die chinesischen Bauern können aus einem landwirtschaftlichen (ackerbaulichen) Erfahrungsschatz schöpfen, der von seinem umfangreichen Wissen her eigentlich nicht zwangsläufig hätte zu solch negativen Erfahrungen führen müssen. Die durchaus nicht sonderlich stabilen Ökosysteme Nord- und Mittelchinas hatten im Laufe der mehrtausendjährigen chinesischen Geschichte eine Fülle von ausgereiften Düngemethoden, Bewässerungs- und Fruchtwechselsystemen entstehen lassen, die den Bauern auch dort über lange Zeit dauerhaft wirtschaften ließen, wo dies - aus heutiger Sicht - ökologisch bedenklich war.

Selbstverständlich waren auch im chinesischen Kernland trotz dieses hohen ackerbaulichen Kenntnisstandes immer wieder Rückschläge zu erleiden, zumal wenn sie durch die schwer kontrollierbaren Naturgewalten (Dürren, Überschwemmungen) ausgelöst wurden. Doch ein bis zum Anbruch der Moderne bis auf das äußerste intensivierter Ackerbau hatte im wesentlichen die Dauerlandwirtschaft in einem klimatisch nicht sonderlich begünstigten Raum über große Zeitspannen ermöglicht.

Daß dies nicht im selben Maße in den Trockengebieten des Riesenreiches möglich war, hatte vor allem zwei wichtige Ursachen. Zum einen, daß sich die in den östlichen Teilen des Lößberglandes, den Flußtälern und Tiefebenen Nordchinas erfolgreich angewandten Landnutzungssysteme nicht ohne weiteres auf die empfindlichen Ökosysteme der Trockengebiete übertragen lassen und dies zunächst nicht erkannt wurde. Zum andern, daß, selbst als ernsthafte wissenschaftliche Untersuchungen die Grenzen dieser Ausweitung des Ackerbaus ermittelt hatten, die Neulanderschließungspolitik keine Rücksicht auf genannte Untersuchungen genommen hat; und zwar sei es, weil die Politiker sie - wie vielerorts auf der Welt - nicht ernstgenommen haben, sei es, weil die politische Gangart - und mit ihr die Wirtschaftspolitik - durch politische Linienkämpfe entschieden wurde.

Wie die anderen Wissenschaften in China krankten auch Geographie und Ökonomie lange Zeit stark daran, daß sie ihre Legitimation letztendlich nur daraus beziehen konnten, daß sie das ideologische Gebäude des chinesischen Marxismus-Leninismus und der Mao-Zedong-Ideen stützten bzw. den Zielen der KPCh dienten, ein Stigma, das ihnen auch heute wieder verstärkt anhaften dürfte, nachdem die Intellektuellen - und damit natürlich in erster Linie die Geistes-, aber auch die Naturwissenschaften - im wahrsten Sinne des Wortes zur Zielscheibe innerparteilicher Auseinandersetzungen geworden sind.[150]

Andererseits haben die negativen Auswirkungen des ökologischen Gleichgewichtes durch Erschließungsmaßnahmen in den Trockengebieten ökonomisch allzu deutlich zu Buche geschlagen, als daß die Führung die seit einem Jahrzehnt immer deutlicher ausgesprochenen Warnungen ignorieren könnte. Die Ursachen gelten als ermittelt, der Maßnahmenkatalog wurde erstellt - wie wir in den vorangegangenen Kapiteln gesehen haben -, und man versucht, ihn vor Ort in die Tat umzusetzen. Die angesichts der Ausdehnung der betroffenen Gebiete zugegebenermaßen geringe Zahl von Fallbeispielen hat gezeigt, daß bei der Umsetzung der Gegenmaßnahmen beträchtliche Erfolge erzielt werden konnten.

An diesem Punkt stellt sich die wichtige Frage, inwiefern diese Beispiele als repräsentativ für die Erschließungsmaßnahmen generell, d.h. vor allem in den ariden und semiariden Räumen, gelten können. Müggenburg (1980a:203) betont mit Recht, daß die in den Medien verbreiteten erfolgreichen Beispiele zumeist aus den fortgeschrittensten Einheiten stammen. Ob sich jedoch kaum einschätzen läßt, "inwieweit die geschilderten Maßnahmen in allen Staatsfarmen, Volkskommunen und Produktionsbrigaden Anwendung finden", müßte näher beleuchtet werden.

Hauptträger für die Neulanderschließungen waren und sind in China die Staatsfarmen, auch wenn - und dieser Punkt wird oft übersehen - nicht das Gros der erschlossenen Ackerflächen auf sie zurückgeht (vgl. MAT 1/1[151]). Daß das Staatsfarmsystem dennoch die größte Rolle spielt, hat seine Ursache in den wichtigen Vorarbeiten für den Ausbau von Infrastruktur, in seiner Bedeutung für die Umsetzung wissenschaftlicher Erkenntnisse auf Experimentierfarmen und für die Verbreitung neuer Technologien sowie in seiner Funktion zur Anleitung und Koordination von Neulanderschließungsprojekten im regionalen und überregionalen Rahmen.

Innerhalb des Staatsfarmwesens ist in Xinjiang das Produktions- und Aufbaukorps von tragender Bedeutung. Dessen Organisationsstruktur ermöglicht prinzipiell ein hohes Maß an Koordination und Austausch und somit auch eine potentiell hohe Geschwindigkeit bei der Durchsetzung wichtiger Maßnahmen und der Verbreitung wissenschaftlicher Erkenntnisse und nützlicher Technologien. Die Durchsicht der letzten beiden Jahrgänge der PAK-eigenen Zeitschrift *XNK* gibt weiterhin Anlaß zu der Vermutung, daß die Vorteile dieser Organisationsstruktur auch tatsächlich genutzt werden: Ein hohes Maß an Austausch und Kooperation zwischen den Staatsfarmen scheint mir durchaus gegeben; und die Staatsfarmen selbst dürften eine gewisse Ausstrahlung auf das Umland haben.

Auf der anderen Seite darf nicht übersehen werden, daß das in weiten Teilen vollarid geprägte Xinjiang das am besten ausgebaute Staatsfarmsystem in Chinas Trockengebieten aufweist. Eine gute und effektive Verwaltungsstruktur hier führt nicht zum zwingenden Schluß, daß das gleiche für alle Regionen und Provinzen gilt, die Anteil am ariden und semiariden Raum haben. Die Zahl der mit Ackerbau beschäftigten Staatsfarmen in Xinjiang übertrifft die Zahl derjenigen in den anderen Regionen des chinesischen Trockengürtels, selbst wenn die erschließungsintensive Mandschurei (Heilongjiang) mitgerechnet wird:

Tab. 24: **PAK-Staatsfarmen in Nord- und Westchina**

Region/übergeordnete Einheit	Gründungsjahr	Anzahl an landwirtschaftlichen Staatsfarmen[1]	
PAK Heilongjiang	1968	88	(85)
Xinjiang	1949		
PAK Xinjiang	[formell 1954]	171)	
Provinzministerien		150)	(321)
PAK Innere Mongolei	1969	45	(118)
PAK Lanzhou, davon:	1969	57	
Aufbaudivision Gansu	1964		(18)
Aufbaudivision Qinghai	1965		(16)
Aufbaudivision Shaanxi	1965		(19)
Aufbaudivision Ningxia	1965		(15)
PAK Xizang (Tibet)	1969	9	(6)

1 Angaben bezogen auf die Zeit der Kulturrevolution, deshalb in Klammern die Gesamtzahl (1985)der landwirtschaftlichen Staatsfarmen der betreffenden Region.
Quellen: MLVF (1986), Zhang Linchi (1986:62)

Um einen gewissen Informationsfluß zu gewährleisten, werden nicht nur Forschungen und Ergebnisse in Zeitschriften und anderen Medien[152] gemeldet, sondern auch Symposien und Konferenzen abgehalten, die die Probleme der Neulanderschließung diskutieren und deren Ergebnisse publiziert werden. Von einem überregionalen Austausch kann also durchaus ausgegangen werden.

Es sollte zudem nicht die Effizienz politischer Kampagnen unterschätzt werden, mit deren Hilfe zwar auch schon (Kulturrevolution) äußerst schädliche Maßnahmen und Ziele landesweit durchgesetzt worden waren, die aber gleichwohl die Möglichkeit bergen, wirklich sinnvolle wirtschaftspolitische Maßnahmen in einer entsprechenden Breitenwirkung an die "Ackerfront" zu tragen.

Seit der Auflösung der Volkskommunen zu Beginn der 80er Jahre ist die direkte staatliche Lenkung der Neulanderschließungsunternehmen auf die Staatsfarmen beschränkt, und selbst dort hat das in ganz China eingeführte Produktionsverantwortlichkeitssystem in großem Maßstab Eingang gefunden.[153] Die Haushalte haben mehr Möglichkeiten, selbständig zu wirtschaften und Einfluß auf Auswahl und Vermarktung der Feldfrüchte zu nehmen. Zwar hat in ganz China - in den Trockengebieten etwas weniger - der Grad der Mechanisierung abgenommen oder stagniert, doch das Verantwortlichkeitssystem erwies sich als flexibler auf die Marktbedürfnisse reagierend. So sind die Steuerungsmechanismen der Planwirtschaft etwas eingeschränkt worden, haben aber gerade deshalb - sobald sie greifen - auch die Möglichkeit der schnelleren Einflußnahme. Die Steuerung geschieht nun über die festgeschriebenen Vereinbarungen in den mit den Haushalten usw. geschlossenen Verträgen, über die preis- und steuerpolitischen Maßnahmen und die Gesetzgebung. In diesem Zusammenhang ist auch die Formulierung des in den 80er Jahren ausgearbeiteten Landwirtschafts- und des Umweltrechts zu sehen.[154]

Die Voraussetzungen für das Funktionieren dieses Systems - Schaffung einer ausreichenden Infrastruktur, Tragen der überaus hohen Investitionskosten zu Beginn der Erschließungen und die ersten Maßnahmen zu deren Konsolidierung - waren von jenen Einheiten, die im großen Rahmen Neuland erschlossen hatten, geschaffen worden. Ohne diese Vorbedingungen wäre eine Ausweitung des Ackerbaus in den Trockengebieten kaum möglich gewesen. In welchem Verhältnis die Erschließungsmaßnahmen zur Gesamtackerfläche Chinas stehen und wie groß ihr Beitrag ist bzw. sein kann, gilt es nun noch abzuklären.

D. Der Beitrag der Neulanderschließung zur Verbesserung der Ernährungslage in China

D.1 Allgemeine Entwicklung der Ernährungslage

Blicken wir auf das chinesische Kernland, in dem sich der größte Teil der Bevölkerung drängt, so ist der markante Unterschied zwischen den dichtbesiedelten Talebenen und Beckenlandschaften und den schwerer nutzbaren und deshalb auch weniger dicht besiedelten Berglandschaften nicht zu übersehen. Dennoch ist in der Landwirtschaft über Jahrhunderte hinweg der Unterschied zwischen Nord- und Südchina prägnanter gewesen: Trotz des großen Anteils, den Nordchina an der gesamten Kulturfläche hat, und trotz guter Böden sowie günstiger Temperaturverhältnisse war es wegen der ungünstigen Niederschlagsverhältnisse "jahrhundertelang ein Zuschußgebiet (...), das auf Reislieferungen aus den südlichen Anbauregionen angewiesen war" (Ting 1977:111).[155] Man könnte die jahrzehntelangen energischen Versuche Beijings, die "Landwirtschaft mit Getreide als Hauptkettenglied" durchzusetzen, fast schon als eine Art historisches Trauma werten, denn der Fanatismus, mit dem die Getreideanbauflächen in den 60er Jahren ausgedehnt wurden, und die Konsequenz, mit der damit zusammenhängende Fehlentscheidungen durchgezogen wurden, sind ansonsten schwer zu begreifen.

D.1.1 Ernährungslage in China vor 1949: Hungersnöte trotz annähernd ausgeglichenem Verhältnis zwischen Bevölkerungswachstum und Nutzflächenerweiterung

Die Wachstumsraten von Bevölkerung und Ackerfläche bewegten sich vom 14. bis ins beginnende 18. Jh. in verhältnismäßig engen Grenzen. Nach Liu/Hwang (1979:81 f.) stieg die Bevölkerungszahl Chinas von 68 Mio. im Jahr 1380 im Laufe von über drei Jahrhunderten allmählich auf etwa das Doppelte, während gleichzeitig die Ackerfläche stetig - mit größeren Schwankungen - um fast das Eineinhalbfache zunahm. So stand im Durchschnitt jedem Chinesen 0,3-0,4 ha Ackerland zur Verfügung, was potentiell zur Ernährung der Gesamtbevölkerung gut ausreichte. Innerhalb des darauffolgenden Jahrhunderts verdoppelte sich die Bevölkerungszahl noch einmal, ohne daß die Ackerlanderschließung mithalten konnte (+23%), so daß der Bevölkerung nur noch 0,2 ha pro Kopf zur Verfügung stand. Die schwankende Bevölkerungsentwicklung seit etwa 1830 (vgl. MAT 12/1) bis ins 20. Jh. (385 Mio./1810 über 412 Mio./1850 zu 358 Mio./1870) deutet an, daß zu diesem Zeitpunkt ein neuralgischer Punkt erreicht war.

Ein Jahrhundert von Kriegswirren und Hunger in China fand seine Zusammenfassung in Mallorys 1926 erschienenem Werk *China, Land of Famine*. Darin stellte er fest, daß die chinesische Bevölkerung ständig an den Grenzen der Lebensmöglichkeiten lebte und jede Mißernte irgendeines Gewächses "sofort allgemeines Elend schlimmster Art" brachte. Mallorys Ursachenanalyse ist komplex, und er erfaßte sowohl die Ursachen ökonomischer Art (Übervölkerung, rückständige Anbaumethoden, schlechte Verkehrsverhältnisse) wie auch die natürlichen (Überschwemmungen, Niederschlagsvariabilität, Dürren, Heuschreckenplagen), die politischen (Unruhen, Revolutionen, Bürgerkriege, Räuber, plündernde Heere) als auch die sozialen (hohe Geburtenrate, überkommene Traditionen, Ausdehnung der Gräberfelder in fruchtbarste Ländereien). Dieses Situationsbild der Ernährungslage Chinas änderte sich bis zur japanischen Aggression und dem chinesischen Bürgerkrieg nicht wesentlich (London 1979:321).

D.1.2 Entwicklung der Ernährungslage seit 1949: Trend zur Verbesserung der Nahrungsmittelversorgung trotz Bevölkerungsexplosion

Die Kriegsjahre hatten die Not in China immer mehr ansteigen lassen und allmählich eine "zum Umsturz reife Lage herbeigeführt" (Biehl 1976:23). Die trotz allem weiter wachsende chinesische Bevölkerung stand im Revolutionsjahr vor einem Scherbenhaufen aus verwüstetem Ackerland, ruinierten landwirtschaftlichen Geräten und manch anderen Zerstörungen. Während Bodenreform und erste Wiederaufbauarbeiten in Angriff genommen wurden, setzte eine dramatische Bevölkerungsentwicklung ein.

Die politische Führung nahm diese Entwicklung nicht über Gebühr ernst, da sie den höheren Nahrungsmittelbedarf durch Intensivierungsmaßnahmen, höhere Effizienz durch veränderte Organisationsstrukturen (Bodenreform) und eine allmähliche Ausdehnung der Ackerfläche zu decken beabsichtigte. Nach offiziellen Verlautbarungen betrug das Bevölkerungswachstum in den 50er Jahren 2% pro Jahr, die durchschnittliche Zuwachsrate in der Getreideproduktion aber 4%, von 1962 bis 1972 angeblich sogar 5% (Weggel 1974:194). Heute wissen wir, daß die Ernährungslage in China in den frühen 60er Jahren eine, wenn nicht *die* katastrophalste in der chinesischen Geschichte war - und dies in einer Zeit, in der die Neulanderschließungsmaßnahmen ein Ausmaß wie nie zuvor angenommen hatten!

Mit einer Pro-Kopf-Produktion von 280-300 kg Getreide (Weggel 1974:188) hatte sich die Ernährungslage in den 70er Jahren wieder gebessert, wenngleich Zweifel angesagt waren, ob sie sich angesichts der Bevölkerungsexplosion würde stabilisieren können. Innerhalb von vier Jahrzehnten (1930-1970) hatte sich die Bevölkerung wieder nahezu verdoppelt, und es erschien fragwürdig, ob sich die landwirtschaftliche Produktion in ähnlichem Umfang würde steigern lassen. Die Prognosen für die 80er Jahre blieben skeptisch: "Unter diesem Gesichtspunkt ist die chinesische Landwirtschaft also noch nicht ganz darauf vorbereitet, den Anforderungen des Jahres 1980 auch auf dem Gebiet der Getreideproduktion zu genügen" (Weggel 1974:189). Noch 1978 stellte Ravenholt (1978:8) erhebliche Defizite in der Versorgung mit dem ehemals traditionellen Exportgut Sojabohnen und mit Speiseölen fest.

Die veränderte Wirtschaftspolitik in den 80er Jahren ("Produktionsverantwortlichkeitssystem") hat nicht nur bis dahin vorhandene Defizite ausgeglichen, sondern eine über viele Jahrzehnte nicht erlebte Verbesserung der Versorgungslage erzielt. Die *de-facto*-Situation Chinas in den 80er Jahren ist tatsächlich eine ausreichende Versorgung mit Nahrungsmitteln - ohne nennenswerte Verteilungsprobleme oder gravierende Unterernährung großer Teile des chinesischen Volkes (Hsu 1982:121). Meine persönlichen Erfahrungen während eines zweijährigen Studienaufenthaltes in der VR China (1984-86) geben mir Veranlassung, die Angaben der CASS (1989:800) über die Nährstoffversorgung der chinesischen Bevölkerung für richtig zu halten: Demnach waren die Chinesen im Jahre 1983 im Mittel mit 2877 kcal gut ernährt. Den Städtern standen mit durchschnittlich 3.182 kcal rund 13% mehr Brennstoffe zur Verfügung als den Landbewohnern (2.806 kcal).

Selbstverständlich gibt es regional gravierende Unterschiede in der Versorgung. Die von Stadelbauer (1984a:570) angesprochene Möglichkeit regional auftretender Hungersnöte stellte sich in der Mitte der 80er Jahre als nicht sehr akut dar, denn gute Ernten während mehrerer Jahre (vgl. MAT 12/3) und eine für die Dimensionen der VR China gute Verkehrsstruktur können inzwischen dafür sorgen, daß die von Naturkatastrophen betroffenen Bevökerungsteile von staatlichen Hilfsmaßnahmen erreicht und ausreichend unterstützt werden können. Das schließt natürlich keineswegs die nach wie vor existierenden Unterschiede in der Lebensmittelversorgung aus, wenngleich sich diese Unterschiede meinen Erfahrungen nach mehr auf die Zusammensetzung des Speiseplans als auf die graduelle Gefährdung durch akute Unterernährung beziehen.

D.1.3 Situationsbild der Ernährungslage zu Ende der 80er Jahre: Gesicherte Nahrungsversorgung einer mäßig anwachsenden Bevölkerung

Die Getreideernten der letzten Jahre scheinen sich um 400 Mio. t jährlich einzupendeln (vgl. MAT 12/3), wobei gleichzeitig die Produktion anderer wichtiger Nahrungsmittel zugenommen hat (Fleisch, Milch, Fisch, Gemüse[156]). Infolgedessen ergibt sich vom Nahrungsmittelangebot her ein günstiges Bild der 80er Jahre.

Nach den Angaben von Mei (1989:40 ff.) liegt der durchschnittliche Verbrauch eines Chinesen bei täglich 2.485 Kalorien, worin 67 g Eiweiß enthalten seien. Demzufolge hat die pro Kopf zur Verfügung stehende Nährstoffmenge den von der Weltbank errechneten Bedarf (2.160 kcal und 24,8 g Protein; Croll 1986:53) bereits deutlich überschritten. Schätzungen verschiedenster Autoren zufolge hat China diese Schwelle seit etwa 1979/80 überschritten. Der aktuelle Nährstoffverbrauch im bevölkerungsreichsten Land der Erde ist damit höher als in den meisten Entwicklungsländern und nähert sich dem Weltdurchschnitt (Mei 1989).

In den letzten Jahren stiegen sowohl der Getreidekonsum (von 300 kg/Kopf in 1978 auf 391 kg in 1986) als auch der Verbrauch von Fleisch (von 9 kg auf 20 kg im Jahr), Eiern, Milch und Fisch. Eine Veränderung der Ernährungsgewohnheiten der Chinesen - vor allem in den Städten - ist seit einiger Zeit deutlich zu verfolgen (vgl. Dürr 1986). Auch im Westen bekannt geworden ist die zusammen mit der durch die Ein-Kind-Politik ausgelöste Verwöhnung und Überernährung von Einzelkindern. Um dem exzessiven Gebrauch mancher Nahrungsmittel einen Riegel vorzuschieben, soll es bereits Überlegungen geben, das Angebot zu rationieren.

Während also im Landesdurchschnitt alle Chinesen mehr als ausreichend versorgt werden, gibt es nach wie vor bedeutende regionale Unterschiede, die in manchen Gebieten eine einseitige Ernährung und teilweise auch Nährstoffmangel verursachen. So sollen nach Mei (1986:41) noch immer etwa 10% der Gesamtbevölkerung an Nahrungsmittelmangel leiden. In diesem Zusammenhang ist die staatliche Maßnahme, die die Bauern über die Anhebung der garantierten Preise für einige landwirtschaftliche Produkte oder gar die Aufhebung der Preisbindung zu einer weiteren Produktionssteigerung ermuntern will, eine zweischneidige Sache. Eine wesentliche neue Aufgabe der Führung wird es sein, neben Möglichkeiten zur Steigerung der landwirtschaftlichen Produktion auch über neue Wege der gerechten Nahrungsmittelverteilung nachzudenken.

D.2 Der Beitrag der in den chinesischen Trockengebieten vorgenommenen Neulanderschließungen zur Nahrungsversorgung der Bevölkerung

Nach den zahlreichen politisch-militärischen Wirren, die die Chinesen und ihre Nachbarvölker in diesem Jahrhundert erlebt haben, und der Bannung wenigstens einiger der ehemals größten Naturkatastrophen (regelmäßige Überschwemmungen des Huang He) hatte die Bevölkerung der VR China durch eine politisch-ideologisch verblendete Führung zu Anfang der 60er Jahre eine der größten, wenn nicht die größte Hungerkatastrophe in der Geschichte des Landes erleben müssen. In Anbetracht dieser Tatsachen müssen zwei Leistungen des Chinas der 70er/80er Jahre als besonders herausragend bezeichnet werden:

152   Beitrag zur Verbesserung der Ernährungslage

1. Daß es in China gelungen ist, das Wachstum seiner Bevölkerung - die immerhin mehr als ein Fünftel der Weltbevölkerung umfaßt - von 2-2,8% in der Zeit[157] bis 1965 (Böhn 1987:37) so weit zu bremsen, daß sich ihr natürlicher Zuwachs mit einem Wert[158] von 1,2-1,5% unter dem globalen Durchschnitt (1,455% in 1980;[159]) einzupendeln scheint.

2. Daß nicht nur die wachsende Bevölkerung mit dem Nötigsten an Nahrungsmitteln versorgt werden konnte, sondern sich die Ernährung gegenüber früher effektiv verbessert hat.

Gemeinhin wird diese Verbesserung der Ernährungslage ausschließlich den Intensivierungsmaßnahmen verschiedenster Art zugeschrieben, da eine faktische Erweiterung der landwirtschaftlichen Nutzfläche trotz umfangreicher Neulanderschließungen nicht stattgefunden habe. Damit ergibt sich die Frage, ob diese Annahme tatsächlich unumstritten ist.

D.2.1   Die Größe der landwirtschaftlichen Nutzfläche in der VR China: Anmerkungen zu einer kaum diskutierten Verwirrung um die Angaben über die in China zur Verfügung stehende Ackerfläche

Die gerade während der Kulturrevolution zu Propagandazwecken mißbrauchte Statistik hatte den begrenzten Gebrauchswert von statistischem Material deutlich werden lassen. Nach der wirtschaftlichen und touristischen Öffnung, die einen freieren Zugang zu Primärquellen und eine Anschauung an Ort und Stelle ermöglichten, gelang es, Zahlenmaterial in großem Umfang zu relativieren. So ist - nicht zu Unrecht - seither bei den meisten auf statistischem Material fußenden Arbeiten auf die eingeschränkte Verwertbarkeit chinesischer Statistiken hingewiesen worden: "Eine exakte Beurteilung scheitert vor allem an der relativen Unzuverlässigkeit der statistischen Daten" (Stadelbauer 1984a:570).[160]

Es ist zudem seither üblich geworden, solches Zahlenmaterial durch Vergleiche mit Einschätzungen, Stichprobenerhebungen (wo möglich) und durch persönliche Anschauung vor Ort ins rechte Licht zu setzen. Es erstaunt somit nicht, daß viele der Erfolgsmeldungen gerade in der Zeit der Kulturrevolution als schlichte Propaganda entlarvt worden sind. Neuere chinesische Veröffentlichungen haben wesentlich zu dieser "Entlarvung" beigetragen.

Was mich jedoch verwundert, ist die Tatsache, daß in der westlichen Literatur m.E. die Tendenz besteht, überraschend positive Entwicklungen (durchaus mit Recht) mit viel Skepsis zu betrachten, Berichte über eher negative, ja z.T. katastrophale Entwicklungen sehr schnell als faktisch richtig hinzunehmen. Eines der prägnantesten Beispiele dieser Art sind die Angaben über die landwirtschaftliche

Nutzfläche in der VR China, die seit einigen Jahren in (fast) der gesamten geographischen Literatur als eine Ackerfläche von nicht einmal mehr 100 Mio.ha in ganz China akzeptiert wird. Da diese Frage von überragender Bedeutung für die Ernährungslage ist, möchte ich die Bestimmung der Gesamtackerfläche Chinas hier zur Diskussion stellen.

Die in der - westlichen und chinesischen - Literatur allgemein akzeptierten Angaben verleiten folgerichtig zu der Aussage, daß sich "die faktische Anbaufläche seit 1949 nur um rund ein Fünftel vergrößert" hat. "Die Verluste an Altland überwogen dabei bei weitem die Neulandgewinne, und die genannte Vergrößerung errechnet sich ausschließlich aus der Intensivierung" (Stadelbauer 1984a: 570). Die Gültigkeit dieser Aussage war (und ist teilweise noch immer) offensichtlich, weiß man doch inzwischen einerseits um die ökologische und ökonomische Problematik der Neulanderschließung gerade in den Trockengebieten und andererseits um die rasche industrielle Entwicklung der chinesischen Wirtschaft, deren Landverbrauch für bauliche und infrastrukturelle Maßnahmen als hoch eingeschätzt werden kann.

Ein wesentliches Problem bei der Einschätzung dieser Aussage dürfte darin liegen, daß im Westen bislang keine zusammenfassende Darstellung der chinesischen Neulanderschließung vorgenommen wurde und die erschlossenen Flächen somit auch nicht zur Gesamtackerfläche ins Verhältnis gesetzt werden konnten.

Diese Zahlen ins Verhältnis zu setzen war eines der wesentlichen Ziele der vorliegenden Arbeit, weil es darüber Aufschluß gibt, wie groß der Beitrag der Neulanderschließungsprojekte zur Lösung der Ernährungsproblematik ist. Diesen Zahlen zufolge (vgl. MAT 1/1 und MAT 12/2) ergibt sich jedoch, daß in der Zeit von 1949 bis 1984 trotz der Erschließung von rund 34 Mio.ha Ackerland einen Nettoverlust von 1 Mio.ha zu verzeichnen wäre:

Tab. 25: Ackerflächen in der VR China [1949/1984]

	1949	in Mio.ha	1984
Gesamtackerfläche VR China [offiziell]	97,8[1]		96,85
Gesamtackerfläche [geschätzt/AGr]	ca.107		ca.130
Gesamtfläche erschlossenes Neuland			34,29
- davon von Staatsfarmen erschlossen			7,08
Veränderung Gesamtackerfläche 1949-84			-0,95

[1] Nur 22 Provinzen; für ganz China nach Kang Chao (1970:207) ca. 111 Mio.ha. (Zusammengestellt und errechnet aus: MAT 1/1 und MAT 12/2).

Wenn also die Verluste an Alt-Ackerland durch Bebauung, Industrieanlagen, Bau von Verkehrswegen u.a. Infrastrukturmaßnahmen tatsächlich die Neulandgewinne überwogen, würde dies nichts anderes bedeuten, als daß seit 1949 fast 36% der damaligen Gesamtackerfläche für solche Zwecke verlorengegangen wären[161] - ein äußerst unwahrscheinlicher Anteil, wenn man bedenkt, daß in der hochindustrialisierten Bundesrepublik Deutschland im annähernd gleichen Zeitraum (1949-1980) "nur" 9% der landwirtschaftlichen Betriebsflächen der Erweiterung von Siedlungen und Verkehrsflächen zum Opfer gefallen waren[162] (Sick 1983:187)!

Tab. 26: Landnutzung in der VR China 1982

Nutzungsart	Nutzfläche gemäß offiziellen Angaben		Nutzfläche nach Wu	
	(Mio.ha)	(%)	(Mio.ha)	(in%)
Ackerland	99,3	10,4	139,3	14,6
Wirtschaftsforsten[1]	3,3	0,3		
Grasländer[2]	286,0	29,8	389,5	40,83
Waldland	122,0	12,7	82,5	8,64
Städte, Industrien u. Verkehrswege	66,7	6,9	66,7	6,99
Dörfer, Kanäle usw.			35,0	3,67
Binnenwasserflächen	26,7	2,8	27,0	2,83
Sonstiges	355,8	37,1	214,1	22,44
Summe[3]	959,8	100,0	954,1	100,0

1 Obstkulturen, Teepflanzungen, Gummi- und Maulbeerpflanzungen usw.
2 Grassteppen, Weideflächen.
3 Die unterschiedlichen Angaben für die Gesamtfläche Chinas dürfte u.a. daraus resultieren, daß die offiziellen Angaben aus politischen Gründen die Gebiete, auf die die VR China Anspruch erhebt (z.B. im Himalaya-Raum große Teile des heutigen indischen Bundesstaates Arunachal Pradesh), miteingerechnet sind, während Wu eher von der real kontrollierten Fläche ausgegangen sein dürfte.
Quellen: Betke/Küchler (1987a:95), Wu Chuanjun (1982:8 f.).

Eine der Schätzungen der chinesischen Gesamtackerfläche, die am frappierendsten von den offiziellen Zahlen abweicht, ist jene von Prof. Wu Chuanjun (1982: 8 f.),[163] der im Jahre 1980 von 139,3 Mio.ha landwirtschaftlicher Nutzfläche in China ausgeht und somit um +40% höher liegt als die offiziellen Angaben. Der sehr gewagt wirkende Unterschied erweist sich allerdings bei näherer Betrachtung als gar nicht so unwahrscheinlich. Auffallend ist zunächst einmal die Übereinstimmung bei seinen und den offiziellen Angaben über Wasser- und Stadtflächen sowie industrielle Nutzung, während große Unterschiede bei jenen über Acker-, Gras- und Waldland bestehen. (Vgl. Tab.26)

Die tatsächlich vorhandene landwirtschaftliche Nutzfläche Chinas wird aller Wahrscheinlichkeit nach von den Behörden unterschätzt. Offizielle Statistiken ergeben sich aus den von den einzelnen Gemeinden, Einheiten usw. auf dem Amtsweg nach oben gemeldeten Zahlen. Realiter dürften diese Zahlen höher liegen, da neu erschlossene Flächen gerne vor den Behörden unterschlagen werden, um nicht gegebenenfalls von der Regierung höhere Planziele vorgeschrieben zu bekommen. Auf der anderen Seite werden Landverluste, sei es durch Naturereignisse, durch infrastrukturelle (Straßen-, Eisenbahnbau, Anlage von Staubecken) oder bauliche Maßnahmen (Fabriken, Wohnungen, Büros usw.), selbstverständlich gemeldet, um eine Reduzierung der Produktionsquoten zu erlangen[164] (Wu Chuanjun 1982:94).

Ein gegenläufiges Verhalten ist bei den Waldflächen zu vermuten. Da die Quoten für den Holzeinschlag an die Größe der existierenden Waldflächen gebunden sind, werden den Behörden größere Flächen gemeldet, als tatsächlich vorhanden sind. Dadurch können die Einheiten mehr Holz schlagen als sie eigentlich dürften.[165]

Die Schätzungen von Wu Chuanjun beruhten zunächst auf von verschiedenen Vermessungsteams stichprobenartig gemachten Landesaufnahmen[166] und auf der Auswertung amerikanischer Fernerkundungen. So ergaben sich aus dem Bildmaterial von US-Satelliten Schätzungen, die China eine landwirtschaftliche Nutzfläche von bis zu 150 Mio.ha zurechneten (Stone[167]). Die Schlüssigkeit des Materials scheint die chinesischen Behörden dazu veranlaßt zu haben, über eine Korrektur nach oben nachzudenken: auf eine landwirtschaftliche Nutzfläche von ca. 133 Mio.ha (Stone[166], 1982:220). Nach Meldungen chinesischer Zeitschriften[168] und wissenschaftlicher Publikationen[169] dürfte die Landesvermessung in den meisten Kreisen des Landes inzwischen vollendet sein und im wesentlichen die Schätzungen Wus stützen (Betke/Küchler 1987a:96). Daß diese Zahlen gleichwohl noch immer keinen Eingang in die Statistiken finden, mag an der politischen Brisanz und der Schwerfälligkeit der Bürokratie liegen, nicht zuletzt aber auch an politischen Absichten.[170]

Zwischen den offiziellen Angaben und jenen von Wu Chuanjun ergibt sich dennoch eine Differenz, die noch immer größer ist als die seit 1949 erschlossene Ackerfläche. Dies dürfte m.E. seinen Grund teilweise in unterschiedlich gesetzten Abgrenzungen der Nutzungen haben. Beispielsweise tauchen die Wirtschaftsforsten (mit den wichtigen Sonderkulturen Obst, Tee, Maulbeere; nach *SSB* [1987:84 f.] knapp 6 Mio.ha im Jahre 1986) in den Übersichten von Wu nicht separat auf, so daß anzunehmen ist, daß sie unter der Rubrik "Ackerland" (*cultivated land*) eingeschlossen wurden.

In der Zeit von 1980 bis 1984 wurden nach offiziellen Angaben rund 2,5 Mio.ha landwirtschaftlicher Nutzfläche durch Baumaßnahmen verschiedenster Natur (s.o.) verloren. Somit ergäbe sich für die Periode von 1949-1984 bei einer entsprechenden Aufrechnung von einer auf rund 130 Mio.ha korrigierten Ackerfläche (zum Zeitpunkt des Abschlusses der Landesaufnahme) nach Abzug der Wirtschaftsforsten (6 Mio.ha), des 1949-1984 erschlossenen Ackerlandes (34 Mio.ha) und des durch Baumaßnahmen (1980/84) eingebüßten Landes (2,5 Mio.) eine Fläche, die mit 90,5 Mio.ha rund 7,5% unter den Angaben für die Ackerfläche zur Gründungszeit der VR China liegen würde.

Wir können dennoch davon ausgehen, daß die Zahlen für 1949 höher liegen, als von den meisten Autoren angegeben wird, da in einigen Provinzen keine behördlichen Aufzeichnungen aus diesem Jahr existierten (Chao Kang 1970:196). Die Wahrscheinlichkeit, daß die Ackerfläche Chinas schon im Gründungsjahr der VR China über 100 Mio.ha betrug, ist somit groß. Da das bei der Bodenreform erfaßte Ackerland statistisch genauer erfaßt wurde, ergaben sich bis 1952 rund 10 Mio.ha "Landgewinne", die zwar nicht durch Neulanderschließung zustandekamen, aber in den amtlichen Unterlagen zusammen mit erschlossenem Neuland aufgezeichnet wurden[171] (vgl. MAT 1/1, Anm.), womit sich für 1949 eine Gesamtackerfläche von rund 107 Mio.ha ergäbe. Die Landverluste von 1949 bis 1984 könnten somit auf 16-17 Mio.ha, d.h. 15-16% des ursprünglichen Ackerlandes, beziffert werden.

Für die Erweiterung von Siedlungen, Industrieflächen und Verkehrswegen in einem Zeitraum von dreieinhalb Jahrzehnten einen Verbrauch zwischen 7% und 16% des ehemaligen "Altlandes" anzusetzen, erscheint mir sehr viel pausibler, als die sich aus den offiziellen Zahlen ergebenden 40% (vgl. Anm.162). Zwar ist die Bevölkerung Chinas viel stärker gewachsen als jene der hochindustrialisierten BR Deutschland, doch ist bis zum Beginn der wirtschaftlichen Liberalisierung in China in großem Maße darauf geachtet worden, für bauliche und infrastrukturelle Maßnahmen so wenig Ackerland als möglich aufzuzehren, und hierfür ist der Verbrauch von 15% des ehemaligen Ackerlandes immer noch verschwenderisch genug.[172]

Für endgültig genaueste Berechnungen ist weder der Platz hier vorgesehen noch stehen in ausreichendem Maße Quellen und gesicherte Ergebnisse zu meiner Verfügung. Der Sinn dieses Exkurses war vielmehr zu zeigen, daß das in den letzten vier Jahrzehnten in China erschlossene Neuland nicht quasi Lückenbüßer für die Landverluste im Altnutzland gewesen sein muß. Vielmehr erscheint in diesem Licht die Neulanderschließung - und damit auch besonders die Neulanderschließung in den Trockengebieten - trotz bitterer Erfahrungen als eine von mehreren wesentlichen Maßnahmen (Intensivierung, Einführung von Agrartechnologien, Teilmechanisierung) zur Sicherung der Nahrungsversorgung der chinesischen Bevölkerung.

D.2.2 Kriterien zur Einschätzung von Erfolg oder Mißerfolg von Neulanderschließungen

Nach den in der vorliegenden Arbeit erörterten Aufgabenstellungen, die in China mit Neulanderschließungen verbunden werden, nach der exemplarischen Darstellung von ihrer Durchführung, den erlittenen wie auch den von ihnen verursachten Problemen sowie ihrer Handhabung müssen wir zu dem Schluß kommen, daß Erfolge und Mißerfolge solcher Projekte nur anhand eines Rasters beurteilt werden können, das ökonomische wie ökologische Zusammenhänge miteinbezieht.

Die großen Ausmaße der Veränderungen im Naturlandschaftsgefüge sollten dabei deutlich gemacht haben, daß die Rücksicht auf dessen Ökologie für Mensch und Natur dabei ein lebensnotwendiger, die Rücksicht auf die Ökonomie dagegen ein limitierender Faktor ist.

Der *ökologische Maßstab* prüft infolgedessen die dauerhafte Umweltverträglichkeit eines Neulanderschließungsprojektes. Erschließungsunternehmen, die den ihr zugrundeliegenden Naturraum zerstören oder nicht zu erhalten suchen, sind meist schon kurzfristig zum Scheitern verurteilt, mindestens aber langfristig ein "Selbstmordprogramm" für die dort lebenden Menschen. Die Trockengebiete erweisen sich hier als besonders anfällig, weshalb auch die in den 60er Jahren in Hulunbuir (Innere Mongolei), aber auch zahlreiche Staatsfarm-Unternehmen am Rande der Wüste Taklimakan als gescheitert angesehen werden können.

Der *ökonomische Maßstab* kann nicht kurzfristig angesetzt werden, da vor allem zu Beginn eines Projektes enorm hohe Investitionskosten die finanzielle Tragbarkeit eines Erschließungsunternehmens bezweifeln lassen. Anders sieht es dort aus, wo am Rande bereits vorhandener landwirtschaftlicher Nutzfläche immer wieder in kleinerem Umfang Land neu hinzugewonnen wird, so daß sich die damit verbundenen Kosten mit Gewinnen der schon existenten Ackerfläche verrechnen lassen. Deshalb kann es auch nicht sonderlich verwundern, daß fast 80% des seit 1949 erschlossenen Neulandes von den in Brigaden und Kommunen organisierten Bauern urbar gemacht wurden und nur rund 20% von den eigens zu diesem Zweck gegründeten Staatsfarmen (vgl. MAT 1/1).

Weitere Aspekte bei der Beurteilung der Erfolge von Neulanderschließungen ist die Frage nach der *Subsistenzfähigkeit* der Farmen und nach ihren Möglichkeiten zu einer landwirtschaftlichen *Überproduktion*, d.h. ob sie imstande sind, sich selbst bzw. darüber hinaus noch eine städtische Bevölkerung zu ernähren. Das Beispiel des Manas-Gebietes hat - unter Anmerkung kritischer, die Ökologie betreffender Töne -gezeigt, daß solches möglich war. Weiterhin sollte berücksichtigt werden, inwiefern der Anbau von anderen landwirtschaftlichen Produkten zur *Schaffung von Mehrwert* beitragen kann. So exportiert China beispielsweise Reis und Baumwolle, die auf dem Weltmarkt das Doppelte bis Fünffache des Weizenpreises einbringen, so daß die Getreideknappheit durch Einfuhr von billigerem Weizen mit diesen Erlösen gedeckt werden kann.[173] Ein Problem dabei ist jedoch, daß der importierte Weizen nicht unbedingt dem Geschmack der Menschen entspricht, wie z.B. aus Turpan (Xinjiang) berichtet wurde.[174]

Die Frage nach der Wirtschaftlichkeit der mit der Erschließung von Neuland betrauten Unternehmen legt letztendlich den Vergleich mit der Landwirtschaft im chinesischen Kernland bzw. - da auch diese kein einheitliches Bild liefert - mit den im Lande ermittelten Durchschnittswerten der Produktion nahe. Dabei interessiert vor allem, ob die neu erschlossenen Ackerflächen die gleiche oder eine höhere *Ertragsleistung* erbringen können als die Landwirtschaft im Kernland. Zahlreiche im Hauptteil dieser Arbeit dargestellte Beispiele haben gezeigt, daß bei einer vernünftigen Auswahl der Feldfrüchte und gegebenenfalls einer geschickten Zucht neuer Pflanzensorten in den Neulandgebieten durchaus mittlere und höchste Erträge erwirtschaftet wurden (vgl. MAT 3/1-3/4).

Ökologische Verträglichkeit und ökonomische Wirtschaftlichkeit sind die Voraussetzungen dafür, daß festgestellt werden kann, ob die Ergebnisse der Neulanderschließung eine meßbare Größe in der Volkswirtschaft des gesamten Landes darstellen. Da der Umfang sowohl der erschlossenen Flächen (24-32% des heute in China vorhandenen Ackerlandes) als auch der landwirtschaftlichen Produktion (vgl. MAT 4, MAT 5 und MAT 8) beträchtlich zu nennen ist, liegt die Bedeutung für die Zukunft in der Frage nach der *Ausbaufähigkeit* solcher Erschließungsunternehmen, die zum Abschluß noch kurz beleuchtet werden soll.

Nicht außer acht gelassen werden dürfen soziale und ethnische Komponenten, wie sie gerade in den Trockengebieten als traditionelle Lebensräume der "nationalen Minderheiten"[175] von besonderer Bedeutung sind. Ihre Beurteilung ist im Zusammenhang der chinesischen Politik von Heberer versucht worden und würde den Rahmen der vorliegenden Arbeit sprengen.

D.2.3 Kurze Zusammenfassung der Ergebnisse der Neulanderschließung in den Trockengebieten Chinas

Unabhängig von der endgültigen Bestimmung der Gesamtackerfläche Chinas läßt sich sagen, daß ein sehr bedeutender Teil der heutigen landwirtschaftlichen Nutzfläche Chinas - nämlich über 20 Mio.ha[176] - durch seit der Gründung der Volksrepublik erschlossenes Neuland eingenommen wird. Trotz größter Aktivität auf diesem Gebiet wurden in den fast die Hälfte der chinesischen Staatsfläche einnehmenden Trockengebieten nur knapp 3 Mio.ha Land auf Dauer erschlossen (vgl. MAT 11/1) und haben eine gute Chance auf Konsolidierung. Die Bedeutung dieser 3% der nationalen Ackerfläche für die Ernährung der in den Trockengebieten lebenden Menschen und die Volkswirtschaft allgemein sollte jedoch nicht unterschätzt werden (s.u. D.2.4).

Eine der wichtigsten Errungenschaften stellt die Einrichtung eines Handelsnetzes für marktfähiges Getreide dar, über dessen gut ausgebildete Infrastruktur aber auch Handelsgüter (Baumwolle, Zucker, Felle) vertrieben werden. Die Neulanderschließung zeichnete sich dadurch aus, daß sie gleichzeitig auf eine Selbstversorgung mit Lebensmitteln orientiert war, aber bei Möglichkeit auch eine auf die Städte oder teilweise sogar auf den Weltmarkt gerichtete Exportorientiertheit aufweist. Guo Chunhuas (1981:408 f.) Ansicht, die Erschließungen als bedeutenden Beitrag zur Nutzung, zum Aufbau und Gedeihen der Wirtschaft der Grenzregionen zu werten, kann nicht völlig von der Hand gewiesen werden. Regionale Disparitäten wurden im nationalen Rahmen durchaus etwas gemindert (Dürr 1986) - z.B. durch den Aufbau des Wirtschaftszentrums Xinjiang -, regional aber teilweise auch verstärkt.

Zur Konsolidierung der neu erschlossenen landwirtschaftlichen Nutzflächen hat vor allem das "Scientific Farming" der Staatsfarmen beigetragen. Über die Verbesserung der im Anbau verwendeten Pflanzenvarietäten, eine auf die Anpassungsfähigkeit hin getroffene Auswahl spezialisierter Sorten (Hybridzüchtung) und Fruchtfolgen sowie die Mechanisierung der Verarbeitung wurden hier günstigere Voraussetzungen für die Schaffung bzw. Steigerung einer angemessenen Produktivität erwirkt. Die Techniken der Düngeranwendung wurden verbessert und unter besserer Berücksichtigung der naturräumlichen Gegebenheiten erweitert (Grün-, Naturdünger; Kopfdüngung u.a.) sowie die Bewässerungstechniken verfeinert (Instandsetzung leckender Kanäle und der Wasserspeicher, Berieselung, Umwandlung des Kanalnetzes). Als eine der wichtigsten Maßnahmen zur Konsolidierung muß der Ausbau eines ordentlichen Drainagenetzes gelten.

Wenn auch der Großteil des erschlossenen Neulandes nicht auf die Staatsfarmen allein zurückzuführen ist,[177] können sie doch als die wesentlichen Katalysatoren für den Fortgang und schließlich die Konsolidierung der Erschließungsunternehmen angesehen werden. Zumindest in den chinesischen Trockengebieten aber ist die Erweiterung der Gesamtackerfläche ganz überwiegend dem Staatsfarmsystem zu verdanken, da die dort extrem hohen Investitionskosten wohl nur durch den direkten finanziellen Einsatz der Zentralgewalt zu bewältigen waren.

Von großer Bedeutung ist auch eine gewisse Vorbildfunktion zumindest der erfolgreichsten Betriebe. So führten seit 1978 integrierte landwirtschaftlich-industriell-kommerzielle Unternehmen[178] zu einer gesteigerten Produktion, die die einst hohen Verluste in Profite verwandelte. Eine daraus resultierende Fonds-Akkumulation machte die Farmen unabhängiger von staatlichen Zuschüssen. Das wirtschaftliche Gefüge wurde stark verbreitet, wodurch Arbeitsplätze in verschiedenen anderen Bereichen als der Landwirtschaft geschaffen wurden. Generell läßt sich eine Verbesserung des Lebensstandards der Staatsfarm-Arbeiter feststellen - ein Herd allerdings für soziale Konflikte mit ökonomisch weniger gut gestellten Gruppen in der Region. Die Anbau-Diversifizierung sowie der Aufbau einer verarbeitenden Industrie haben zu einer Belebung der Märkte geführt, die im Trend des Chinas der 80er Jahre liegt (Guo Chunhua 1981).

D.2.4 Auswirkung der Neulanderschließungen auf die Ernährungslage Chinas

Der Beitrag der Neulanderschließungsunternehmen zur Nahrungsversorgung der chinesischen Bevölkerung kann aufgegliedert werden in einen Beitrag zur unmittelbaren Nahrungsversorgung, der sich in der Menge der produzierten Nahrungsmittel ausdrückt, einen mittelbaren Ernährungsbeitrag, der sich über den Verkaufserlös anderer produzierter Güter ergibt, sowie seinen grundlegenden Beitrag zum Aufbau einer der Gesamtwirtschaft dienlichen Infrastruktur.

Die ersten Neulanderschließungen der VR China machten sich schon früh bemerkbar. Nach Weggel(1974:190) gingen 1953-57 nicht weniger als 40% des Getreidezuwachses auf das Konto der Erschließungsmaßnahmen, und etwa 60% waren auf eine bessere Düngung zurückzuführen. Im Jahre 1985 wurden in den chinesischen Trockengebieten 5,1% des nationalen Getreidegesamtertrages geerntet (vgl. MAT 8/1), obschon ihre Bevölkerung 6,2% der Gesamtbevölkerung ausmachte [MAT 2/1]. Innerhalb der Trockengebiete hat sich diese Relation gegenüber 1953 damit zuungunsten der Ernährungslage verändert (1953 etwa 5,8% des nationalen Getreideertrages für nur 4,6% der Bevölkerung). Diese Rechnung wäre jedoch zu einfach, da sie das unterschiedliche Bevölkerungswachstum in Gesamtchina und in dessen Trockengebieten nicht berücksichtigt: Während nämlich die Gesamtbevölkerung Chinas von 1953 bis 1985 um etwa 75% zunahm, lag diese Rate in den Trockengebieten bei über 130%. Unter diesem Blickwinkel kann schon fast von einer Bewältigung der Ernährungslage gesprochen werden.

Deutlicher wird dies im Falle Xinjiangs, das eines der wichtigsten Zuwanderungs-wie auch Erschließungszentren Chinas seit 1949 geworden war: Xinjiang umfaßt heute 1,3% der gesamtchinesischen Bevölkerung und produzierte im Jahre 1988 über 6 Mio.t Getreide,[179] also über 1,5% der Gesamtgetreideernte des Landes[180] (vgl. MAT 2 und MAT 12/3). Die Pro-Kopf-Produktion von Getreide steht damit in Xinjiang besser da als der Landesdurchschnitt! Darüber hinaus werden mehr als 5% der Fleischmenge, 27% der Milch und 7% der Obstes des Landes in den Trockengebieten produziert (vgl. MAT 8/1 und 8/2). Dies erlaubt die Feststellung, daß die Nahrungsmittelproduktion in den Trockengebieten nicht nur lokale und regionale Bedeutung hat, sondern sie - vor allem im Bereich der Fleisch- und Milcherzeugung - eine überregionale Zulieferrolle spielt.

Bei der Steigerung der Erntemengen in den Trockengebieten spielten die Staatsfarmen zumeist die führende Rolle. Zu Beginn der Erschließungsmaßnahmen liegen ihre Hektarerträge oft weit unter dem Landesdurchschnitt und werden durch über Experimente und Erfahrungsaustausch mit Bauern und Arbeitern anderer Farmen entwickelte Maßnahmen allmählich verbessert. Seit 1980 überstiegen besonders die Staatsfarmen in Heilongjiang und Xinjiang alle Rekorde früherer Jahre:[181] sowohl in Hektarerträgen, in marktfähigem, an den Staat verkauftem Getreide, im Wert des industriellen und landwirtschaftlichen Outputs und der Profite. (Guo Chunhua 1981:409).

Dies drückt sich im relativen Ertragsverhältnis zu anderen Regionen aus. Während noch in den 60er und 70er Jahren gerade die Neulanderschließungsgebiete in den Trockengebieten zu den Regionen mit der niedrigsten Flächenproduktivität gehörten, haben eine auf die örtlichen Bedingungen angepaßte Auswahl der Feldfrüchte bzw. die Züchtung angepaßter Sorten, die Anbaudiversifizierung und die Aufgabe nicht geeigneter Ackerflächen dies verändert. Viele der Rekord-

Hektarerträge werden von Versuchsfeldern in den Trockengebieten gemeldet, wie auch die durchschnittlichen Flächenerträge zahlreicher Feldfrüchte in den Trockengebieten teilweise um den Wert des Landesmittels liegen, nicht selten aber auch darüber (z.B. Reis in Ningxia, Weizen in Qinghai, Soja in Xinjiang, Tibet und der Inneren Mongolei, Raps in Tibet, generell Zuckerrüben und Obst; vgl. MAT 3/2 bis 3/4).

Seit in China das Prinzip des "Getreides als Hauptkettenglied" der Landwirtschaft fallengelassen wurde, ist die Spezialisierung und Diversifizierung von Staatsfarmen (und damit des Anbaus auf ihrem Ackerland) weit fortgeschritten. Im Jahre 1980 sollen sich von den 2.093 Staatsfarmen in der VR China rund 48% überwiegend dem Anbau von Getreide und Cash-crops gewidmet haben, des weiteren 14% der Erzeugung von Obst und Tee und 21% der Tierhaltung.[182] Dennoch war das Getreide 1980 noch die Hauptanbaufrucht (etwa 76,4% der Saatfläche der Staatsfarmen. Seither nahm jedoch die Saatfläche für Baumwolle und andere Wirtschaftspflanzen stetig zu:

Tab. 27: Zunahme des Anbaus von Wirtschaftspflanzen in den Trockengebieten [in% der Gesamtanbaufläche der Staatsfarmen bzw. der Trockengebiete]

Feldfrucht	Staatsgüter in der gesamten VR China				Anteil der Handelsfrüchte am Anbau in den Trockengebieten			
	1976	1980	1984	1985	1980	1984	1985	1986
Baumwolle	2,2	3,6	5,4	4,8	1,4		2,1	2,3
Ölsaaten		4,7	4,7	7,4	k.A.		12,2	k.A.
Zuckerliefernde Pflanzen		1,4	2,2	2,4	0,68		1,18	1,01
Tabak					0,01		0,07	0,04
Handelsfrüchte	8,9		13,8		11,8	13,4	17,6	6,1

Quellen: Guo Chunhua (1981), MLVF (1986), SSB (1987), Zhang Linchi (1986)

Da die in den Trockengebieten angebauten Wirtschaftspflanzen zu einem beträchtlichen Teil zum Verkauf auf dem Weltmarkt vorgesehen sind, dürften sie einen wesentlichen Beitrag am chinesischen Exporterlös erwirtschaften. Die Export-Einnahmen der Staatsfarmen haben sich von 1978 auf 1984 verzweieinhalbfacht[183] und sind von 1984 (0,7 Mrd. Yuan[183]) auf 1985 noch einmal um 34% (auf 0,95 Mrd. Yuan[183]) gestiegen, was 1-2% des Ausfuhrwertes des chinesischen Gesamtexports entspricht. Bei einer Interpolation dieses Wertes im Verhältnis der Staatsfarm-Flächen zur erschlossenen Neulandfläche (s. MAT 1/1) könnte bis zu einem Zehntel der Summe des chinesischen Exports auf die erschlossenen Neulandflächen zurückgeführt werden.

Diese Rechnung zu überprüfen, ist mir hier nicht möglich. Sie sollte auch lediglich aufzeigen, daß die steigende Tendenz der Exportentwicklung von in den Trockengebieten gelegenen Farmen dazu beiträgt, Nahrungsmittelimporte durch von ihnen erwirtschaftete Devisen zu finanzieren. Das augenblickliche Preisniveau (Baumwolle/Getreide) auf dem Weltmarkt[184] läßt die Absicherung der Ernährung Chinas auf dieser Austauschbasis in einem günstigen Licht erscheinen.

Die Bedeutung der infrastrukturellen Maßnahmen ist zwar schwer meßbar, aber in aller Regel augenscheinlich. Straßen- und Eisenbahnbau zur Verbesserung des Transportwesens, Ausbau eines Systems von Speicherbecken und Kanalnetzen zur Steigerung der Effizienz, mit der die limitierten Wasserressourcen genutzt werden können, und eine Förderung der technischen sowie der wissenschaftlichen Forschung haben eine Wirkung erzielt, die regional unverzichtbar war und ist.

Der nationale und internationale Erfahrungsaustausch könnte noch weitere Fortschritte bei den Konsolidierungsmaßnahmen bringen. Zunächst allerdings sollten die meist hanchinesischen Planer und Wissenschaftler die Fähigkeit und den Willen entwickeln, die traditionellen Wirtschaftssysteme der Oasenbewohner entlang der Seidenstraße zwecks besseren Verständnisses stärker zu untersuchen, um sie zu beiderseitigem Nutzen bei ihren Forschungen und Erschließungsaktivitäten zu berücksichtigen. Der hohe technisch-angepaßte Standard der uigurischen Oasenlandwirtschaft, wie er von westlichen Autoren z.T. schon öfters gewürdigt wurde (Golomb 1959, Troll 1963, Hoppe 1987b), scheint das "Sendungsbewußtsein" der hanchinesischen Weltverbesserer leider noch nicht überwunden zu haben.

D.3 Überprüfung der Arbeitshypothesen und Ausblick

(1) Nachdem im Anschluß an die Gründung der Volksrepublik China in den 50er Jahren eine Grundversorgung der chinesischen Bevölkerung sichergestellt worden war, hat eine ideologisch fundierte Kampagne zur einseitigen Ausweitung des Getreideanbaus - ohne Rücksicht auf die natürlichen Grundlagen - dazu geführt, daß das Gegenteil dessen erreicht wurde, was eigentlich beabsichtigt war. Wegen der fehlenden Rücksichtnahme auf die örtlichen Bodenbedingungen, verbunden mit anderen politischen Fehlentscheidungen, wurde zu Anfang der 60er Jahre die größte Hungerkatastrophe mindestens der neueren chinesischen Geschichte ausgelöst, deren Ausmaße selbst durch Neulanderschließungen im großen Maßstab nicht zu lindern waren.

Die Gefahr großer Hungersnöte hat sich in China erst seit Aufgabe von "Getreide als Hauptkettenglied" als absolut vorrangigem Produktionsziel - in den 70er Jahren - gelegt. Obwohl sich die chinesische Bevölkerung seit Gründung der VR China bis heute nahezu verdoppelt hat, ist es der in den 80er Jahren pragmatischer orientierten (aber nicht entideologisierten!) Führung gelungen, die Ernährung in den 80er Jahren nicht nur sicherzustellen, sondern auch ihren Standard zu erhöhen. So steigerte sich in China die Pro-Kopf-Produktion an Nahrungsmitteln von 1979/81 bis 1988 um 24%, während sie gleichzeitig im Weltdurchschnitt auf den Stand von 1980 sank.[185] Ein tägliches Angebot von 2.630 kcal pro Kopf (1986) bei einem auf 3% zurückgegangenen Anteil der Nahrungsmittel am Import (vgl. MAT 12/5) drückt eine akzeptable Ernährungssituation aus, zumal davon ausgegangen werden kann, daß in der VR China eine etwas gleichmäßigere Verteilungsstruktur gegeben ist als in anderen Entwicklungsländern.

Ein wesentlicher Faktor bei der Stabilisierung der Ernährungslage wird sein, daß das Bevölkerungswachstum unter Kontrolle gehalten wird - ein Ziel, das nach ersten Erfolgen in letzter Zeit wieder etwas weiter in die Ferne gerückt ist. Im Falle eines erneut größeren Bevölkerungswachstums ist jedoch mit wieder auftauchenden Problemen bei der Nahrungsversorgung zu rechnen.

(2) Um ihren Getreidebedarf zu decken, hatte die VR China immer wieder unterschiedlich große Mengen Getreide importiert, was zu entsprechenden Interpretationen der Ernährungslage in China geführt hat. Selten jedoch wurden diese Getreideimporte, die vom Umfang her etwa 4% der chinesischen Ernte (1987) ausmachen, ins Verhältnis zu den Getreideexporten gesetzt. Die im Mittel knapp halb so großen Exporte (meist Reis) entsprechen in etwa dem Handelswert des importierten billigeren Weizens. Außerdem stellt sich die Frage, ob diese Getreideimporte tatsächlich auf Engpässe[186] in der Versorgung zurückge-

hen, oder vielleicht eher infrastrukturelle Gründe (Transportwege) zur Ursache haben.[187] Auch herrscht keine Eindeutigkeit über die Verwendung des seit Beginn der wirtschaftlichen Liberalisierung im steigenden Maße importierten Getreides. So sollen nach einer Meldung[188] aus dem Jahre 1989 rund 93% des importierten Getreides in die Produktion alkoholischer Getränke gegangen sein!

Zur Sicherung der Ernährung ihrer Bevölkerung hat die chinesische Regierung in ihrer Landwirtschaftspolitik m.E. nicht im mindesten auf die Möglichkeit des Nahrungsmittelimportes gesetzt, sondern auf endogene Entwicklungen. Man ist zudem der Meinung, daß der Getreideertrag außer durch Intensivierung und Erschließung von Neuland durch ausgereiftere Verarbeitungstechnologien noch steigerungsfähig wäre. So wird angenommen, daß wegen rückständiger Aussaattechnologien bei 3 Mio.t Saatgut über 20 Mio.t Getreide weniger produziert werden als potentiell möglich wäre; statt 5% Verlust in anderen Ländern würden in China 15% beim Mähen, Dreschen und Transport verlorengehen (entspricht einer Differenz von 60 Mio.t), und 5-10% der Ernte würden von Ratten gefressen.

(3) Aus dem oben Gesagten wird deutlich, daß zum Erreichen des Ziels - einer gesicherten Nahrungsversorgung der chinesischen Bevölkerung - in China immer mehrere Strategien verfolgt wurden. Neulanderschließungen kam hierin ähnliche Bedeutung zu wie den Intensivierungsmaßnahmen auf der existierenden Ackerfläche. Dabei wurde sowohl in an Ackerbaugebiete grenzenden Zonen Neuland erschlossen als auch in bis dahin vom Ackerbau völlig unberührten Gebieten. Neben den Erschließungsgebieten in den Bergregionen Innerchinas, an Binnengewässern und in den Küstenregionen hatten sich die Erschließungsaktivitäten vor allem auf die weiten, ebenen Landschaften der Trockengebiete konzentriert, die schon seit zwei Jahrtausenden stetig, aber meist in kleinem Umfang Landerschließungen durch Militärkolonisten erlebt hatten.

(4) Die ausgedehntesten dieser neuen Ackerflächen wurden in der Zeit vor der Kulturrevolution erschlossen (über 80%; vgl. MAT 1/1). Das im "Großen Sprung nach vorn" und in der Zeit der Kulturrevolution erschlossene Ackerland mußte zu großen Teilen schon nach wenigen Jahren wieder aufgegeben werden, weil die Erschließungsmaßnahmen und die Auswahl der Feldfrüchte ohne die nötige Rücksicht auf die natürlichen Grundlagen vorgenommen worden waren. Erst die Konsolidierungsphase seit Ende der 70er/Anfang der 80er Jahre hat letztendlich auch dort zu deutlichen Produktionssteigerungen geführt.

(5) In Chinas Trockengebieten waren während der Erschließungsmaßnahmen vor allem in den 60er Jahren unzweifelhaft die von den physisch-geographischen Bedingungen gesetzten Grenzen deutlichst überschritten und das ökologische

Gleichgewicht gravierend gestört worden. Als Folge hiervon wurden nicht nur die mit der Neulanderschließung verbundenen Ziele oft nicht erreicht, sondern - da in ganz China solche ökologischen Nöte und Desaster verursacht wurden - es wurden tatsächlich ernsthafte Versorgungsschwierigkeiten damit erzeugt.

(6) Das Ende der Kulturrevolution ließ die Wissenschaft wieder deutlich zu Wort kommen, welche die Führung auf die Ursachen der Fehlschläge aufmerksam machte. Die Kurskorrektur in der Wirtschaftspolitik führte dazu, daß der heutige Schwerpunkt der Neulanderschließungsprojekte in den Trockengebieten weniger in der weiteren Ausdehnung der Wirschaftsfläche als vielmehr auf der Konsolidierung der Projektzonen liegt. Das zeigt sich einerseits darin, daß die statistisch ausgewiesenen Flächenangaben für neu erschlossenes Ackerland in den 80er Jahren deutlich zurückgegangen sind, und andererseits an der verschwindend gering gewordenen Investitionssumme, die im Staatsfarmhaushalt noch für Neulanderschließung bereitgestellt wird: Deren Anteil an der Gesamtinvestition ging von 1,18% im Jahre 1980 um über 98% auf nur noch 0,02% in 1984 zurück (vgl. MAT 7/1). Selbst im den Aussichten der chinesischen Landwirtschaft gewidmeten Kapitel des von der CASS (1989:500-508) herausgegebenen offiziellen China-Referenzwerkes ist trotz allem zur Schau getragenen Optimismus von neuen Projekten zur Neulanderschließung nicht mehr die Rede.

(7) Das im Laufe der letzten vier Jahrzehnte in der VR China erschlossene Neuland ist inzwischen zwar zu großen Teilen durch Landverluste infolge von Neubauten, ausgeweiteten Industrieflächen und Straßenbauten im chinesischen Kernland aufgefressen worden. Daß aber die landwirtschaftliche Nutzfläche in China insgesamt gegenüber der Fläche um 1949/50 abgenommen haben soll, steht zu bezweifeln. Statistisch ist dies zwar so ausgewiesen, aber es gibt einige Veranlassung zu der Annahme, daß die Ackerfläche Chinas behördlich unterschätzt wurde (vgl. Kap. D.2.1). Infolgedessen läßt sich nicht aufrechterhalten, daß die Neulanderschließung diese Verluste auch in nächster Zukunft nicht mehr wird ausgleichen können: Sie *sind* vorerst ausgeglichen.

(8) Die Maßnahmen zur Neulanderschließung in den Trockengebieten waren gewiß nicht imstande, die allgemeine Nahrungsproblematik im nationalen Rahmen zu lösen, obgleich ihnen gelungen sein dürfte, inzwischen ein Scherflein zur Entschärfung der angespannten Ernährungslage der 60er/70er Jahre beizutragen. Auf regionaler Basis hat die Neulanderschließung sicher große Bedeutung für die Nahrungssicherung, war sie doch imstande, eine im nationalen Vergleich (durch Zuwanderung) überdurchschnittlich stark angewachsene Bevölkerung ausreichend zu ernähren. Im nationalen Rahmen kommt ihr allerdings noch eine wachsende Bedeutung im Hinblick auf die Versorgung mit höherwertigen Nah-

rungsmitteln (vor allem Fleisch und Milch) zu. Die Staatsfarmen spielen hierbei eine immer größere Rolle, stammen doch 85% der Milchprodukte, die in großen und mittelgroßen chinesischen Städten angeboten werden, aus der Produktion von Staatsfarmen (*CHINA aktuell*, Aug. 1989, S.583 f.).

(9) Sollten akute Nahrungsprobleme in China durch eine wieder stärker wachsende Bevölkerung erneut auftauchen, so erscheint es wenig wahrscheinlich, daß sie in Zukunft noch durch Neulanderschließung allein zu lösen ist, zumal die wichtigste Ressource - Wasser - und mit ihr das Potential für eine weitere Ausdehnung des Agrarwirtschaftsraumes in Chinas Trockengebieten allmählich ausgeschöpft sein dürfte. Die wesentlichen Strategien für die Trockengebiete lauten inzwischen: Getreideanbau dort, wo die Voraussetzungen dafür günstig sind; ergänzend Wirtschaftspflanzen, die zur Kapitalbildung und zur Beschaffung von Devisen beitragen können (für Importzahlungen) und Viehzucht als Grundlage für eine breitere Ernährungsbasis; sowie eine Steigerung der Produktivität durch Maßnahmen zur Diversifizierung, Spezialisierung und zur Intensivierung.

(10) Die Aussichten Chinas, eine noch immer wachsende Bevölkerung auch in nächster Zukunft ausreichend ernähren zu können, stehen augenblicklich nicht schlecht. Eine weitere Ausdehnung der landwirtschaftlichen Nutzfläche dürfte hierbei jedoch die geringste Rolle spielen; vielmehr ist davon auszugehen, daß technische Verbesserungen und landwirtschaftliche Intensivierungsmaßnahmen ein erhebliches Potential zur Produktivitätssteigerung freisetzen können. Die Vermutung westlicher Beobachter, daß China mit seiner Rekordernte von 1984 (407 Mio.t Getreide) die Grenzen seiner Möglichkeiten vorerst überschritten haben dürfte, könnte schon dieses Jahr widerlegt werden, falls sich die Zahlen von 1989 bestätigen sollten: Diesen zufolge hatte der chinesische Staat Ende 1989 Schwierigkeiten mit der Bezahlung der staatlichen Ankaufmengen, da diese durch eine Ernte von 420 Mio.t Getreide über den erwarteten Gesamtertrag hinausgegangen sein soll.

Unter den augenblicklichen Gegebenheiten wäre demnach in China nicht damit zu rechnen, daß sich - im Falle einer Stabilisierung des Bevölkerungswachstums auf niedrigem Niveau - Probleme für die Ernährung der Gesamtbevölkerung ergäben. Allerdings spricht der Trend der letzten Jahre dagegen, daß sich das Wachstum stabilisiert hat. Die wirtschaftliche Lage Chinas hat sich zudem in den letzten Jahren etwas verschlechtert, und die wirtschaftliche Liberalisierung hat außerdem wieder eine zunehmende Einkommenspolarisierung ermöglicht. Die Unruhen der vergangenen Jahre hatten nicht zuletzt ihren Grund in der diesbezüglichen Unzufriedenheit der Bevölkerung. Betroffen hiervon sind vor allem die im "modernen" China immer noch nicht sehr angesehenen Intellektuellen.

Ich bin deswegen keineswegs mehr der Meinung - die ich zu Anfang der Arbeit in der letzten These ausgedrückt habe -, daß in China die nächsten ins Haus stehenden Ernährungsprobleme auf ein zu geringes Nahrungsmittelangebot (*food availability decline*) zurückgehen würden. Sollten die augenblicklichen politischen Konstellationen in der VR China zu einer Verstärkung der chaotischen Verhältnisse in der Wirtschaft führen, bliebe nicht ausgeschlossen, daß es Teilen der Bevölkerung zunehmend an Mitteln fehlen wird, sich in einer ausgewogenen und ausreichenden Form mit Nahrungsmitteln zu versorgen (*food entitlement decline*).[189]

Somit dürfte auch China - falls nicht rechtzeitig neue Regelmechanismen in Gang gesetzt werden - zunehmend der Gefahr ausgesetzt sein, sich durch eine sich ausweitende Einkommenspolarisierung ein Armutsproblem zu schaffen, dessen Ursachenverkettung von Bohle (1983) am Beispiel zweier südindischer Distrikte aufgezeigt wurde: Der Wachstumsbegriff, wie er auch von chinesischen Politikern als Mittel zur Steigerung des Lebensstandards der Bevölkerung (durch rapide Industrialisierung und forcierte landwirtschaftliche Modernisierung) angesehen wird, ist nun einmal geeignet, partiell "Unterentwicklung durch Wachstum" zu begründen. In einem Land der Größe Chinas mit beträchtlichen regionalen Disparitäten ist deshalb Wachsamkeit angesagt. Wenn auch gerade im Rahmen der Neulanderschließungen in den Trockengebieten solche Probleme randlich bereits aufgetreten sind (Konflikte um Weide- und Ackerland zwischen Einheimischen und Staatsfarmen), so ist dem China der 80er Jahre eine derartige Offenbarung erspart geblieben. Das Gespür, das die Führung des vergangenen Jahrzehnts zumindest bei der Verhinderung partieller Unterentwicklung bewiesen hat, möge das chinesische Volk auf dem Weg zur Sicherung seiner Lebensgrundlagen sicher voranschreiten lassen.

Anmerkungen

1) Nach Jürgen Domes: *Politische Landeskunde der Volksrepublik China*, Berlin 1982, S.7 f., zit. in Storkebaum (1989:7). Vgl. auch Böhn (1987:140).
2) So *CA*, 12.Jg. (1989), Nr.7, S.5: "Die zu schnell wachsende Bevölkerung wirft außerdem Probleme auf bei der Versorgung mit Nahrungsmitteln..."; S.40: "Von der Mitte der 70er bis zur Mitte der 80er Jahre hat China mit seiner Familienplanung erfreuliche Erfolge erzielt. Doch in den letzten Jahren zeigte die Bevölkerungsentwicklung wieder eine steigende Tendenz."; nach Klausing (1989:8) ist die Geburtenrate Chinas 1981 zum ersten Mal seit 1965 wieder gestiegen: von 17,9 p.Tsd. (1979) auf 20,9 p.Tsd. Vgl. auch Storkebaum (1989:98, 101), Machetzki (1985:83 f.), Scharping (1988:37), Weggel (1981:187).
3) So stieg die Getreideproduktion pro Kopf der Bevölkerung von 209 kg im Jahr 1949 auf 348 kg in 1982 (Storkebaum 1989:49). Vgl. auch Bergmann: "Revolution und Reform in der Landwirtschaft", in: Grobe-Hagel (Hrsg.): *China. Ein politisches Reisebuch*, Hamburg 1987, S.236 f.; Böhn (1987:140): 306/318/rd. 400 kg pro Kopf in den Jahren 1957/1978/1983; BZPB (1983: X): 1972/73-1976/77 jeweils 265-290 kg; Dürr (1978:138); SB (1987:63-67); Taubmann (1987:6 f.) u.a.
4) In: *Zhongguo nongye dili zonglun* (Gesamtdarstellung der chinesischen Agrargeographie), Beijing 1980, nach: Hoppe (1984:101).
5) Die Arbeiten der Botanikerin Liu fanden auch im Westen Anerkennung. Im Oktober 1989 wurde ihr für ihre "überragenden Leistungen bei der Erarbeitung und Verbreitung von Kenntnissen zur Wüstenbekämpfung und für die wirtschaftliche Nutzung von Trockengebieten" der Entwicklungsländerpreis der Justus-von-Liebig-Universität Gießen verliehen (*Die Welt*, 23.10.1989).
6) Nach: *Geochina* (1979:43 f.).
7) Vgl. Knall/Wagner (1986:4; 45-49).
8) Vgl. P. von Blanckenburg und H.D. Cremer (Hrsg.): *Handbuch der Landwirtschaft und Ernährung in den Entwicklungsländern*, Stuttgart 1967/1971; W. Manshard: *Einführung in die Agrargeographie der Tropen*, Mannheim 1968; H. Ruthenberg: *Landwirtschaftliche Entwicklungspolitik*, Frankfurt 1972; W. Storkebaum: *Entwicklungsländer und Entwicklungspolitik*, Braunschweig 1977; B. Andreae: "Agrarprobleme der Dritten Welt", in: *Geographische Rundschau*, 31 (1979), S.390-394; W.-D. Sick: *Agrargeographie*, Braunschweig 1983, S. 214.
9) I.R. Bowler und B.W. Ilbery: "Redefining agricultural geography", in *Area*, vol.19 (1987), No.4, S.327-332; P.J. Atkins: "Redefining Agricultural Geography As The Geography of Food", in *Area*, vol.20(1988), No.3, S.281 ff.; H.-G. Bohle: "Von der Agrargeographie zur Nahrungsgeographie", in einer 1990 erscheinenden Festschrift (nach einer Vorlesung von H.-G. Bohle: "Welternährungsprobleme", Freiburg i.Br., im Sommersemester 1989).

Anmerkungen

10) Weggel (1974:195).
11) Z.B. in der "Great Bengal Famine" im Jahre 1943 in Indien, die A.K. Sen (1981:52-85) zur Grundlage seiner Arbeit am FED-Ansatz machte.
12) Vgl. hierzu die detaillierte Darstellung Menzels (1978:635 ff.).
13) Die Getreideerzeugung war von 200 Mio.t im Jahre 1958 auf 143,5 Mio.t (1960) zurückgegangen. So sollen 1961/62 ca. 23 Mio. Menschen in China verhungert sein (Nohlen 1989:137).
14) Zentrale strategische Punkte der liuistischen Konzeption:
    1. Spezialisierung und Ausbau der Wachstumsregionen zur Versorgung der Städte mit Nahrungsmitteln und der Leichtindustrie mit Rohstoffen ("Realität der Einkommensgefälle": "...ein Einkommen, das man zur Zeit noch nicht produziert, (kann) auch nicht umverteilt werden" (Machetzki 1985:82);
    2. stärkeres staatliches Engagement in weiten Bereichen der Landwirtschaft;
    3. Verwissenschaftlichung und Zentralisierung der Agrarforschung;
    4. Spezialisierung des technischen Personals;
    5. eindeutige Betonung von Leistungskriterien, von materiellen Anreizen und Orientierung am Wertgesetz und
    6. generell eine Ausdünnung des bürokratischen und institutionellen Apparats an der Basis zugunsten stärkerer Zentralisierung.
    Zentrale strategische Punkte der maoistischen Konzeption:
    1. gleichmäßige Entwicklung aller Regionen bei geringer Spezialisierung und höherer umfassender Selbstversorgung (das Gleiche gilt für den Landmaschinenbau);
    2. Vertrauen auf die eigene Kraft der lokalen und regionalen Einheiten;
    3. Betonung experimenteller Basisaktivitäten;
    4. Rotation zwischen agrarischen und agrotechnischen Tätigkeiten;
    5. stärkere Berücksichtigung des Bedarfsprinzips, moralischer Anreize und nichtökonomischer Kriterien zur Bemessung der Austauschrelationen und
    6. autonome Kontroll- und Innovationskapazitäten auf lokaler Ebene.
    (Nach Menzel 1980:13 f.).
15) Mah Feng-hwa: "Why China imports wheat", in: *The China Quarterly*, Nr. 45 (1971), S.116-128 (nach Weggel 1974:193).
16) Audrey Donnithorne: *China's Grain: Output, Procurement, Transfers and Trade*, Occasional Paper No.2 - Economic Research Centre, The Chinese University of Hong Kong, 1970 (nach Weggel 1974:193).
17) Das Bewässerungswerk Dujiang Yan in Guanxian in der Provinz Sichuan. Zur Bewässerung/Anlage von Kanalsystemen vgl. auch King (1911:44-52), Kolb (1963:135 f.) und Wilm (1968:63-71).

Anmerkungen

18) Zur Düngung vgl. King (1911:29 f., 33, 53 f., 66, 77-80, 85-100, 120-126); Kolb (1963:123); Wilm (1968:130-162). Zu Fruchtfolge/Mehrfachernten vgl. King (1911:42 f.,128-131); Kolb (1963:124, 137); Wilm (1968:78-116).
19) Die USA hatten 1976 einen Getreideertrag von 1.375 kg/ha, während er in China bei 307 kg/ha lag (Stadelbauer 1984a:571). Die höheren Hektarerträge in Industrieländern stimmen jedoch nur bedingt, wie die Entwicklung in den USA und China von 1980 bis 1982 zeigte. Hier lagen die Ertragszahlen des Weizens 1980 bei 1.890 kg/ha (USA: 2.250 kg/ha) und steigerten sich 1982 auf 2.280 kg/ha (2.400 kg/ha). Erst der Vergleich mit Mitteleuropa macht die Unterschiede deutlich: 6.170 kg/ha in Großbritannien und 5.470 kg/ha in der BR Deutschland (1982). (Quelle: *Diercke Weltstatistik 84/85*, München 1984, S.229).
20) Erträge(kg/ha):

	USA	China	Indones.	Philip.	Indien	Ägypten
Reis (1982)	5.320	4.610	3.780	2.390	1.740	5.570
Weizen (1982)	2.400	2.280	(Türkei: 1910)		1.700	3.500
Mais (1982)	7.210	3.200	1.410	1.050	1.120	3.320

(Quelle: *Diercke Weltstatistik 84/85*, München 1984, S.229, 231 f.)
21) Vgl. Haussig (1983); Weggel (1987:6 ff.); Gruschke: "Zeugnisse der Vergangenheit. Geschichte und Kultur der östlichen Seidenstraße", in: *Sand und Seide*, Freiburg i.Br. 1990, S.6 f.
22) Gruschke, a.a.O., S.[9].
23) Fang Yingkai: "Han Wudi shi Xinjiang tunken de shouchuangzhe" (Han Wudi ist der Pionier der vom Militär durchgeführten Neulanderschließung in Xinjiang), in: *XNK* 62 (1988, No.6), S.42 f.
24) Vgl. Rainer Hoffmann: *Bücherkunde zur chinesischen Geschichte, Kultur und Gesellschaft*, München 1973, S.5 ff.
25) S.P. Huntington, nach Knall/Wagner (1986:35).
26) Zur Stadientheorie vgl. auch Knall/Wagner (1986:36 f.).
27) Die Anregung für ein solches Modell wurde bereits von Williams (1981:89) gegeben: "...since governments are determined, in many cases compelled by circumstances, to continue pursuing land reclamation as part of agricultural development, it behooves them to constantly seek to refine the process of planning and carrying out these projects. The factors discussed (...) are by no means inclusive (...), but (...) seem to be especially critical in the success or failure of reclamation projects. Developing a model out of these factors, a model that could be used as a tool in planning future projects, is still far down the road."
28) Es werden [vorläufig] keine neuen Neulanderschließungsprojekte in den Trockengebieten begonnen, denn unter "The prospects for Agriculture in China" in CASS (1989:500-508) faßt man zahlreiche Maßnahmen ins Auge, natürlich auch die übliche Modernisierung, aber trotz allem Optimismus wird von Neulanderschließung nicht oder kaum mehr gesprochen.

Anmerkungen

29) Stadelbauer (1984a:570).
30) A.a.O., S.571.
31) Karte der Aridität (im jährlichen Mittel), *quannian ganzaodu*; Ariditätsindex D' ist hier berechnet als Quotient aus der jährlichen potentiellen Evaporation durch die Jahresniederschlagssumme (Lu Y./Gao 1984: Erklärungen S.3; Karte S.35).
32) Eine Ausnahme stellt hier eine kleine Wüste im Osten der Provinz Shaanxi dar: im Kreis Dali zwischen den Flüssen Luo He und Wei Shui (He), kurz vor dessen Einmündung in den Huang He. Diese Wüste hat eine Ausdehnung von 40 km Länge (Ost-West) und 15 km Breite (N-S) (Shi/Cao/Zhu 1985:179 f.).
33) Ohne Tibet machen Chinas Trockengebiete rund 30% der Fläche aus, wovon 21,4% vollaride und 8,4% semiaride Gebiete sind (Zhao S. 1985:iii).
34) Dabei stellen K den Ariditätsindex, Σt die Temperatursumme der durchgängigen Periode mit Tagestemperaturen von 10 Grad C und mehr, r die in dieser Zeit gefallenen Niederschläge in mm dar. Der Faktor 0,16 steht für eine für die Lage Chinas gültige Konstante (Zhao S. 1985:iii).
35) Beijing Shi = die regierungsunmittelbare Stadt Beijing ist ein Verwaltungsbezirk mit Provinzstatus.
36) Nach CHS (1984:67) und Zhao Songqiao (1985:iii) sind es 637.000 km^2 bzw. 458.000 km^2 (i.e. 11,4%). Diese Zahlen dürften jedoch aus dem Jahre 1973 stammen, da Geng (1986:3) von einer 14,6prozentigen Zunahme der Wüstenflächen spricht.
37) Besonders im Tsangpo-Tal (i.e. Oberlauf des Brahmaputra, chines. Yarlung Zangbu Jiang/Taf.1; außerdem in den Schluchten der Oberläufe von Chang Jiang (Yangtse), Mekong (Lancang Jiang) und Salween (Nu Jiang).
38) XSXD (1984:60); Geng 1986; Zhao 1985; ZZX 1984; Lin Zhiguang/Zhang Jiacheng: *Zhongguo de qihou*, Xi'an 1985:67.
39) Allein für die Landfläche über 5.000 m gibt Böhn (1987:60) ein Fünftel an; 37% der Staatsfläche der VR China liegen demnach über 2.000 m hoch, nur ein Drittel unter 1.000 m und nur 16% zwischen 500 m und Meereshöhe. Er folgt dabei den üblichen chinesischen Darstellungen: CHS (1984:14), Zeng (1985:18), Wei Jiewen et al: *Zhongxue dili jiaoshi shouce* (Lehrerhandbuch Geographie der Mittelstufe), Shanghai 1984, S.II/19. Zweifel sind vor allem an den Angaben zur höchsten Landfläche (19% über 5.000 m) angebracht, da selbst das Hochland von Tibet, das als höchstes Plateau der Welt mit allen Randgebirgen 25% der Fläche der VR China ausmacht, im Mittel unter 5.000 m liegt. (Vgl. Zheng Du et al.: *Zhongguo de Qingzang Gaoyuan* [Das Tibetische Hochland in China], Beijing 1985, S.4, 6, 22, 25; *Zhongguo ziran dili* [Physische Geographie Chinas], 1979, S.320-324). Richtiger und wichtiger erscheint mir die Angabe, daß 25-26% der Landfläche der VR China über 3.000 m gelegen sind (*Zhongguo ziran dili* 1979:3) und weitere 32% zwischen 1.000 und 3.000 m liegen (Zeng 1985:18).

Anmerkungen

40) Weggel (1974:192). - Böhn spricht von etwa 10% (1987:127); Cheng/Lu von 10,4% (1984:15); Dürr von 11,6% (1978:441); Kolb von 11,2% (1963:134); Weggel später von 10,4% (1987:31); Wu Ch. schätzt 10,4 bis 14,6% (1982:8).
41) Vgl. auch Böhn (1987:127-132 und 136 f.).
42) Von Ost nach West: die Provinzen Liaoning, Hebei, Beijing Shi, Shanxi, Shaanxi und die AR Ningxia mit 130 Stadt- und Landkreisen (*shi, xian, qi*). (Cheng/Lu 1984:108).
43) Gobi, chines. *gebi*, wird weder von den Mongolen noch den Chinesen als Wüste begriffen, sondern als "eine mehr oder weniger ebene, sandige oder kiesige Fläche, die nur da und dort Wasserlöcher, mitunter auch Quellen und dürftige harte Gräser sowie vereinzelt auch Gehölze aufweist". (Fochler-Hauke, zit. nach Kolb 1963:368) Der Name Schamo leitet sich vom chinesischen Begriff der Sandwüste (*shamo*) ab, während *gebi* von den Chinesen auch als klassifizierender Begriff für Steinwüsten(-steppen) auch in Gebieten Xinjiangs benutzt wird, die fernab der Gobi liegen.
44) Vgl. die Klimazonierung des Zentralen Wetteramtes (*Zhongyang Qixiang Ju*) im *Zhongguo qihou tuji* (Klimaatlas von China), Shanghai 1966, S.151 f.: die Klimazonen HD_1, HD_2, HC_2 und HC_3; bzw. H_4 und der Westteil von H_3 der Karten in XSXD 1984, S.65 (Klima), S.83, 89 (Böden und Vegetation) und S.93 f. (Naturräumliche Gliederung).
45) Cheng Hong/Ni Zubin et al.(1981:1021-2026); Lin Zhenyao/Wu X.: "Climatic Classification of Qinghai-Xizang Plateau", in: PSQXP 1981, S.1575-1580; Ni Zubin: "Zonation of Animal Husbandry of Qinghai-Xizang Plateau", in: PSQXP 1981, S.2091-2102.
46) So drängen sich z.B. in der Provinz Qinghai über 90% der Bevölkerung in den kleinen, landwirtschaftlich genutzten Gebieten um die Provinzhauptstadt Xining (Scharping 1985/2:30).
47) Diese neun Ziele werden von Williams (1981:79 f.) wie folgt zusammengefaßt: "1. To increase a Country's agricultural output, for either domestic consumption or export. 2. To create employment for unemployed or underemployed rural people. 3. To redress regional population imbalances, through the shifting of people to less populated areas. 4. To improve income distribution (...). 5. To combat rural-to-urban migration (...). 6. To provide a new means of livelihood for specific groups, such as refugees, evacuees, war veterans, nomads (...) etc. 7. To introduce new organization forms (such as communes or co-ops) or new techniques (such as large-scale irrigation, mechanization). 8. To introduce new crops or expand the area for specific crops, particularly high value cash crops, such as oil palms. 9. To improve the socio-economic structure of existing agricultural areas in combination with other improvement measures, such as agrarian reform, land consolidation, enlargement of uneconomic small holdings."

48) Nach Weggel (1982:354 und 1987:50) erging diese Direktive bereits am 5. Dezember 1949.
49) Weggel (1982:355), Guo Chunhua (1981:407), (Weggel 1987:50).
50) Weggel (1982:355) und Betke (1987b:113).
51) So gehörten 1984 neun Akademien und (Fach-)Hochschulen dem Bereich der mit Neulanderschließungen befaßten Staatsfarmen an, wovon folgende drei unter der Aufsicht des MLVF stehenden Einrichtungen von größter Bedeutung für den landwirtschaftlichen Bereich sein dürften: das Institut für Agrarwissenschaft in Xinjiang (Xinjiang Shihezi Nongxueyuan), die Hochschule für Landerschließung im Tarim-Becken (Talimu Nongken Daxue), die Schule für Finanzen und Ökonomie des PAK Xinjiang (Xinjiang Shengchan Jianshe Bingtuan Caijingzhuanke Xuexiao) (Deng/Ma/Wu 1986:385).
52) *Shaoshu minzu*; die anderen sind die Hui, Xibo, Usbeken, Tajiken, Russen, Manjuren, Dahuren und Tataren. (CHS 1984a:272; Weggel 1987:144).
53) Vgl. Hayit Baymirza: *Turkestan zwischen Rußland und China*, Amsterdam 1971, und Weggel (1987:33 f.).
54) Die Stadt Shihezi hat heute ca. 550.000 Einwohner, davon 200.000 Einwohner in der eigentlichen städtischen Agglomeration, und weist eine bedeutende Agroindustrie auf: Zucker-, Nahrungsmittel-, Speiseölverarbeitung u.a.; außerdem Textilindustrie, Papierfabrikation, chemische Industrie, Maschinenbau *(Xinjiang Weiwu'er Zizhiqu Jiaotong tuce* [Verkehrsatlas der Uigurischen AR Xinjiang], Xinjiang 1985, S.93; Peng 1986:47).
55) Vgl. Karte Abb.18 in Betke (1987b:60).
56) Die unterschiedlichen Angaben dürften darauf zurückzuführen sein, daß Zhang von der neu erschlossenen Fläche spricht, während Betkes Zahlenangaben das landwirtschaftliche Gesamtareal, d.h. neu erschlossene und 1949 bereits vorhandene Ackerland meint. Vgl. Zahlenangaben der Tab.4.
57) Heute Staatsfarm Nr.150 *(150 tuan chang).*
58) Dessen Ursache lag zum einen bei Versorgungsengpässen mit Kohle, zum andern bei einem Bevölkerungsanstieg durch einen erneuten Landverschickungsschub ins Manas-Gebiet (Betke 1987b:112).
59) Die Verluste sollen in elf Jahren 384 Mio. Yuan betragen haben (Yan Yisui/Liu Duhui: "Huangmo diqu lüzhou nongye xitong jiegou moxing" [Strukturmodell eines Oasenlandwirtschaftsystems in Wüstenregionen], in: *Zhongguo Nongken*, 1982, Nr.5, S.15 ff.).
60) Huang Jun/Wand Ning: "Lun Xinjiang Manas He liuyu rengong shengtai xitong de jianli he fazhan" (Errichtung und Entwicklung künstlicher Ökosysteme im Manas-Flußgebiet/Xinjiang), in: *Nongye jingji wenti*, 1983, Nr.3, S.24-30 sowie Yan/Liu, siehe Anm.52 (zit. in (Betke 1987b:116).
61) Dreijähriger Luzernenanbau soll nach Yan/Liu (a.a.O.) zur Anreicherung von Stickstoff (150-225 kg/ha) bzw. Ammoniumsulfat (750-1125 kg/ha) führen, die die Grundlage für die berechnete Ertragssteigerung von über 40% darstellen (Betke 1987b:116).

Anmerkungen 175

62) Z.B. "Sandkontrolle durch Staatsfarmen" (chin.), in: *Dili*, 1961, Nr.2, S.56, 64-67; Zhao Ji (1960), Wang Jiuwen (1961), Zhu Zhenda (1961), Geng Kuanhong(1961), Zhou Tingru et al. (1962), Huang Zhenguo et al. (1963), Wang Hesheng (1963), Yang Lipu (1964), Zhu Zhenda et al. (1964).
63) *Populus diversifolia* bzw. *Populus euphratica*, chinesisch: *Huyang* (Wu Zhengyi 1980:122, 970, 1326).
64) Station Aral 4,94 Mrd.m^3 (Zhang Zizhen: *Zhongguo dili zhishi* [Wissenswertes der Geographie Chinas], Beijing 1982, 1985, S.127).
65) Betke/Hoppe (1987:9 f.)
66) Von Zhang Linchi (1986:37) "Vorgeschobener Gefechtsstand" (*qianyan zhihuibu*) genannt, wie er auch die Aktivitäten der dortigen Neulanderschließung als einen "dreijährigen mutigen Kampf" bezeichnet.
67) Zur Bauweise und zum Baustil vgl. Betke/Hoppe (1987:10).
68) Anfangs wurden oft mehr Flächen gerodet, als tatsächlich zur Nutzung vorgesehen waren, da finanzielle Zuschüsse auf der Basis "erschlossenen" und nicht nutzbaren bzw. genutzten Landes gewährt wurden (vgl. Erlach 1988:74). Andererseits wurden später erschlossene Flächen von den Einheiten oft nicht an die Behörden gemeldet, um zu vermeiden, daß ihnen ein höheres Produktionssoll auferlegt wurde (Wu Chuanjun 1982:7).
69) Nach Chen Hua (1983:[113]) bereits 1957 errichtet.
70) Der Mineraliengehalt im Oberlauf des Tarim beträgt (je nach Jahreszeit) 0,3-1,3 g pro Liter Wasser, in seinem Unterlauf 1-5 g pro Liter, im Grundwasser sogar bis 20 g pro Liter (Luo 1985:54 f.).
71) In den meisten Bewässerungsgebieten um Aral von früher 5-8 m Tiefe auf jetzt 1-2 m Tiefe unter Flur. In nicht bewässerten Gebieten und am Unterlauf ist der Grundwasserspiegel dagegen um 2-3 m abgesunken (Zhao S./Han 1981:116).
72) Vgl. Cheng/Lu (1984:114 f.), Kolb (1986:37 f.), Vermeer (1987:146), Weggel (1987:117), Xian/Chen (1986:62 f.), Zhao/Han (1981:117 f.), Zhao S. (1984: 72).
73) Yuan G.: "Untersuchung im Inneren der Taklimakan", in: *CHINA aktuell*, 1985/6, S.13 ff.
74) Oasenfläche im Jahr 1885 ebenso wie 1943/44; nach Wiens (1966:75, 80).
75) Vgl. H. de Terra (1930) und E. Trinkler (1930:359 f.).
76) 1960 hatten die Oasen Terim 60 Einwohner und Tongguzbasti [ca. 38,4°N, 81,9°O, heute Paji] 50 Einwohner (*Peking Review*, 13.10.1961, S.15-18, nach Weggel 1987:71). Uigurische Freunde teilten mir (1988) mit, daß besagte Bewohner von Tongguzbasti bis dahin weder etwas von der Volksrepublik China noch von Mao Zedong gehört hätten.
77) *Hongliu* ("rote Weide") = *Chengliu*, also Chines. Tamariske (ZZX 1984: 205).

Anmerkungen

78) In folgenden Verkehrsatlanten: *Quanguo jiaotong yingyun xianlu licheng shiyitu* (1973:320); *Zhongguo qiche siji dituce* (1986:108) (s. LIT 2.2).
79) Eventuell als Abkürzung von "Xinjiang (Guo?) yuan guoying nongchang" [Xinjiang (Obst-?) Gartenbau-Staatsfarm] zu verstehen.
80) Auf Übersichtskarten, die die Verteilung von Staatsfarmen in China wiedergeben, wie z.B. in Tregear (1970:44), Gerhold (1987:66), sind im Flußgebiet des Keriya He Ackerbau-Staatsfarmen in gleicher Dichte wie am Hotan He eingetragen. Terjung et al. (1985:90, Fig.3) zeichnen die Gegend als Reisbauzone aus. Zwischen den Oasen Yutian und Qira im Westen sind noch folgende weitere Staatsfarmen eingetragen: Yangchang (Schaffarm, 34 km westl. v. Yutian), Katadun liangzhong chang (Katadun-Farm zur Züchtung hochwertiger Viehrassen, 66 km nordwestlich von Yutian im Dama-Flußtal) [Karten in: s.o. Anm.78].
81) In dieser Zahl dürften die Baumbestände des Keriya-Flußgebietes enthalten sein.
82) Di Xinzhi: "Entwaldung am Südrand der Taklimakan-Wüste", in: *Geochina* (1979:38 f.).
83) Meckelein (1986:13 f.), Chen Hua (1983:[114]).
84) Die Zahl der Staatsfarmen Mitte der 80er Jahre wird sehr unterschiedlich angegeben: Shi Ji spricht von 200 Staatsfarmen mit 930.000 ha Ackerfläche (einem Viertel der Gesamtackerfläche Xinjiangs; in: *Geochina* (1979:44); in *Zhongguo* (1985, Heft 1, S.20) wird von nur 169 Staatsfarmen gesprochen, während Kolb (1986:36 ff.) ebenfalls ca. 170 Staatsfarmen angibt. Die großen Unterschiede (170-200) dürften sich daraus ergeben, daß die Staatsfarmen nicht ein und derselben Zuständigkeit unterliegen, sondern verschiedenen Behörden unterstellt sind.
85) Nach Dürr/Widmer (1983:77) insgesamt 332 Staatsfarmen.
86) Nach O. Schmieder: *Die alte Welt. Bd.I: Der Orient. Die Steppen und Wüsten der Nordhemisphäre mit ihren Randgebieten*, Wiesbaden 1965, S.355.
87) *CHINA aktuell*, August 1989, S.583 f.
88) *CHINA aktuell*, Juni 1989, S.419.
89) Der industrielle und landwirtschaftliche Produktionswert (ILP) der Staatsfarmen Xinjiangs lag 1984 bei 2,76 Mrd. Yuan, i.e. 26,2% des ILP der gesamten AR. 47,8% der Baumwollerträge, 47,1% der gesamten Zuckerproduktion und 23,9% der Schafe gehen auf das Konto der Staatsfarmen (Zhang Linchi 1986:96 f.).
90) Zur Unterversorgung der Bevölkerung Xinjiangs bis in die 70er Jahre vgl. Hoppe (1984:146). Noch 1974 wurden 450.000 t Getreide nach Xinjiang importiert. Die Pro-Kopf-Versorgung mit Getreide stieg von 185 kg im Jahr 1978 auf 199 kg in 1986 (vgl. MAT 10/1).

Anmerkungen   177

91) Gemäß MLVF (1986:2) beträgt die Bevölkerung der AR Innere Mongolei 20,67 Mio. Menschen, wovon etwa 2,3 Mio. der mongolischen Nationalität zuzurechnen sind. 1984 standen den 2,1 Mio. Mongolen der Nei Mongol AR (CHS 1984:159) ca. 1,6 Mio. Mongolen der MVR gegenüber (87% der Gesamtbevölkerung von 1,82 Mio. Einw.; nach *FW 1987*, Frankfurt 1986: 409 f.). Die mongolische Gesamtbevölkerung Chinas belief sich 1982 auf 3,41 Mio.
92) *CHINA aktuell*, April 1988, S.311; Rolf Warnecke: *Hulunbuir*, Beijing 1987, S.3-9.
93) Anderen Angaben desselben Artikels zufolge beträgt die Fläche der Hulunbuir-Steppe 94.607 km^2, wovon 38.023 km^2 (40%) der semihumiden und 56.584 km^2 (60%) der semiariden Klimazone zuzurechnen sind (Zhao S. 1985a:211).
94) "You shaoshu diqu de guoying nongchang dui shengtai pingheng de zhongyaoxing renshi buzu, kaikenle yixie buyi kaiken de huangdi, pohuaile yuanyou de zhibei, you weineng caiqu biyao de fanghu cuoshi, yiner pohuaile shengtai pingheng. Liru 1960 nian zai hulunbei'er caoyuan xibu banganzaoqu kaihuang 179 wan mu, yin tuceng bo, fengsha da, kaiken hou hen kuai di chuxianle turang fengshi shahua, yu 1963 nian bei po fengdi bigeng 166 wan mu, zhan yuan kaiken mianji de 92,7%" (Zhang L. 1986:131).
95) *Zhangzisong (Pinus sylvestris L. var. mongolica, Litv.)*, nach ZZX (1984: 198 f.).
96) Hoppe (1984:102 ff.). Vgl. auch Smil (1984:59 ff.).
97) Ebenso in: Cressey (1932:278 f.), Lowdermilk (1935:416), Thorp (1935:450f.) sowie Lattimore (1936:394 f.), (1938:244) und (1955:476 f.). Zum Ablauf der Landnahme im frühen 20. Jh. vgl. Lattimore (1932a:303 f.).
98) Dafür würden auch die wasserbaulichen Maßnahmen in der innermongolischen Steppe sprechen, deren Statistik Chen Nai-Ruenn (1966:293) ebenfalls wiedergibt: So wurden 1958 genau 5.463 neue Brunnen (1954 waren es nur 78 und 1956 über 3.100) und 15 Staubecken (1957: auch 15, vor 1957 keine) geschaffen, von 1954 bis 1958 fast 1,9 Mio.ha an Wasserknappheit leidender Steppe "entwickelt" und 39.000 ha bewässerter Futter liefernder Gebiete hinzugefügt.
99) Berechnet nach den Bevölkerungsdaten von 1957 (9,2 Mio.Einw.; Schmieder, Anm.77) und 1980 (18,5 Mio.; dtv, *Diercke-Weltstatistik*, München 1982).
100) In Klammern jeweils der Gesamtdurchschnitt der VR China; nach MLVF (1986:66 f.). Zum Vergleich einige Werte anderer Länder von 1985:

Pro-Kopf-Produktion in (1985) von (kg/a)	Indien	VR China	USA	BRD	Frankreich	Japan	UdSSR
Getreide	222	364	1457	425	1006	132	645
Fleisch	-	18,5	109	86	100	29,4	61,4
Milch	22,5	2,4	272	417	590	61,3	352
Zucker	8,9	58,1	22,9	54,3	78,3	-	30,7

(Berechnet nach *FW '87* und SSB 1987:346 ff.)

101) Hektarerträge im Jahr 1986 von Getreide allgemein 1,47 t/ha (Landesdurchschnitt bei 3,5 t/ha), Weizen 1,4 t/ha (3 t/ha), Mais 3,3 t/ha (3,7 t/ha), Bohnen 1,5 t/ha (1,4 t/ha), Ölsaaten 1,1 t/ha (1,3 t/ha), Raps 0,3 t/ha (1,2 t/ha) (vgl. SSB 1987:71-77).
102) Gao Youxi: *Xizang qihou* (Das Klima Tibets), Beijing 1984.
103) Wang Hai (1984:33). Daß der Aufbau dieser "industriellen Basis" vorangeht, dafür spricht u.a. der hohe Arbeitskräftebedarf, der 1983 beispielsweise "17.000 Freiwillige" ins Qaidam-Becken brachte. Nach Meldungen von XNA vom 23.12.1983 und 23.1.1984 sind im Qaidam-Becken bis dato sechs Industriestädte mit einer Gesamtbevölkerung von 200.000 Menschen aufgebaut worden (*CHINA aktuell*, Januar 1984, S.9).
104) Bestehend aus *Holoxylon ammodendron (suosuo), Nitraria tangutorum (baici), Ephedra przewalskii (moguo mahuang), Eurotia ceratoides (L.) C.A.Mey (youruoli), Asterothamnus centrali-asiaticus (Zhongya muziyuan)* und Tamarisken (*Tamarix laxa Willd., Shusui shengliu*; ZZX 1984: 209).
105) Der Hektarertrag lag 1957 in Qinghai in der Regel bei 1,772 t/ha Weizen (Vermeer 1977:178), 1985 bei 3,14 t/ha Weizen (MLVF 1986:38), nur in der Hauptagrarzone im Huang-Shui-Tal von Xining und ostwärts liegt er bei 7,5 t/ha (Wang Hai 1984:30 f.).
106) Die Flüsse Narin Gol, Urt Moron, Golmud He, Nomhon und Qaidam He liefern zuammen 57 m^3/sec Oberflächenwasser; Quellen am Gebirgsfuß schütten etwa 54 m^3/sec aus, und der Grundwasserfluß am Südrand des Qaidam-Beckens beträgt 74 m^3/sec (Zhao S. et al. 1985:72).
107) D.h. insbesondere das sogenannte "Äußere Tibet" mit den Provinzen Ü und Tsang in Zentraltibet, Kham im Osten und Ngari im Westen.
108) Denn über diesen Markt waren neben den 20.000-30.000 Einwohnern auch eine wahrscheinlich noch höhere Zahl von Pilgern und Bettlern und zusätzlich die Klöster der Umgebung - mit auch etwa der gleichen Anzahl von Menschen - zu versorgen.
109) Der 1. August steht für das Gründungsdatum der chinesischen "Roten Armee", der "Volksbefreiungsarmee", am 1. August 1927 in Nanchang/ Jiangxi. Die Darstellung folgt im wesentlichen den Angaben Epsteins (1983:110-115).
110) Möglicherweise als Folge einer stärkeren Truppenbesatzung.
111) Yaks werden eigentlich nur die Bullen genannt, während die Tibeter ihre Tiere mit der Bezeichnung dieses weiblichen Grunzochsens - Dri - benennen. Da sich aber die Artbezeichnung Yak im Westen eingebürgert hat, bleibe ich im Text bei dieser Bezeichnung.
112) Lhundrup und Lhünzhub bezeichnen denselben Namen, den ein Kreishauptort L. wie auch eine L.-Staatsfarm tragen. Die verschiedene Schreibweise wird hier zur Unterscheidung der Staatsfarm (Lhundrup) vom Ort

Anmerkungen   179

und Kreis (Lhünzhub) beibehalten. Lhünzhub (chines. Linzhou) ist die Pinyin-Schreibweise und kommt der richtigen Aussprache des tibetischen Namens näher als Lhundrup.

113) "The socialization of agriculture in Tibet was markedly different from that in the rest of China, where the stage of mutual-aid teams led to two types of cooperatives, and finally culminated in people's communes. In Tibet the cooperative stage was simply jumped over" (Grunfeld 1987:168).

114) Mit einer Wachstumsperiode von nur 120 Tagen kann die Qingke-Gerste bereits bei einer Tagesdurchschnittstemperatur von -10^0C keimen, und die junge Pflanze ist imstande, eine Temperatur von -80^0C zu ertragen. Der Ertrag nimmt allerdings mit wachsender Höhe ab: mit 2,8 t/ha auf 3.500 m ü.M. und knapp 1 t/ha in 3.800-4.300 m (Yu Xiaogan/Sun 1981:2034 ff.).

115) P.-H. Lehmann/J.Ullal: *Tibet. Das stille Drama auf dem Dach der Welt*, Hamburg, 1987, S.297.

116) Vgl. Yu Xiagan/Sun (1981:2037 f.); Gruschke in: Olschak (1987:283).

117) Und einigen anderen Schluchten und Tälern Osttibets. Vgl. Tafel 1.

118) Vor allen Dingen zuungunsten der nomadischen Bevölkerung, die ihren Getreidebedarf zu großen Teilen über Salzhandel mit indischen und nepalesischen Völkern deckte.

119) Organizing Committee Symposium on Qinghai-Xizang (Tibet) Plateau, Academia Sinica: *A Scientific Guidebook to South Xizang (Tibet)*, June 2-June 14, 1980, S.1-16.

120) Ein solcher Eindruck wird auf jeden Fall bei Artikeln wie "Gegen die Überbetonung ökologischer Aspekte bei der Landerschließung" von Shi Ji (in: *Geochina* 1979) erweckt, ebenso bei den oft phantastisch anmutenden Schätzungen chinesischer Wissenschaftler und Planer, wenn die für Neulanderschließungen nutzbaren Landreserven Chinas noch immer in der Größenordnung von 43 Mio.ha Land (Wu Chuanjun 1981:13) angenommen werden.

121) Nach *CD* vom 24.3.1986, "State fights rapid growth of deserts".

122) Von Zhao/Han (1981:117) genanntes Beispiel: am Tarim-Oberlauf Anbau von Nahrungsfrüchten, erst in zweiter Linie Grünland, am Mittellauf Weide- und Wiesenland und am Unterlauf wieder Ackerbau, geringe Grünlandnutzung und etwas Forstwirtschaft.

123) Kareze (im Iran: Qanate) werden jene unterirdischen Wasserleitungen genannt, mit deren Hilfe Grundwasserhorizonte angezapft und ihr Wasser unter Ausnutzung des natürlichen Gefälles bis zu den Oasen geleitet werden, wo sie teils unter-, teils oberirdisch weiterfließen (H. Bobek, nach C. Troll 1963:313; vgl. auch Hoppe 1987b, Kolb 1963, Weggel 1987).

124) Naßreis benötigt zwar langsam, aber doch ständig fließendes Wasser, wodurch ein allmähliches Auswaschen der löslichen Salze möglich ist.

125) Diesem Fallbeispiel (Staatsfarm Nr. 29) liegen folgende Quellen zugrunde: Zhang Linchi (1986:148 f.), Luo (1985:264-277).
126) Vgl. die Erfahrungen der Staatsfarm Nr. 13 des PAK Xinjiang: "In den durch Salzschädigung betroffenen Feldern hatte nur eine einzige Pflanze das große Sterben überlebt, nämlich der Naßreis. Ursächlich für dieses Wunder war offensichtlich die Tatsache, daß das Wasser in den Reisfeldern öfters ausgetauscht wurde, so daß keine tödliche alkalische Konzentration entstehen konnte. (...) Wegen der kontinuierlichen Neubewässerung innerhalb der Reisfelder nämlich stieg der Grundwasserspiegel unverhältnismäßig schnell an und schwemmte damit gleichzeitig auch das Salz mit hoch" (zit., Weggel 1987:86).
127) Nach Zhang Linchi, bzw. 56,6mal so groß wie 1965 (Luo 1985:268).
128) Diesem Fallbeispiel liegen folgende Quellen zugrunde: Wang Yongyao (1987), Xian/Chen (1986:90), Zi Chen (1987), ZZX (1984) und Müggenburg (1980a:188-203).
129) Brustbeere oder Chinesischer Dattelbaum (*Zizyphus jujuba*).
130) Die Pionierarbeit hierfür war ab 1960 im Kreis Minqin in Gansu (Abb.14) geleistet worden (vgl. Geng 1961; ZZX 1984:204). Weitere Beispiele wurden aus Pishan (Tarim-Becken), Yumen (Gansu) [Müggenburg], Jingbian (Shaanxi) [Zi Chen] u.a. [ZZX] berichtet. Eine allgemeine Zusammenfassung von in China angewandten Maßnahmen gegen die Desertifikation findet sich in Müggenburg (1980a). Vgl. auch Smil (1984:61 f.).
131) Von 1945 bis 1974 im Mittel 14,92 Mio.m^3 Jahresabfluß (Zhao 1985:199).
132) Als Quelle diente hier der Artikel von Liu Zhimin: "Moshang guangai jishu ji qi xiaoyi" (Die Technik der Über-Folien-Bewässerung und ihre Nutzeffekte), in: *XNK*, 1988, Nr.1, S.26 f.
133) Bei einem Gefälle von unter 1 p.Tsd. zwischen 25 und 30 m Länge, wobei die zur Bewässerung benötigte Wassermenge etwas ansteigt; bei größerem Gefälle zwischen 60 und 120 m Länge.
134) Der Betrag errechnet sich folgendermaßen: Pro Hektar werden die Kosten für 4.125 m^3 Bewässerungswasser eingespart (66 Yuan), nach Anwendung der ÜFB-Technik können das Hacken und Lockern des Bodens zwischen den Fruchtreihen drei- bis viermal, die Kopfdüngung einmal ausgelassen werden (42 Y.), durch den um 10% höheren Hektarertrag wird ein Mehr von 315 Yuan erwirtschaftet; von der ersparten Gesamtsumme (423 Y.) wird ein Betrag von 24 Yuan abgezogen, der für das Spritzen von Herbiziden aufgewendet wird (*XNK*, 1988, Nr.1, S.27).
135) Die Darstellung des Fallbeispiels stützt sich auf den Artikel von Zan Shide/He Jiuyu: "Sishisan tuan gaitu peifei de xingshi ji qi xiaoguo" [Art und Wirkung der Maßnahmen zur Verbesserung der Bodenfruchtbarkeit auf der Staatsfarm Nr. 43], in: *XNK*, 1989, Nr.4, S.18 ff.

Anmerkungen 181

136) Trotz Bemühungen von chinesischen Freunden, von denen ein Forstwissenschaftler die Pflanze kannte, war es mir bislang nicht möglich, sie zu identifizieren. Selbst in botanischen Wörterbüchern war sie nicht verzeichnet. Der Bedeutung der Youkui-Pflanze für die Gründüngung widmeten Zan Shide und Gong Chongxian einen ganzen Artikel: "Nanjiang xiabo youkui lüfei zaipei jishu tantao" (Diskussion der Anbautechniken mit der sommerlichen Aussaat von Youkui zur Gründüngung in Süd-Xinjiang), in: *XNK*, 1989, Nr.3, S.15 f.

137) Angaben nach Liu Kaixuan: "Zaoshu pinzhong dongmai taozhong caomuxi yanjiu" (Untersuchungen zum Zwischenfruchtanbau von Steinklee mit frühreifenden Sorten von Winterweizen), in: *XNK*, 1988, Nr.6, S.10.

138) Nach Hu Huanfa: "Bashiqi tuan gaitu peifei gongzuo jieshao" (Darstellung der Maßnahmen zur Verbesserung der Bodenfruchtbarkeit auf der Staatsfarm Nr.87), in *XNK*, 1988, Nr.5, S.33/36.

139) Nach Wen Kexiao: "Tigao renshi, luoshi cuoshi, zhonghao lüfei" (Das Wissen um den Wert der Gründüngung verbreiten und Maßnahmen dazu in die Tat umsetzen), in: *XNK*, 1988, Nr.6, S.3 f.

140) Nach Meng Fengxuan/Lai Xianqi/Luo Xianping: "Qianyi ruhe tigao youkui lüfei de jingji xiaoyi" (Knappe Darstellung, wie der wirtschaftliche Nutzen der Gründüngung mit Youkui erhöht werden kann), in: *XNK*, 1988, Nr.6, S.8 f.

141) Nach Wen Kexiao (s. Anm.139), Wang Hongnian/Fan Changhai: "Yi yazhong lüfei wei zhongxin quanmian gaohao gaitu peifei de tansuo" (Forschungen zu einer umfassenden Verbesserung der Bodenfruchtbarkeit rücken das Unterpflügen von Grünland in den Mittelpunkt), in: *XNK*, 1988, Nr.6, S.5 ff. und Meng/Lai/Luo (s. Anm.140).

142) Folgende günstige Wirkungen der Klimafaktoren werden von Li Jiyou (1981:2045 ff.) und Lu Jimei/Yu Binggao (1981:2062 ff.) genannt: Die intensive Sonnenstrahlung hat über eine intensive photosynthetische Aktivität der Pflanze eine größere Akkumulation organischen Materials und größere Körnerdichten zur Folge. Die Temperaturen vor der Reife sind weder zu hoch noch zu variabel und bieten dem Weizen täglich über neun Stunden angemessene Wärmeverhältnisse (15°-25°C) für die Photosynthese. Außerdem führen die im Verhältnis zum Tiefland niedrigeren Temperaturen beim Weizen zu einer Verlängerung der Wachstumsperiode und damit der Bildung und Ansammlung organischen Materials, will heißen eine angemessene Zeitdauer für die Heranbildung hoher Erträge. Dadurch, daß die Regenfälle gewöhnlich nachts erfolgen und tagsüber sonniges Wetter vorherrscht, ergibt sich eine stabile tägliche Photosynthese-Rate. Das insgesamt kühle und trockene Klima begrenzt das Vorkommen von Pflanzenkrankheiten und -schädlingen. So liegt die Vegetationsperiode desselben Getreides in Tibet zwar 20-50% über derjenigen im chinesischen Tiefland, dafür liegt das Ährengewicht z.B. in Lhasa 100% darüber (z.B. von Hangzhou).

143) Shi Jingyuan: "Shanshan yuanyichang putao de shifei tedian" (Merkmale der Düngung der Weinstöcke auf der Obstfarm Shanshan), in: *XNK*, 1989, Nr.3, S.30 f.
144) Nach Zhang Liqi: "Jieshao ershiba tuan guoyuan jianzuo muxu, quanwei yang yang de jingyan" (Über die Erfahrungen mit Luzerneanbau und Schafzucht auf Flächen mit Obstkulturen der Staatsfarm Nr. 28), in: *XNK*, 1988, Nr.2, S.47 f.
145) Die mangelnde großflächige Umsetzung der Bodenschutzmethoden lag u.a. daran, "daß man die Lösung des Erosionsproblems in erster Linie mit administrativ-organisatorischen und technischen Maßnahmen anging, an den realen Verhältnissen in weiten Teilen des Lößgebietes jedoch häufig vorbeiplante". Sie hatte ihren Grund aber nicht selten auch darin, daß Gelder aus Nothilfeprogrammen teilweise zweckentfremdet oder lokal nicht angemessen verwendet wurden. So wird z.B. davon berichtet, daß in Guyuan (Ningxia) Traktoren mit Geldmitteln finanziert wurden, die sinnvoller für Schutzpflanzungen hätten eingesetzt werden können, zumal Traktoren im zerklüfteten Lößrelief kaum benutzt werden konnten (Betke 1987b:54 ff.). Ähnliche "Fehlkäufe" sind mir selbst aus dem Ort Taigu in der Lößprovinz Shanxi bekannt (an der dortigen Landwirtschaftlichen Hochschule im Jahre 1986). Vgl. auch Albrecht (1980) und Müggenburg (1980).
146) Die Darstellung des Fallbeispiels stützt sich auf Chen Rinong (1986) und Grobe (1988). Siehe auch *CHINA aktuell*, November 1985, S.754.
147) Dieses Herunterwirtschaften wurde am Beispiel des östlichen Nachbarkreises Guyuan von Betke (1987b:55) mit Zahlen deutlich dokumentiert.
148) Das sind knapp 12% bzw. 13% der Fläche des Kreises Xiji.
149) Betke (1987b:58). Der Südteil Ningxias gehörte mit einem jährlichen Bodenverlust von 10.000-20.000 t pro km^2 (das sind 1-2 cm Bodenoberfläche!) zu den am stärksten von Erosionsschäden betroffenen Gebieten. Die Verlustraten durch Erosion wurden für das Lößbergland unter Zugrundelegung von 346 mm Jahresniederschlag 1973 berechnet und folgendermaßen beziffert: 60 kg pro Hektar Waldboden, 93 kg pro Hektar Grasboden, 3.570 kg pro ha Ackerland bzw. in der landwirtschaftlichen Mußezeit und auf überweidetem Ödland sogar 6,75 t/ha im Jahr (Shi/Cao/Zhu 1985: 234, 238)!!
150) Nach der blutigen Unterdrückung des "Beijinger Frühlings" am 4.Juni 1989 haben die orthodoxen Machthaber die politisch-ideologische Schulung wieder in den Vordergrund der Studien gerückt.
151) MAT = Materialiensammlung im Anhang.
152) Im Fernsehen und in Tageszeitungen allerdings zumeist nur unkritische Erfolgsmeldungen.

Anmerkungen 183

153) Bereits 1981 soll in über 90% der ländlichen Produktionsbrigaden das System der Produktionsverantwortlichkeit in der einen oder anderen Form eingeführt worden sein (Liu Shumao, nach Sinha 1982:44). Der Anteil der Staatsfarm-Haushalte, denen im Rahmen dieses Systems die Produktionsaufgaben vertraglich übertragen wurden, lag Ende 1983 bei 25,7%, in der Inneren Mongolei u.a. AR sogar über 50% (Zhang Linchi 1986:327).
154) Die Inhalte des Landwirtschaftsrechts und des Umweltschutzrechts sind in *CHINA aktuell* (1987:290-316 und 575-594) von Weggel (1987a, 1987b) wiedergegeben und kommentiert worden.
155) Aus diesem Grund war schon in frühester Zeit der Kaiserkanal gebaut worden, der als Transportkanal für Getreide diente. Besondere Bedeutung kam ihm immer dann zu, wenn die Dynastien sich in Nordchina etablierten, die den immer wieder verfallenen Kanal wiederherstellen ließen, um die Versorgung ihres Herrschaftszentrums sicherzustellen.
156) Vgl. hierzu E. Croll (1988:53 ff.).
157) Nach Böhn (1987:37).
158) *FW '87* u. *FW '90*, Frankfurt 1986, S.296 u. 1989, S.108.
159) Nach Stadelbauer (1987a:566).
160) Wenn Stadelbauer hier speziell von der Beurteilung der Ernährungslage spricht, kann seine Einschätzung dennoch auf andere Problembereiche ausgedehnt werden. In diesem Zusammenhang verwundern folglich auch Begriffe wie "Interpretation zu optimistisch", "diese zu positive Deutung Lügen straften" usw. nicht (a.a.O.).
161) Zwar tauchen in der Literatur Angaben solcher Größenordnung auf, doch werden sie auch dort vereinzelt angezweifelt: "...a truly incredible 30 per cent of the 1957 total!" (Smil 1987:223) Des weiteren konnte ich mich nicht des Eindrucks erwehren, daß zuweilen die Begriffe genutzte Fläche und nutzbare Fläche nicht deutlich genug auseinandergehalten werden. Welche Bedeutung dies für den Umfang der angenommenen Landverluste hat, wird deutlich, wenn wir uns die in Weggels Abhandlung über das chinesische Umweltschutzrecht (1987b:590) genannten Zahlen vor Augen halten: "Zwischen 1957 und 1958 beispielsweise nahm die landwirtschaftlich genutzte Fläche um 13 Mio.ha, die landwirtschaftlich nutzbare Fläche um rund 33 Mio.ha ab." In der entsprechenden Abhandlung über das Landwirtschaftsrecht (Weggel 1987a:291) werden für denselben Zeitraum Verluste von netto rund 6,8 Mio.ha Ackerland genannt (vgl. auch Smil 1984:69).
162) Nach Angaben aus *CHINA aktuell* (Juli 1986, S.424) wurden in der Zeit von 1949 bis 1977 vom Staat rund 13,3 Mio.ha für Baumaßnahmen in Anspruch genommen, also 13,6% der Ackerfläche von 1949. Der Landesdurchschnitt kann zudem schwerlich über den Ackerland-Verlusten der Hauptstadt Beijing liegen, die sich mit am gewaltigsten ausgedehnt hatte (29,6% von 1949 bis 1980; nach Smil 1984:70).

163) Von Wu Chuanjun, ehemals Präsident des Geographischen Instituts der Academia Sinica in Beijing, überarbeitete Fassung des von Betke/Küchler (1987) benutzten Skripts [Wu C. 1980]. Vom Autor anläßlich eines persönlichen Gesprächs im Herbst 1984 überreicht.
164) Außer einem niedrigeren Produktionssoll (Abgabequoten für Getreide u.a.) ergeben sich noch andere Vorteile für die Kader und Bauern: Es können höhere Hektarerträge vorgetäuscht werden, wenn mehr Getreide abgeliefert wurde (London 1979:329), obschon die Anbaufläche gleich blieb oder schrumpfte. Es kann mehr für den Eigenbedarf oder den Verkauf auf dem freien Markt produziert werden (Betke/Küchler 1987a:96). Gegebenenfalls ist auch einfach die Besteuerung niedriger als bei Angabe der neu erschlossenen Fläche (Barker et al. 1982:221). Steuerhinterziehung war schon früher ein Grund für falsche Angaben über Grund und Boden, wie es J.L. Buck bereits Anfang der 30er Jahre von Grundbesitzern berichtete (nach Kang Chao 1970:192). Möglich ist zudem, daß z.T. unerlaubt gerodet wurde, um neue Äcker anzulegen.
165) Auf andere Weise ist illegales Fällen kaum möglich, da in den Waldgebieten eine große Zahl von festen Straßenkontrollen den Abtransport des Holzes überprüfen. Aus Gesprächen mit solchen Kontrolleuren habe ich erfahren, daß für sie keinerlei Möglichkeit besteht, die in den Papieren vermerkten Quoten zu überprüfen.
166) Vgl. Übersicht in: Betke/Küchler (1987a:97).
167) B. Stone: "The Use of Agricultural Statistics", in: Barker et al., 1982, S.205-245. Vgl. auch Betke/Küchler (1987a:103, Anm.42).
168) *Beijing Rundschau*, 17.1.1984, S.11; nach Betke/Küchler, a.a.O., Anm.43.
169) Zhao Songqiao: "Physical Features and Economic Development of China's Mountain Environment", in: *Mountain Research and Development*, 1985, 5(4), S.324; nach Betke/Küchler, a.a.O.
170) So wird kein Kader oder Angestellter eine Änderung falscher Daten vornehmen, ohne vorher eine Aufforderung oder Genehmigung mit behördlichem Siegel erhalten zu haben. "Man sollte sich nicht einbilden, daß die Enthüllung statistischer Betrugsmanöver eine sofortige Richtigstellung bedeute. Ein langer Aufsatz in der *RMRB* vom 20.4.1979 deckte auf, daß vielerorts Statistiken weiterhin 'der Politik dienen' und 'nicht die ökonomische Wirklichkeit widerspiegeln'" (London 1979:330 f.). "Ein Brief vom 7.5.1979 sagt über statistische Tabellen: '30% sind Statistik, 70% sind - geraten'" (*RMRB*, nach London, a.a.O.).
171) Vgl. Kang Chao (1970:197 ff.) und Zhang Linchi (1986:116).
172) Aus eigener Anschauung kann ich dies nur so sehen. Solches kann jedem Reisenden in China auffallen, wenn er sich z.B. auf Zugfahrten durch gebirgige Landschaften unversehens längs durch die Berge fahren sieht. In

der Gegend um Beijing-Shidu (2-3 Std. Bahnfahrt im SW der Stadt), auf der Strecke von Xi'an nach Lanzhou (Lößbergland) sowie Chengdu-Kunming genießt der Reisende nur selten einen Ausblick in die Landschaft, da die Bahnlinien dort überwiegend im Innern der Berge verlaufen. Das exzessive Bauen sowohl von Eigenheimen wohlhabender Bauern als auch von neugegründeten Firmen setzte erst mit der Besserung der wirtschaftlichen Lage der Bevölkerung sowie der verstärkten Investitionstätigkeit seit Beginn der ökonomischen Liberalisierung der "Vier Modernisierungen" richtig ein.

73) Weggel (1974:189 u. 193); vgl. auch MAT 12/4.
174) Nach Hoppe (1987b:241): "During my stay in Turpan I observed many families consuming Canadian wheat. But they all expressed their discontent with the quality of this wheat."
175) So die offizielle chinesische Bezeichnung (*shaoshu minzu*), obschon diese Völker vor den massiven han-chinesischen Einwanderungen seit der Wende des 19. zum 20. Jh. einst die Mehrheit in den betroffenen Gebieten stellten.
176) Unter Abzug der auf "verspätete" statistische Erfassung von Nutzflächen zurückgehende Gewinne (vgl. Anm. MAT 1/1).
177) Nach Grossmann (1960:204) ein Sechstel, nach Zhang Linchi ein Fünftel (vgl. MAT 1/1).
178) Inzwischen sollen mehr als die Hälfte aller chinesischen Staatsgüter solche integrierte Agrar-Handels-Industrie-Unternehmen sein, die sich außer durch mehr Entscheidungsrechte als früher insbesondere durch einen direkten Zugang zu Absatzmärkten auszeichnen (Gerhold 1987:143 ff., 151).
179) Nach *China heute*, 1990, Nr.1, S.9.
180) Getreideernte von 394,1 Mio.t in 1988 (CA, 1989, Nr.10, S.34).
181) Produktionszahlen der Staatsfarmen (1980) von Getreide, Baumwolle, Speiseölen, Zucker, Tee, Gummi usw. sind alle gestiegen. Z.B. Getreide: 75,33 Mio.t (4,7% mehr als 1979); Zucker 1,46 Mio.t (i.e. 28,7% mehr als 1979) (Guo Chunhua 1981:409).
182) Außerdem 8% der Produktion von Gummi und tropischen Erzeugnissen, 4% Ginseng u.ä., 5% Gemüsebau u.a. (Guo Chunhua 1981:412).
183) Nach MLVF (1986:138 f.) und Zhang Linchi (1986:Anhang/Tafel 9). Entsprechend den damaligen Kursen ein Vergleichswert von 0,85 Mrd.DM (1984) bzw. 1 Mrd.DM (1985).
184) Vgl. *FW '90* (Frankfurt 1989:788). Demzufolge erbrachte Ende 1988 eine Tonne Baumwolle den Gegenwert von ca. 293 Bushel Weizen [1 bushel = 35,24 l].
185) *FW '90* (Frankfurt 1989:783 f.).

186) Setzt man die Differenz (1986 ca. 6 Mio.t, 1987 ca. 8 Mio.t) zwischen der Import- und Exportmenge an Getreide der letzten Jahre zur Bevölkerung ins Verhältnis, so ergibt sich pro Kopf eine Differenz von -6 bis 8 kg im Jahr, was einem Brennwert von 50-65 kcal entspricht, also einem durchschnittlichen Kalorienverbrauch von 2.565 bis 2.580 pro Kopf und Tag. Einen Engpaß würde ich hierin nicht sehen, zumal gleichzeitig die Pro-Kopf-Produktion von Fleisch seit 1982 um 38% gesteigert wurde (vgl. MAT 12/3 bis 12/5).
187) Vgl. Buchanan (1970:124): "It is easier to import grain for the northern cities from overseas than to shift it over one thousand miles by rail from surplus grain areas."
188) *CHINA aktuell*, Mai 1989, S.328.
189) Daß die Gefahr einer Entwicklung in diese Richtung in China teilweise schon erkannt wurde, dafür sprechen u.a. die Überlegungen zur Rationierung eines Teils des Nahrungsmittelangebots (Kontrolle des "exzessiven Verbrauchs", Mei 1989:40). In diesem Sinne könnte auch die Rückkehr der Schweinefleisch- und Zuckerrationierung im Jahre 1987 (Dowdle 1988) gesehen werden. Die Auslegung des Vorhandenseins von Rationierungsmarken als Anzeichen möglicher Nahrungsmittelknappheiten ist mit Vorsicht zu genießen: Die chinesische Planwirtschaft sieht in der Rationierung ein wirksames wirtschaftspolitisches Steuerungsmittel, das selbst bei gleichzeitiger Existenz von marktwirtschaftlichen Elementen seine Berechtigung nicht verliert (vgl. Dürr 1986:31 und Croll 1986:109 f.).

Anhang: Statistische Materialien

1. Ackerland-Erschließung Mat 1

Tabelle 1/1:
Von 1949 bis 1984 in der VR China neu erschlossenes Ackerland   MAT 1/1

Zeitraum	erschlossenes Neuland (ha), davon: in der ganzen VR China	von Staatsfarmen erschlossen	(%)
1949-1952	10,037 Mio.	256.000	(2,6)
1953-1957	5,475 Mio.	869.000	(15,9)
1958-1962	10,587 Mio.	3,441 Mio.	(32,5)
1963-1965	2,225 Mio.	572.000	(25,7)
1966-1970	k.A.	484.000	
1971-1975	2,352 Mio.	710.000	(30,2)
1976-1980	2,332 Mio.	555.000	(23,8)
1981-1984	1,285 Mio.	197.000	(15,3)
insgesamt	34,293 Mio.	7,083 Mio.	(20,1)

k.A. = keine Angaben
Anm.: Die Zahlen aus dem Zeitraum 1949-1952 beinhalten die erneute Erschließung aufgelassener Felder und auch solche, die im Zuge der Bodenreform erstmals statistisch erfaßt wurden.
Quelle: Zhang Linchi (1986:116)

Nach 1960 durchgeführten Untersuchungen wurden in ganz China rund 65 Mio. ha nicht landwirtschaftlich genutzten Landes als für den Ackerbau geeignet eingestuft. Davon waren bis 1984 ca. 34 Mio.ha (52,3%) mit mehr oder weniger Erfolg erschlossen worden. Eine neue Bestandsaufnahme durch die Academia Sinica hielt 1984 noch weitere 33 Mio.ha für eine landwirtschaftliche Erschließung geeignet, wovon rund die Hälfte der Fläche (ca. 16 Mio.ha) in den Trokkengebieten von Chinas Westen und Norden gelegen seien. Allein für Xinjiang wird noch immer ein Erschließungspotential von knapp 11 Mio.ha angenommen(!), was in Anbetracht der ökologischen Schäden sehr bedenklich erscheinen muß. [Zhang Linchi (1986:116)]

Aussaatfläche (Ackerfläche) - Saatfläche MAT 11

2. Bevölkerungsentwicklung in den Trockengebieten MAT 2

Tabelle 2/1: MAT 2/1

Jahr	Gansu	I.Mongolei	Ningxia	Qinghai	Xinjiang	Tibet
1953	11	6,1	1,81	2	5,4	1,27
1968	13	13,0	1,98	k.A.	8,0	1,39
1985	20,4	20,1	4,2	4,1	13,6	2,0

Quellen: BÖHN (1987), Franke/Staiger (1974), Ting (1977)

3. Ertragsleistung (Hektarerträge) MAT 3

Tabelle 3/1:
Die Entwicklung der Flächenerträge von Getreide in den Trockengebieten Chinas seit 1949 MAT 3/1

Region		Getreide (insgesamt) [t/ha]				
	bis 1949	1950er	1979	1980	1985	1986
Gansu	1,1	1,33[2]	1,65	1,68	1,91	1,99
Innere Mongolei	0,6	0,84[2]	1,26	1,02	1,77	1,47
Ningxia	k.A.	k.A.	1,49	1,62	2,15	2,34
Qinghai	1,1[1]	1,65[2]	1,95	2,33	2,59	2,54
Xinjiang	1,07	1,9[2]	1,90	1,79	2,69	3,03
Xizang (Tibet)	k.A.	1,2[1]	2,06	2,54	2,73	2,39
VR China	1,09	>1,2	2,78	2,75	3,48	3,53

1) Angabe von 1952
2) Angabe von 1957 (Vermeer 1977)
Quellen: Chen N. (1966), Dürr/Widm. (1983), MLVF (1986), SSB (1987), Wilm (1968)

Tabelle 3/2: Flächenerträge ausgewählter Feldfrüchte in den Trockengebieten Chinas in den Jahren 1980 und 1986 MAT 3/2

Region	Reis [t/ha] 1980	1986	Weizen [t/ha] 1980	1986	Sojabohnen [t/ha] 1980	1986
Gansu	5,01	4,83	1,74	2,22	1,61	1,31
Innere Mongolei	2,75	3,06	0,87	1,39	0,72	1,55
Ningxia	7,01	8,25	1,69	2,42	0,75	1,05
Qinghai	--	--	2,81	3,09	--	--
Xinjiang	2,61	4,56	1,58	2,78	1,34	2,13
Xizang (Tibet)	3,72[1]	3,74[1]	3,08	2,64	1,22	3,26[2]
VR China	4,14	5,34	1,89	3,05	1,09	1,39

(1) ausschließlich in den tiefliegenden Flußtälern Südost-Tibets
(2) vermutlich in genannten Tälern und Gewächshäusern um Lhasa und Xigaze
Quelle: SSB (1987)

MAT 3/3

Region	Mais [t/ha] 1980	1986	Rapssamen [kg/ha] 1980	1986	Zuckerrüben [t/ha] 1980	1986
Gansu	2,81	3,39	885	1065	13,7	33,1
Innere Mongolei	2,13	3,27	240	330	14,5	21,2
Ningxia	3,60	3,74	420	360	22,4	32,1
Qinghai	--	--	915	1035	14,6	66,8
Xinjiang	2,28	3,69	525	900	15,9	26,5
Xizang (Tibet)	3,18	2,96	930	1245	--	--
VR China	3,08	3,71	840	1200	14,25	16,0

Quelle: SSB (1987)

MAT 3/4

Region	Obst [t/ha] 1980	1986	Baumwolle [kg/ha] 1980	1986	Tabak [t/ha] 1980	1985
Gansu	3,74	3,60	480	705	1,5	2,22
Innere Mongolei	1,12	2,58	--	--	0,72	1,65
Ningxia	2,54	3,07	--	--	--	1,05
Qinghai	2,83	4,13	--	--	k.A.	2,97
Xinjiang	3,18	5,08	435	780	k.A.	4,13
Xizang (Tibet)	5,00	6,00	--	--	--	--
VR China	3,81	3,67	555	825	1,81	1,90

Quellen: MLVF (1986), SSB (1987)

4. Export   MAT 4

Tabelle 4/1:
Übersicht über die Exportentwicklung von Gütern der Neulanderschließungsunternehmen 1978-1984 (Auswahl von für die Staatsfarmen in Chinas Trockengebieten relevanten Exportgütern)   MAT 4/1

Exportgut	Einheit	1978	1979	1980	1981	1982	1983	1984
Hopfen	t	95	550	915	1150	1650	2570	2510
Melonen	t	9100	7150	28150	12400	13900	10800	10950
Kürbis- und Melonensamen	t	46,7		1420	1749	2083	2266	2499
Baumwollgarn	t		170		880	923	293	1783
Baumwollstoff	1000 m		938	1920	1820	1960	1150	13380
Schafwolle	t							4100

Quelle: Zhang Linchi (1986:306)

Seit Ende der 70er Jahre hat vor allem der Export von Hopfen, Melonen- und Kürbiskernen und Baumwolle eine dramatische Aufwärtsentwicklung erfahren - alles landwirtschaftliche Produkte, die in Chinas Trockengebieten in wachsendem Maße angebaut werden. Mengenmäßig am bedeutendsten ist hierbei die Baumwolle.

Tabelle 4/2: Die wichtigsten Exportgüter der Neulanderschließungsunternehmen im Jahr 1984   MAT 4/2

Exportgut/Einheit	Exportmenge (t)	% der Gesamtproduktion
Baumwolle	13.000	17,1
- davon PAK Xinjiang	12.900	14,3
Hopfen	2.513	32,1
- PAK Xinjiang	2.500	44,7
Schafwolle	4.135	24,6
- SVZB Xinjiang[1]	4.128	58,5
Schaffelle	33.000 Stück	
- SVZB Xinjiang	30.500 Stück	54

[1] SVZB: der Viehzuchtbehörde Xinjiangs (Xinjiang xumuting suoshu muchang) unterstellte Staatsfarmen
Quelle: Zhang Linchi (1986:302-305)

Einige der von unter der Aufsicht der Neulanderschließungsbehörden stehenden Unternehmen exportierten Güter - Baumwolle, Hopfen, Schafwolle - stammen fast ausschließlich von Staatsfarmen in den Trockengebieten, und dort fast ausschließlich aus Xinjiang.

Materialien

Tabelle 4/3:
Exporterträge der Neulanderschließungsunternehmen (NLU) im Jahr 1984
MAT 4/3

Region	Exporterlöse (Mio.Yuan)	davon Industrieprodukte (%)	Anteil am Gesamtexporterlös der NLU
VR China (NLU)	702,86	39,5	100
PAK Xinjiang	122,67	73,3	17,5
AR Xinjiang	17,39	k.A.	2,5
Heilongjiang	144,11	12,6	20,5
andere NLU	418,69	über 50%	49,5

Quelle: Zhang Linchi (1986:301)

An den Exporterlösen, die von Staatsfarmen erwirtschaftet werden, haben jene in den Neulanderschließungsgebieten des Nordostens (Mandschurei) und Nordwestens (Xinjiang) den größten Anteil. Allein in der AR Xinjiang kommt ein Fünftel des Exporterlöses aller NLU Chinas zustande. Diese Exporte spielen eine große Rolle für die Devisenreserven der VR China.

5. Gemüse-Anbau MAT 5

Tabelle 5/1:
Ausdehnung des Gemüseanbaus in den Trockenregionen Chinas - 1979/ 1985
(in ha) MAT 5/1

Jahr	Gansu	I.Mongolei	Ningxia	Qinghai	Xinjiang	Tibet
1979	42.000	89.000	14.800	6.100	58.500	600
1985	48.500	58.100	12.300	4.500	56.900	3.400

Quellen: Dürr/Widmer (1983), MLVF (1986)

6. Gründüngung MAT 6

Tabelle 6/1:
Gründünger-Flächen in Chinas Trockengebieten - 1979/1985 (in ha) MAT 6/1

Jahr	Gansu	I.Mongolei	Ningxia	Qinghai	Xinjiang	Tibet
1979	20.900	48.100	4.200	--	24.500	--
1985	26.530	21.600	2.940	3.200	58.800	200

Quellen: Dürr/Widmer (1983), MLVF (1986)

7. Investitionskosten MAT 7

Tabelle 7/1:
Landwirtschaftlicher Investbau der Staatsfarmen in der VR China [1980-1984] - Anteile der verschiedenen Verwendungszwecke an der Gesamt-Investitionssumme (in %) MAT 7/1

Jahr	1980	1981	1982	1983	1984	Veränderung von 1980 auf 1984 (%)
Projekte:						
Ackerbauliche Investitionen	37,61	15,05	13,98	13,46	13,35	- 64,5
- Kauf landw. Maschinen u.ä.	11,41	10,89	6,96	7,41	8,91	- 21,9
- Neulanderschließung	1,18	0,006	0,002	0,019	0,02	- 98,3
Aufforstungsmaßnahmen	1,04	1,03	1,82	2,6	2,97	+ 185,6
Aufbau der Viehzucht	2,71	3,69	4,13	4,2	3,64	+ 34,3
Wasserbaumaßnahmen	1,03	9,98	9,27	7,87	5,65	+ 448,6
Aufbau des Energiesektors	0,14	2,84	2,95	3,69	4,31	+ 3076
Aufbau des Industriesektors	11,16	16,64	19,13	24,04	20,42	+ 83
Aufbau der Infrastruktur	0,28	3,33	3,84	2,92	2,97	+ 961,5
Häuserbau	29,22	30,75	31,77	28,35	30,1	+ 3,0
- Wohnbauten	14,71	17,61	16,13	19,23	16,2	+ 10,1
- Schulgebäude	2,62	--	3,96	4,95	6,23	+ 137,8
anderes	16,78	16,69	13,89	13,27	16,57	+ 1,25

Quelle: Zhang Linchi (1986:134)

Deutlich sind die für neue Erschließungsprojekte zur Verfügung gestellten Summen geschrumpft (im Verhältnis zu anderen Investitionssummen um über 98%). Der Akzent liegt also auf Konsolidierungsmaßnahmen, wie auch die wachsenden Anteile der Investitionen in der Aufforstung (185%), der Viehzucht (34,3%) und in Wasserbaumaßnahmen (448%) zeigen. Es muß kein Zufall sein, daß die Geldmittel für Maßnahmen, die zur Bekämpfung von Versalzung (Drainage/Wasserbau) und Desertifikation (Aufforstung) sowie die Verbesserung der Bodenfruchtbarkeit zu unterstützen (Viehzucht) geeignet sind, gleichzeitig mit dem wachsenden Bewußtsein für die Notwendigkeit solcher Maßnahmen gesteigert worden sind.

Materialien

8. Landwirtschaftliche Produktion MAT 8

Tabelle 8/1:
Erntemengen ausgewählter Feldfrüchte in den Trockengebieten Chinas [1985] (a)
MAT 8/1

Region	Getreide (Mio.t) ganze Region	Staatsfarmen	Obst (Tsd.t) ganze Region	Staatsf.	Ölsaaten (Tsd.t) ganze Region	Staatsf.
Gansu[1]	5,31	0,03	199,1	)	263,1	2,7
Inn.Mongolei	6,05	0,31	68,4	)	794,0	37,2
Ningxia	1,39	0,07	35,4	)	53,4	7,3
Qinghai[1]	1,00	0,01	19,8	) k.A.	99,2	10,7
Xinjiang	4,99	1,19	492,5	)	342,5	104,6
Xizang (Tibet)	0,53	0,01	4,1	)	14,5	0,1
VR China	379,11	6,98	11.639,5	k.A.	15.784,1	278,0

Tabelle 8/2:
Erntemengen ausgewählter Feldfrüchte in Chinas Trockengebieten (b) MAT8/2

Region	Baumwolle (Tsd.t) ganze Region	Staatsf.	Zuckerrüben (Tsd.t) ganze Region	Staatsf.	Sonnenblumenkerne (Tsd.t) ganze Region	Staatsf.
Gansu[1]	5,1	0,01	616	4,2	36,6	)
Inn.Mongolei	--	--	2.542	46,5	493,6	)
Ningxia	0,002	0,002	385	51,9	10,2	) k.A.
Qinghai[1]	--	--	8,6	--	--	)
Xinjiang	187,8	84,3	407	211,8	168,9	)
Xizang (Tibet)	--	--	--	--	--	)
VR China	4.146,7	152,5	8.917	3.367,2	1.732,1	k.A.

Tabelle 8/3:
Produktionsmengen tierischer Erzeugnisse in Chinas Trockengebieten [1985]
MAT 8/3

Region	Fleisch (Tsd.t) ganze Region	Staatsfarmen	Milch (Tsd.t) ganze Region	Staatsf.	Schafwolle (Tsd.t) ganze Region	Staatsf.
Gansu	248	0,9	44	0,5	10,1	)
Inn.Mongolei	359	12,8	259	41,3	49,0	)
Ningxia	34	2,0	13	4,3	3,2	)
Qinghai	112	1,2	159	4,1	15,0	) k.A.
Xinjiang	178	53,1	197	43,1	39,1	)
Xizang (Tibet)	71	0,4	103	0,3	8,0	)
VR China	19.265	291,3	2.894	574,9	178,0	k.A.

[1] inkl. der Ackerflächen im semihumiden Übergangsbereich im Osten Gansus und Qinghais
Quelle: MLVF (1986)

9. Obstkulturen MAT 9

Tabelle 9/1:
Ausweitung des Obstanbaus in Chinas Trockengebieten [1979-1986] (in ha)
MAT 9/1

Jahr	Gansu	Inn.Mongolei	Ningxia	Qinghai	Xinjiang	Tibet
1979	34.800	28.300	9.100	2.300	48.500	300
1980	34.200	27.700	8.300	2.500	49.000	800
1985	45.900	24.500	8.300	3.500	80.200	800
1986	68.900	22.900	11.700	4.600	98.000	670

Summe (1979): 123.300 ha, (1986): 206.770 ha
Quellen: Dürr/Widmer, MLVF (1986)

Tabelle 9/2:
Erntemengen ausgewählter, in den chinesischen Trockengebieten angebauter Früchte [1979-1986]
MAT 9/2

Obstgewicht (in Tsd.t)	Jahr	Gansu	Innere Mongolei	Ningxia	Qinghai	Xinjiang	Tibet
Obst (gesamt)	1979	73,6	29,5	20,8	4,2	142,2	2,6
	1980	128	31	21	7	156	4
	1985	199	68	35	20	492	4
	1986	248	59	36	19	498	4
Äpfel	1979	49,5	8,1	12,5	1,9	35,2	2,1
	1980	59	10	13	4	38	3
	1985	98	20	27	12	125	4
	1986	110	19	26	12	102	4
Birnen	1979	10,2	3,2	1,2	1,8	6,4	--
	1980	36	4	3	3	11	--
	1985	44	12	3	7	53	--
	1986	54	10	4	5	38	--
Datteln (gedörrt)	1979	2,8	--	1,9	--	--	--
	1980	5	--	2	--	--	--
	1985	7	--	1	--	1	--
	1986	7	--	1	--	1	--
Trauben	1979	0,4	1,3	0,7	0,1	55,1	--
	1980	k.A.	1	1	--	51	--
	1985	k.A.	2	1	--	150	--
	1986	1	2	1	--	168	--

Quellen: Dürr/Widmer (1983), SSB (1987)

Materialien

10. Pro-Kopf-Produktion MAT 10

Tabelle 10/1:
Nahrungsversorgung der Bevölkerung in Chinas Trockengebieten: Pro-Kopf-Produktion von Getreide, Fleisch und Obst [1985/86] MAT 10/1

Region	Getreide (kg) 1985	1986	Fleisch (kg) 1985	1986	Obst (kg) 1985	1986
Gansu	262	268	12,0	14,3	9,8	11,9
Innere Mongolei	303	262	17,5	18,5	3,4	2,9
Ningxia	340	367	8,0	9,5	8,4	8,6
Qinghai	248	240	27,2	27,6	4,9	4,7
Xinjiang	369	399	12,8	14,2	36,1	36,1
Xizang (Tibet)	268	226	35,9	37,3	2,0	2,0
VR China	364	ca.375	18,5	18,3	11,2	12,9

Quellen: MLVF (1986), SSB (1987)

Die pro Kopf produzierten Getreidemengen in den Trockengebieten reichen heutzutage zur Grundversorgung mit Nahrungsmitteln. Die Regionen mit einer tendenziellen Getreideknappheit (Gansu, Innere Mongolei, Qinghai und Tibet) weisen sich durch eine verhältnismäßig gute Fleischversorgung aus.

11. Saatfläche (Ackerfläche) MAT 11

Tabelle 11/1:
Die Aussaatflächen der Trockengebiete im Vergleich (in km^2) MAT 11/1

Region	Gesamtackerfläche 1950	1985	Getreideanbaufläche[1] 1950	1985	Staatsfarmfläche 1950	1955	1985
Gansu[2]	39.500[3]	34.900		27.700	0	2	397
Inn.Mongolei	38.100	45.500	33.000	34.200	10	63,3	3.860
Ningxia		8.300		5.900	0	k.A.	330
- nur Flußoase	1.230	2.720					
Qinghai[2]	5.170	5.005	ca. 1.800	3.870	0	88,7	167
Xinjiang	12.500	32.000		18.600	47	1.598	9.910
Xizang (Tibet)	k.A.	2.100	1.630	1.940	0	k.A.	72
VR China	ca.1 Mio.	ca.1 Mio.		1,088 Mio.	<2.550		39.800

1 Aussaatfläche
2 inkl. der Ackerflächen im semihumiden Übergangsbereich im Osten
3 berechnet nach *CHINA aktuell*, Mai 1986, S.272d
Quellen: Kang Chao (1970), Gerhold (1987), MLVF (1986), SSB (1987), Zhang Linchi (1986).

12. VR China
Daten zur Bevölkerung und zur Landwirtschaft

MAT 12

Tabelle 12/1:
Entwicklung der Bevölkerung und der Ackerfläche (seit 1380)   MAT 12/1

Jahr	Bevölkerungszahl (in Mio.) histor.Quellen	Liu/Hwang	Ackerfläche (in Mio.ha) histor.Quellen	Liu/Hwang	pro Kopf (ha)
1380	60	68	24,3	21,3	0,313
1450	53	88	27,9	30	0,341
1550	61	146	28,6	39,1	0,267
1650	53	123	26,3	40	0,325
1710	83	149	43	57,4	0,385
1750	180	260	47	60	0,231
1810	346	385	52,5	74	0,192
1850	430	412	52,3	80,7	0,196
1860	391	377	53,5	82,5	0,219
1870	369	358	52	80,1	0,224
1900	402	400	60,1	81,7	0,205
1910	417	423	69,8	89,4	0,211
1920	430	472	75,9	95,1	0,201
1930	414	489	81,7	100,5	0,205
1949		547		97,8	0,2
1957		647		111,9	0,173
1960		675		105,5	0,156
1965		725		108,0	0,149
1969		799		112,0	0,140
1975		931		129,0	0,139
1978		963		99,4 [?]	0,103
1985		1.046		s.Tab.12/2	0,095

Quellen: Bergmann (1979), Chao Kang (1970), Dürr/Widmer (1983), Liu/Hwang (1979), Nohlen (1989), SSB (1985)

Anm.: Die großen Unterschiede zwischen den historischen Quellenangaben und den geschätzten berichteten Zahlen von Liu und Hwang ergeben sich z.T. aus den verschiedenen Erhebungsmethoden und -kriterien (Haushalte, Einzelpersonen) in den historischen Melderegistern. Auch die Zahlen von Liu/Hwang können infolgedessen nicht absolut gesehen werden, verdeutlichen aber doch den Trend in einem akzeptablen Maßstab.

Materialien 197

Tabelle 12/2:
Entwicklung der landwirtschaftl. Nutzfläche (Ackerbau)(in Mio.ha) MAT 12/2

Jahr	Ackerfläche (offiziell)	[Wu Chuanjun]	Aussaatfläche
1949	97,8		135,0
1955	[107-108]	[111-112]	151,1
1960	105,5		145,8
1965	108		143,29
1969	112,0		169,4
1975	129,0		(1978:) 150,10
1980)	100,8		146,38
1982)	bzw.	[139,3]	
1983)	99,3		143,99
1984	[96,85]		144,22
1985			143,63
1986	97,5		144,20

Quellen: Bergmann (1979), Betke (1987a), Cheng/Lu (1986), Grossmann (1960), Maroto (1982), SB (1987), SSB (1986), SSB (1987), Weggel (1981)

Allein die Diskrepanzen in den offiziellen Zahlenangaben (vgl. 1975-1980 und 1984-1986) sind geeignet zu zeigen, wie schwer es den chinesischen Behörden fällt, die Gesamtackerfläche der VR China zu beziffern. Zu den Schätzungen von Wu siehe Kap. D.2.1.

Tabelle 12/3:
Entwicklung der landwirtschaftlichen Produktion MAT 12/3

Jahr	Getreide[1] Mio.t	kg pro Kopf	Fleisch Mio.t	kg pro Kopf
1949	113,2	183-209		
1950	132,1	239		
1955	183,9	299 (1956:307)	3,39 (1957)	6,06 (1957)
1960	158,3	207-217		
1965	194,53	268	5,51	7,35
1970	242,9	270-289	5,97	7,46
1975	280-290	308 (1974:278)	7,97	8,56
1978	304,77	300-317	8,56	8,93
1980	320,56	320-325	12,05	12,3
1982	353,43	348	13,51	13,19
1983	387,28	379	14,02	13,75
1984	407,31	390	15,41	14,9
1985	379,11	364	17,61	18,5
1986	391,51	366	19,17	18,3
1987	402,87	373		
1988	394,01	391		
1989	420	395		

[1] inkl. Soja
Quellen: CA, Bergmann (1979), Böhn (1987), CHINA aktuell (Apr.1988:309 und Sept. 1989:689), Croll (1986), FW '90 (1989), Mei (1989), Menzel (1978), MLVF (1986), SB (1985), SSB (1986), (1987), Storkebaum (1989)

Tabelle 12/4:
Entwicklung der Getreideimport seit 1961 (in Mio.t)   MAT 12/4

Jahr	Getreideimport	Reisexport	Jahr	Getreideimport	Getreideexport
1961	5,56	0,44	1976	2,07	
1965	5,91	0,55	1977	7,70	
1967	4,94	1,2	1986		9,4
1969	3,91	0,8	1987	16	7,4
1970	4,63	0,99			
1971	3,03	0,97			
1973	7,68	1,98			

Quelle: Albrecht et al. (1980), Dowdle (1988), Menzel (1978)

Tabelle 12/5:
Einige Strukturdaten der VR China in den 80er Jahren   MAT 12/5

Jahr	BSP pro Kopf (US$)	Steigerung d.Nahrungsmittelprod.[1] (%)	Anteil der Nahrungsmittel am Import	Kinder- (1-4 Jahre) Säuglings- (0-1Jahre) Sterbeziffer (%)	Einwohner je Arzt (1980 bzw. 1984)
1982/83	2901	19	23	K 0,2	1.740
1986/87	2901	24	3	S 3,2	1.000

[1] Das "Eigenverbrauchskriterium" von auf Subsistenzbasis wirtschaftenden Haushalten, die unterschiedlichen Preisrelationen und staatlichen Vorleistungen (Subventionen) verschiedener Länder führen in der Regel zu einer deutlichen Unterschätzung der BSP-Größen von Entwicklungsländern, was beim Vergleich des Wohlfahrtsniveaus einzelner Länder zu großen Schwierigkeiten führt. Durch "Entzerrungsmodelle" für Einkommensvergleiche ist das Ausmaß der Unterschätzung annähernd zu ermitteln. Machetzki (1982:653) schlägt für die VR China einen Entzerrungsmultiplikator von 2,5-3 an, womit sich ein Pro-Kopf-BSP von 725-870 US$ ergeben würde.

Quellen: *FW* '87 und '90 (Frankfurt 1986 bzw. 1989)

Tabelle 12/6:
Veränderung der Geburtenrate seit 1949 [in ‰]   MAT 12/6

Jahr	1949	1957	1965	1970	1962-71	1975	1979	1980	1981	1981-84	1988
Geburtenrate	36,0	34,0	38,1	33,6	36,2	23,1	17,9	18,2	20,8	19.5	21
natürliche Wachstumsrate	16,0	23,2	28,5	26,0		15,8	11,7		14,5	11 (1985)	15

Quellen: Cass/James (1989), *CHINA aktuell* (Okt. 1989, S.760), Klausing (1989)

Klimadiagramme ausgewählter Orte in den Trockengebieten Chinas

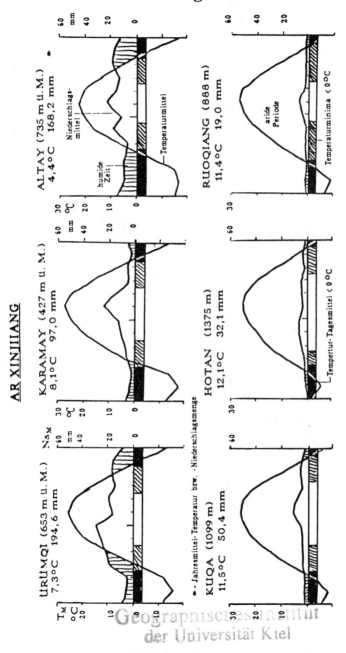

Klimadiagramme

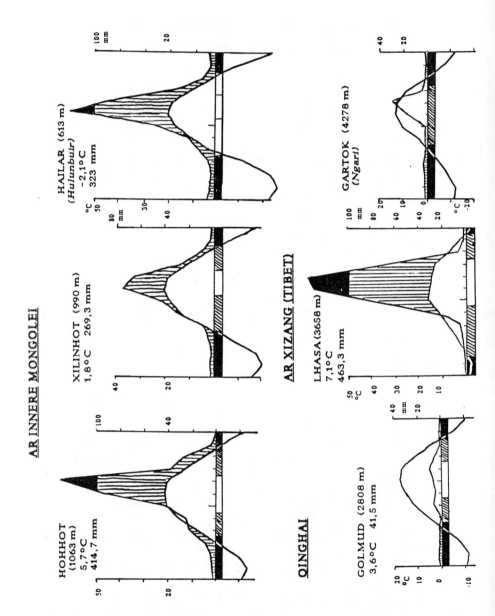

Literaturverzeichnis

LIT 1: Literatur

LIT 1.1: Zeitschriften

Acta Geographica Sinica (Dili Xuebao), Vierteljahresschrift, herausgegeben von der Geographischen Gesellschaft Chinas (Zhongguo Dili Xuehui) in Beijing

Asia Quarterly, Vierteljahresschrift, Institut de Sociologie, Université Libre de Bruxelles

Beijing Review (Peking Rundschau), Wochenschrift, Beijing

Central Asiatic Journal, Wiesbaden

CHINA aktuell, Monatsschrift, hrsg. vom Institut für Asienkunde in Hamburg

China-Analysen, Monatsschrift, Forschungsdienst China-Archiv in Frankfurt a.M.

China heute (ab 1990), Monatsschrift, Nachfolgezeitschrift von *China im Aufbau*

China im Aufbau (CA), Monatsschrift, hrsg. vom Chinesischen Institut für Wohlfahrt in Beijing

China im Bild (CB), Monatsschrift, hrsg. vom Verlag "China im Bild" (*Zhongguo Huabao*) in Beijing

China News Analysis, Weekly Newsletter, Hongkong

China Pictorial und *China Reconstructs*, englische Ausgaben von *China im Bild* bzw. *China im Aufbau*

China Yearbook (Zhonghua Minguo Yingwen nianjian), Taibei

das neue China, Vierteljahres-/später Zweimonatsschrift, hrsg. vom Bundesvorstand der Gesellschaft für Deutsch-Chinesische Freundschaft in Frankfurt

Dili (Geographie), Zweimonatsschrift, hrsg. vom Geographischen Institut der Academia Sinica (Zhongguo Kexueyuan Dili yanjiusuo) in Beijing

Dili Xuebao = *Acta Geographica Sinica*

Far Eastern Economic Review, Wochenschrift, Hongkong

Journal of Asian Studies, hrsg. von der Association for Asian Studies in Ann Arbor/ Michigan

Minzu Huabao, Zweimonatsschrift, hrsg. von der Gesellschaft "Nationalitäten im Bild" (Minzu Huabao She) in Beijing

Pacific Affairs, hrsg. von der University of British Columbia in Vancouver

The China Quarterly, hrsg. vom Contemporary China Institute of the School of Oriental and African Studies in London

Xinjiang Huabao (XH), Zweimonatsschrift, hrsg. vom Xinjiang-Zeitungsverlag (Xinjiang Ribao She) in Ürümqi

Xinjiang Nongken Keji (XNK) (Naturwissenschaft und Technik in der Neulanderschließung in Xinjiang), Zweimonatsschrift, hrsg. vom Produktions- und Aufbaukorps Xinjiangs (Xinjiang shengchan jianshe bingtuan) in Ürümqi
Zhongguo (China), Monatsschrift, Beijing
Zhongguo Huabao, chinesische Ausgabe von *China im Bild*, Beijing
Zhongguo Jianshe, chinesische Ausgabe von *China im Aufbau*, Beijing
Zhongguo Xizang (Tibet/China), Vierteljahresschrift, hrsg. vom Verlag für Nationale Minderheiten (Minzu Chubanshe) in Beijing

LIT 1.2: Bücher und Aufsätze

Academia Sinica (Autorenkollektiv)
 (1980) *Zhongguo ziran dili - dimao* (Physische Geographie Chinas - Geomorphologie), Beijing [2/1981]
Addicks, Gerd/ Bünning, Hans-Helmut
 (1979) *Strategien der Entwicklungspolitik*, Stuttgart-Berlin-Köln-Mainz
Ahnert, E. E.
 (1932) "Manchuria as a Region of Pioneer Settlement: Its Natural Conditions and Agricultural Possibilities", in: *Pioneer Settlement*, American Geographical Society Special Publication No.14, New York, S.313-329
Albrecht, Dieter/Dewitz, Ulrich von et al.
 (1980) *Landnutzungsplanung in China. Ein ökologischer Entwicklungsweg?*, Berlin
Almanac of China's Economy
 (1982) siehe *Xue Muqiao* (1982)
Andreae, Bernd
 (1985) *Allgemeine Agrargeographie*, Berlin - New York
Arendrup, Birthe/Thoegersen, C.B./Wedell-Wedellsborg, A. (Hrsg.)
 (1986) *China in the 1980s - and beyond*, London-Malmö (Studies on Asian Topics, No.9, Copenhagen)
Barker, Randolph/Radha Sinha/Rose Beth (Hrsg.)
 (1982) *The Chinese Agricultural Economy*, Cornell University, Westview Press, Boulder/Colorado und London
Bauer, Wolfgang (Hrsg.)
 (1980) *China und die Fremden. 3.000 Jahre Auseinandersetzung in Krieg und Frieden*, München
Baymirza, Hayit
 (1971) *Turkestan zwischen Rußland und China*, Amsterdam
Bergmann, Theodor
 (1979) *Agrarpolitik und Agrarwirtschaft sozialistischer Länder*, Sozialökonomische Schriften zur Agrarentwicklung, Nr.32, Saarbrücken, S.233-268

Berton, Peter/Wu, Eugene
(1967) *Contemporary China. A Research Guide*, Stanford
Betke, Dirk
(1986) -,-/Küchler, Johannes: "Erschließung zentralasiatischer Trockengebiete Chinas", in: *Praxis Geographie*, Heft 10, S.43-47
(1987) -,-/Hoppe, Thomas: "Mosaik und Schachbrett. Veränderungen in der Agrarlandschaft in Xinjiang", in: *das neue China*, 14.Jg., Vol.1, S.8-11
(1987a) -,-/Küchler, Johannes: "Shortage of Land Resources as a Factor in Development: the Example of the People's Republic of China", in: B. Glaeser (ed.), 1987, S.85-107
(1987b) -,-/Küchler, Johannes/Obenauf, Klaus Peter: *Wuding und Manas: Ökologische und sozio-ökonomische Aspekte von Boden- und Wasserschutz in den Trockengebieten der VR China*, Urbs et Regio 43 (Kasseler Schriften zur Geographie und Planung)
(1988) "Huangtu Gaoyuan - das zentrale Lößplateau am Gelben Fluß. Staatliche Versuche zur Erschließung einer unwirtlichen Region", in: Küchler, J./Pöhlmann, G. (Hrsg.), 1988, S.77-83
Biederstädt, Wolfgang
(1986) "Bodenschutz und Ernährungssicherung in Nordchina", in: *Praxis Geographie*, H. 7/8, S.38 f.
Biehl, Max
(1965) *Die chinesische Volkskommune im 'Großen Sprung' und danach*, Hamburg
(1976) *Die Landwirtschaft in China und Indien*, Themen zur Geographie und Gemeinschaftskunde, Frankfurt a.M./Berlin/München
Bohle, Hans-Georg
(1983) "Wachstum ohne Entwicklung? Genese und Struktur von Armut in zwei entwickelten Distrikten Südindiens", in: *Die Erde*, 114, S.289-307
(1986) *Südindische Wochenmarktsysteme. Theoriegeleitete Fallstudien zur Geschichte und Struktur polarisierter Wirtschaftskreisläufe im ländlichen Raum der Dritten Welt*, Stuttgart
Böhn, Dieter
(1987) *China*, Stuttgart
Bowman, Isayah (ed.)
(1932) *Pioneer Settlement*, American Geographical Society Special Publication No.14, New York
Brünung, Kurt (Hrsg.)
(1964) *Asien* (Harms Erdkunde, Band III), München-Frankfurt-Berlin-Hamburg
Buchanan, Keith
(1970) *The Transformation of the Chinese Earth*, London

Bundeszentrale für Politische Bildung (Hrsg.)
(1983) *Die Volksrepublik China*, Informationen zur politischen Bildung, 198, Bonn
(1985) *VR China im Wandel*, siehe: Ostkolleg der BZPB
Chang, Sen-dou
(1981) "Thematic Mapping of China with Landsat Color Composites", in: Laurence J.C. Ma/Allen G. Noble, S.315-330
Chang Tsung-tung
(1961) *Die Grundlagen der chinesischen Volkswirtschaftsplanung* (Dissertation), Frankfurt a.M.
Chang, Yü-fa
(1979) "China's Agricultural Improvement, 1901-1916: Regional Studies on Thirteen Provinces", in: Hou, C./Yu T. (ed.), 1979, S.135-156
Chao, Joseph
(1962) *Die Reorganisation der Chinesischen Landwirtschaft* (Dissertation), Universität Köln
Chao, Kang
(1970) *Agricultural Production in Communist China 1949-1965*, University of Wisconsin Press, Madison und London
(1986) *Man and Land in Chinese History*, Stanford UP, Stanford/Ca.
Chao, Kuo-chün
(1960) *Agrarian Policy of the Chinese Communist Party 1921-1959*, New Delhi, Reprint Westport/Connecticut 1977
Chen, Hua
(1983) "Sand and Oases" (Versandung und Oasen), in: *Xinjiang Shehui Kexue*, 1983, Nr.1, S.46-57/66; dt. in: Hoppe (1984), S.110-146
Chen Jiacai
(1986) "Chengbao de tiantou" (Die Vorteile des Vertragssystems), in: *Minzu Huabao*, Nr.3, S.12-15
Chen, Nai-Ruenn
(1966) *Chinese Economic Statistics. A Handbook for Mainland China*, Edinburgh
Chen Rinong
(1986) "Chinas Westen: arm, aber nicht für immer", in: *China im Aufbau*, Nr.8, S.16-19
Cheng, Chu-yuan
(1982) *China's Economic Development. Growth and Structural Change*, Boulder/Colorado
Cheng Hong/Ni Zubin et al.
(1981) "Regional Differentiation of agriculture on the Qinghai-Xizang Plateau", in: *Proceedings of Symposium on Qinghai-Xizang [Tibet] Plateau - Geological and Ecological Studies of Qinghai-Xizang Plateau*, Vol. II: *Environment and Ecology of Qinghai-Xizang Plateau*, Beijing - New York, S.2021-2026

Cheng Lu/Lu Xinxian
(1984) *Zhongguo nongye dili* (Agrargeographie Chinas), Beijing
China Handbook Series
(1984) *Economy*, Beijing
(1984a) *Geographie*, Beijing
Chinese Academy of Social Sciences /C.V. James (ed.)
(1989) *Information China. The Comprehensive and Authoritative Reference Source of New China*, Vol.2, Oxford-New York-Beijing-Frankfurt u.a.
Chow, Gregory C.
(1985) *The Chinese Economy*, New York
Contemporary China (1955): siehe Kirby (1955 ff.)
Cressey, George B.
(1932) "Chinese Colonization in Mongolia: A General Survey ", in: *Pioneer Settlement*, American Geographical Society Special Publication No.14, New York, S.273-287
(1934) *China's Geographic Foundations*, New York-London
(1955) *Land of the 500 Million. A Geography of China*, New York - Toronto - London
Croll, Elisabeth
(1986) *Food Supply in China and the Nutritional Status of Children*, UNRISD Report No.86.1 (United Nations Research Institute for Social Development), Genf
Dann, I.
(1942) "Die Innere Mongolei", in: *Geographische Zeitschrift*, 48, S.201-216
Dawson, Owen L.
(1970) *Communist China's Agriculture*, New York-Washington-London
Deng Shulin
(1984) "Eine künstliche Oase", in: *China im Aufbau*, Nr.3, S.56 f., 67
(1987) "Aus dem Pferdesattel in den Traktorsitz", in: *China im Aufbau*, Nr.3, S.43 ff.
Diamond, Derek R./Karlheinz Hottes/Wu Chuan-chun (ed.)
(1984) *Regional Planning in Different Political Systems - The Chinese Setting*, Bochum
Dowdle, Stephen
(1988) "Down on the farm, things are changing", in: *Far Eastern Economic Review*, Vol.139, (24.März), S.76 f.
Dürr, Heiner
(1978) "Volksrepublik China", in: Schöller/Dürr/Dege, 1978, S.42-208
(1981a) "Chinas Programm der 'Vier Modernisierungen'", in: *Geographische Rundschau 33*, Heft 3, S.119-130
(1986) "Modernisierungspolitik und großräumliche Entwicklung in der Volksrepublik China", in: *Praxis Geographie*, H. 7/8, S.29-32

Dürr, Heiner/Widmer, Urs
 (1983) *Provinzstatistik der VR China*, Mitteilungen des Instituts für Asienkunde Hamburg, Nr.131
Eberhard, Wolfram
 (1971) *Geschichte Chinas*, Stuttgart (1980)
Eckstein, Alexander
 (1975) *China's Economic Development*, University of Michigan Press
Edelmann, Günther
 (1979) "Ein weißer Fleck wird getilgt", in: *GEO-Magazin*, Heft 11, S.62-67 (mit Auswertung eines Satellitenbildes der Osthälfte des Tarimbeckens)
Epstein, Israel
 (1983) *Tibet Transformed*, Beijing
Erlach, Sandra
 (1988) "Die Umweltverträglichkeit der Neulanderschließung am Tarim-Oberlauf/ Region Aksu-Aral", in: Küchler/Pöhlmann (Hrsg.), S.56-76
Esposito, Bruce J.
 (1977) "The Militiamen of Sinkiang", in: *Asia Quarterly*, 1977/2, S.163-172
Etienne, Gilbert
 (1963) *Chinas Weg zum Kommunismus* (frz. *La voie chinoise*), Wien
Fan Jiaojian
 (1988) "Lüse zoulang - Talimu He lianzai zhi liu" (Der grüne Korridor - Der Tarim-Fluß, Folge 6), in: *Xinjiang Huabao*, 2, S.24-27
FAO (Ernährungs- u. Landwirtschaftsorganisation der Vereinten Nationen)
 (1976) *Bibliography on Land Settlement*, Rom, S.47
 (1981) "Landwirtschaft 2.000", Rom [Schriftenreihe des Bundesministers für Ernährung, Landwirtschaft und Forsten, Reihe A: Angewandte Wissenschaft, Heft 274, Münster-Hiltrup 1982]
Far Eastern and Russian Institute (Hrsg.)
 (1956) *A Regional Handbook on Northwest China*, University of Washington, Publication No.5, Monograph 59 (2 vols.), New Haven
Fezer, Fritz/Halimov, Mustafa/Marx-Kirschner, Rosemarie
 (1988) "Rotes und Qaidam-Becken. Karten zweier chinesischer Landschaften nach Fotos aus dem Weltraum", in: *Geoökodynamik*, 9.Jg., Band 1, S.85-101
Fochler-Hauke, Gustav
 (1933) "Chinesische Kolonisation und Kolonialpolitik", in: *Zeitschrift der Gesellschaft für Erdkunde zu Berlin*, S.108-122
Franke, Herbert/ Trauzettel, Rolf
 (1968) *Das Chinesische Kaiserreich*, Frankfurt a.M. 1981
Franke, Wolfgang/Staiger, Brunhild (Hrsg.)
 (1974) *China-Handbuch*, Düsseldorf
Geng Kuanhong
 (1961) "Minqin zhantu shazhang gusha yanjiu chubu chengxiao" (Erste Erfolge bei Sandbefestigungen in Minqin [Gansu], in: *Dili*, Nr.5, S.200-205
 (1986) *Zhongguo shaqu de qihou* (Das Klima der Wüstenregionen Chinas), Beijing

Geochina (Materialien zur Raumentwicklung in der VR China)
(1979) Heft 2: *Zur agrarischen Flächennutzung in Steppen- und Wüstengebieten*, München (Hrsg.: Dürr/ Widmer)
Gerner, Manfred
(1981) *Schneeland Tibet*, Frankfurt a.M.
Glaeser, Bernhard (ed.)
(1987) *Learning from China? Development and Environment in Third World Countries*, London
Golomb, Ludwig
(1959) *Die Bodenkultur in Ost-Turkestan. Oasenwirtschaft und Nomadentum*, Studia Instituti Anthropos, Vol.14, Fribourg (Schweiz)
Grimm, Klaus
(1979) *Theorien der Unterentwicklung und Entwicklungsstrategien*, Opladen
Grobe, Karl
(1988) "Wo China am ärmsten ist", in: *Frankfurter Rundschau*, 27.8.1988
Grobe-Hagel, Karl
(1984) "Der Tarim stirbt", in: *das neue China*, 11.Jg., Heft 4, S.24-27
(1987) "Wandernder See, trockener Fluß", in: *das neue China*, 14.Jg., S. 22-24
Grossmann, Bernhard
(1960) *Die wirtschaftliche Entwicklung der Volksrepublik China*, Ökonomische Studien, Heft 6, Stuttgart
Grunfeld, A. Tom
(1987) *The Making of Modern Tibet*, London-Armonk-Delhi-Bombay
Guo Chunhua
(1981) "China's State Farm and Land Reclamation Sector", in: Xue Muqiao (Hrsg.), S.407-418
Haffner, Willibald
(1981) "Die Exkursion der Academia Sinica durch Süd-Xizang (Tibet)", in: *Erdkunde 35*, S.72-79
Hambly, Gavin (Hrsg.)
(1966) *Zentralasien*, Fischer Weltgeschichte Bd.16, Frankfurt./M. 4/1983
Han Qing
(1980) "Tarim He Liuyu nongken hou shuizhi de bianhua ji qi kongzhi yuqing" (Verschlechterung der Wasserqualität nach Neulanderschließungen und ihre Kontrolle im Stromgebiet des Tarim), in: *Dili Xuebao (Acta Geographica Sinica)*, vol.35, Nr.3, S.219-231
Haussig, Hans Wilhelm
(1983) *Die Geschichte Zentralasiens und der Seidenstraße in vorislamischer Zeit*, Darmstadt
Heberer, Thomas
(1984) *Nationalitätenpolitik und Entwicklungspolitik in den Gebieten nationaler Minderheiten in China*, (Bremer Beiträge zur Geographie und Raumplanung, H.9), Bremen

Heberer, Thomas/Taubmann, Wolfgang
(1988) "Die städtische Privatwirtschaft in der VR China - Second Economy zwischen Markt und Plan", in: Leng/Taubmann (Hrsg.), S.233-261

Hedin, Sven
(1900) "Die Geographisch-wissenschaftlichen Ergebnisse meiner Reisen in Zentralasien, 1894-1897", in: *Petermanns Mitteilungen*, Ergänzungsband 28 (Heft 131), Gotha

Herrmann-Pillath, Carsten
(1989) *Perestrojka und tizhi gaige: Komparative Betrachtungen zur radikalen Umgestaltung der wirtschaftlichen Lenkung in der UdSSR und in der VR China*, Berichte des Bundesinstituts für ostwissenschaftliche und internationale Studien, Nr.33 und Nr.34, Köln

Hilgemann, Werner/Kettermann, Günter/Hergt, Manfred
(1975) *dtv-Perthes-Weltatlas*. Bd.4: *China*, Darmstadt 1980

Hoppe, Thomas
(1984) "Wüstenausdehnung im nördlichen China. Innere Mongolei und Xinjiang", in: *Umweltpolitik und Landnutzungsprobleme in der Volksrepublik China und Ländern der Dritten Welt*, Schriftenreihe Landschaftsentwicklung und Umweltforschung der TU Berlin, Nr.21, S.91-148
(1987) *Xinjiang Arbeitsbibliographie II*, Wiesbaden
(1987a) "An Essay on Reproduction: The Example of Xinjiang Uighur Autonomous Region", in: Glaeser, B.(ed.), S.56-84
(1987b) "Observations on Uygur Land Use in Turpan County, Xinjiang - a preliminary report on fieldwork in summer 1985", in: *Central Asiatic Journal*, vol.31, S.224-251

Hou Chi-ming/Yu Tzong-shian (Hrsg.)
(1979) *Modern Chinese Economic History*, Taipei
(1982) *Agricultural Development in China, Japan and Korea*, Academia Sinica Taipei/Taiwan (Rep. of China)

Hsu Cho-yun
(1980) *Han Agriculture. The Formation of Early Chinese Agrarian Economy*, University of Washington Press, Seattle - London

Hsu, Robert C.
(1982) *Food for One Billion: China's Agriculture Since 1949*, Boulder/Co.

Hu Huanfa
(1988) "Bashiqi tuan gaitu peifei gongzuo jieshao" (Darstellung der Maßnahmen zur Verbesserung der Bodenfruchtbarkeit auf der Staatsfarm Nr.87), in: *Xinjiang Nongken Keji*, Nr.5, S.33/36

Huang Zhenguo/Murongmeixiong
(1963) "Wo guo yanzitu de fenbu he gailiang" (Verteilung und Meliorierung der Salzböden in unserem Land), in: *Dili*, Nr.1, S.12-17

Huang Zongzhi
(1986) *Huabei de xiaonong jingji yu shehui bianqian* (chines. Übersetzung von *The Peasant Economy and Social Change in North China*, Stanford University Press 1985, Stanford, Ca.) Beijing
Hucker, Charles O. (Hrsg.)
(1969) *Chinese Government in Ming Times: Seven Studies*, New York
Hütteroth, Wolf-Dieter
(1976) "Die neuzeitliche Siedlungsexpansion in Steppe und Nomadenland im Orient", in: Nitz, H.-J., S.147-157
Jätzold, Ralph
(1986) "Wüsten und Halbwüsten der Erde", in: *Praxis Geographie*, H.10, S.6 ff.
JEC (Joint Economic Committee of the US Congress)
(1968) *An Economic Profile of Mainland China*, New York-Washington
(o.J.) *China: A Reassessment of the Economy*, New York-Washington
Jüngst, Peter/J. Küchler/C. Peisert/H.-J. Schulze-Gröbel (Hrsg.)
(1979) *Brüche im Chinabild*, Urbs et Regio 16, Kassel
Kang Qingyu
(1979) "Lehren aus den Erfahrungen bei der landwirtschaftlichen Erschließung von Weidegebieten", in: *Geochina*, S.25-33
"Keaide Zuguo Bianjiang" (Autorenkollektiv)
(1987) *Die Grenzregionen unseres geliebten Vaterlandes*, Beijing
King, F.H.
(1911) *Farmers of Forty Centuries or Permanent Agriculture in China, Korea and Japan*, Madison/Wisconsin (dt. Übers. München 1984)
Kirby, E. Stuart
(1985) *Einführung in die Wirtschafts- und Sozialgeschichte Chinas*, München
(1955 ff.) (Hrsg.): *Contemporary China*, Hong Kong University Press
Klausing, Horst
(1989) "Bevölkerungsgeographische Probleme der VR China", in: *Geographische Berichte* (Mitteilungen der Geographischen Gesellschaft der Deutschen Demokratischen Republik), 34.Jg., Heft 1, S.1-13
Knall, Bruno/Wagner, Norbert
(1986) *Entwicklungsländer und Weltwirtschaft*, Darmstadt
Kolb, Albert
(1961) Diskussionsbeitrag zum Vortrag von Hellmuth Barthel: "Agrargeographische Beobachtungen in der Mongolischen Volksrepublik", in: *Tagungsbericht und wissenschaftliche Abhandlungen des Deutschen Geographentages Köln* (22.-26.5.1961), Wiesbaden, S.234 f.
(1962) *Die Landwirtschaft im alten und im neuen China*, Studien zur Entwicklung in Süd- und Ostasien, N.F., Teil 1 (Schriften des Instituts für Asienkunde Nr.11), S.75-101;
(1963) *Ostasien. China-Japan-Korea*, Heidelberg;
(1986) "Xinjiang als Naturraum und ökologisches Problemgebiet", in: *Geoökodynamik*, Bd.7, Heft 1, S.29-40

Kosta, Jiri/Meyer, Jan
(1976) *Ökonomisches System und wirtschaftliche Entwicklung: VR China*, Frankfurt/M.-Köln

Kraus, Willy
(1979) *Wirtschaftliche Entwicklung und sozialer Wandel in der VR China*, Berlin

Küchler, Johannes
(1980) "Landschaften in China und die Präzisierung dieser Kategorie in verschiedenen Typologien zur Gliederung des chinesischen Territoriums", in: Pöhlmann, S.13-21

Küchler, Johannes/Pöhlmann, Gerhard (Hrsg.)
(1988) *Landwirtschaft und Umwelt in den Trockengebieten der VR China*, Berlin (Berliner geowiss. Abh. (C), 8), S.56-76

Kuo, T.C., Leslie
(1976) *Agriculture in the People's Republic of China. Structural Changes and Technical Transformation*, New York

Landeszentrale für Politische Bildung, Baden-Württemberg
(1987) *Die Volksrepublik China*, Reihe *Der Bürger im Staat*, 37.Jg., Heft 1

Lardy, Nicholas R.
(1978) *Economic Growth and Distribution in China*, Cambridge University Press
(1983) *Agriculture in China's modern economic development*, Cambridge University Press
(1984) "Consumption and Living Standards in China, 1978-1983", in: *The China Quarterly*, vol.100, S.849-865

Lattimore, Owen
(1928) "The Chinese as a Dominant Race", in: *Journal of the Royal Central Asian Society*, XV, part3; Wiederabdruck in: Lattimore (1962)
(1932) "Chinese Colonization in Manchuria", in: *The Geographical Review*, 002, No.2; Wiederabdruck in: Lattimore (1962), S.307-313
(1932a) "Chinese Colonization in Inner Mongolia: Its History and Present Development", in: *Pioneer Settlement*, American Geographical Society Special Publication No.14, New York, S.288-312
(1933) "The Unknown Frontier of Manchuria", in: *Foreign Affairs*, XI, No.2; Wiederabdruck in: Lattimore (1962), S.325-338
(1933a) "Chinese Turkistan", in: *The Open Court*, XL8, No.921 (März 1933), Wiederabdruck in: Lattimore (1962), S.183-199
(1936) "The Historical Setting of Inner Mongolian Nationalism", in: *Pacific Affairs*, vol.9, S.388-305, Reprint 1971
(1937) "The Mainsprings of Asiatic Migration", in: Lattimore (1962), S.85-96
(1938) "The Geographical Factor in Mongol History", in: *The Geographical Journal*, XCI, No.1; Wiederabdruck in: Lattimore (1962)

(1940) *Inner Asian Frontiers of China*, American Geographical Society Research Series No.21, New York 2/1951
(1951) "Mongolia, Sinkiang and Tibet", in: Rosinger, L.(ed.): 1951, S.96-128
(1956) "The Frontier in History ", in: *Relazioni del X Congresso Internazionale di Scienze Storiche* (Roma, Sett. 1955), Firenze; Wiederabdruck in: Lattimore (1962)
(1962) *Studies in Frontier History. Collected Papers 1928-1958*, Paris-La Haye
(1973) "Return to China's Northern Frontier", in: *Geographical Journal*, 139, S.233-242

Leeming, Frank
(1985) *Rural China Today*, London-New York

Lei Yuxin
(1985) "Staatsfarm heute", in: *China im Aufbau*, Nr.4, S.49 ff.

Leng, Gunter/Taubmann, Wolfgang (Hrsg.)
(1988) *Geographische Entwicklungsforschung im interdisziplinären Dialog. 10 Jahre Geographischer Arbeitskreis Entwicklungstheorien* (Bremer Beiträge zur Geographie und Raumplanung, H.14), Bremen

Li Jiyou
(1981) "Agroclimatic analysis of the high yield wheat crops in Qinghai-Xizang Plateau", in: *Proceedings of Symposium on Qinghai-Xizang [Tibet] Plateau - Geological and Ecological Studies of Qinghai-Xizang Plateau*, Vol.II, S.2045-2049

Liu Kaixuan
(1988) "Zaoshu pinzhong dongmai taozhong caomuxi yanjiu" (Untersuchungen zum Zwischenfruchtanbau von Steinklee mit frühreifenden Sorten von Winterweizen), in: *Xinjiang Nongken Keji*, Nr.6, S.10

Liu, Paul K.C./Hwang Kuo-shu
(1979) "Population change and Economic Development in Mainland China since 1400", in: Hou Chi-ming/Yu Tzong-shian (Hrsg.): *Modern Chinese Economic History*, Taipei, S. 61-90

Liu Zhimin
(1988) "Moshang guangai jishu ji qi xiaoyi" (Die Technik der Über-Folien-Bewässerung und ihre Nutzeffekte), in: XNK, Nr.1, S.26 f.

London, Ivan und Miriam
(1979) "Hunger in China: Versagen eines Systems? ", in: Jüngst et al., (Hrsg.) 1979, S.321-345

Louven, Erhard
(1982) "Ausgewählte Statistiken zur Landwirtschaft der Volksrepublik China", in: *CHINA aktuell*, April, S.212-218;
(1987) "Wirtschaftsreform in Landwirtschaft und Industrie", in: *Die Volksrepublik China*, hrsg. von der Landeszentrale für politische Bildung, Baden-Württemberg, 37.Jg., Heft 1, S.45-48

Lowdermilk, W.C.
(1935) "Man-made Deserts", in: *Pacific Affairs*, New York, Vol.8
Lu Jimei/Yu Binggao
(1981) "The local effect of ecological environments on yield formation of wheat and barley in Xizang", in: PSQXP, S.2061-2074
Luo Jiaxiong et.al.
(1985) *Xinjiang kenqu yanjiandi gailiang* (Melioration von versalzten Böden in Erschließungsgebieten Xinjiangs), Beijing
Ma, Laurence J.C./Noble, Allen G.(ed.)
(1981) *The Environment: Chinese and American Views*, New York-London
Machetzki, Rüdiger
(1974) "Chinas langer Marsch zur mechanisierten Landwirtschaft", in: *CHINA aktuell*, November, S.714-724;
(1980) *Entwicklungsmacht China. Stand, Potential und Grenzen der binnenwirtschaftlichen Leistung*, Hamburg, Mitteilungen des Instituts für Asienkunde Nr.116
(1982) "Natürlicher Wirtschaftsraum und Regionalwirtschaften der VR China", in: *CHINA aktuell*, November, S.642-654;
(1985) "Einkommen, Wohlfahrt und Lebenssituation in der VR China", in: Ostkolleg der BZPB (Hrsg.), 1985, S.81-93;
(1986) "Chinas Landwirtschaft: Wandel zur alten Form?", in: *CHINA aktuell*, Nr.8, S.498-519
Mallory, Walter H.
(1926) *China, Land of Famine*, American Geographical Society, Special Publication No.6, New York
Mangold, Gunther
(1971) *Das Militärwesen in China unter der Mongolen-Herrschaft*, München (Dissertation)
Maroto, Jesus
(1982) "Landwirtschaft in China - ein Situationsbericht", in: Reisch, Erwin (Hrsg.), S.27-53
McMillen, Donald H.
(1979) *Chinese Communist Power and Policy in Xinjiang, 1949-1977*, Boulder/Colorado
Meckelein, W.
(1986) "Zu Physischer Geographie und agraren Nutzungsproblemen in den innerasiatischen Wüsten Chinas", in: *Geoökodynamik*, Bd.7, H.1, S.29-40
Mei Fangquan
(1989) "Satt werden, aber wie? Über Chinas Strategien, die Ernährungslage für die Zukunft zu sichern", in: *China im Aufbau*, 12.Jg., Nr.12, S.40-42
Meng Fengxuan/Lai Xianqi/Luo Xianping
(1988) "Qianyi ruhe tigao youkui lüfei de jingji xiaoyi" (Knappe Darstellung, wie der wirtschaftliche Nutzen der Gründüngung mit Youkui erhöht werden kann), in: *Xinjiang Nongken Keji*, Nr.6, S.8 f.

Menzel, Ulrich
  (1978) *Theorie und Praxis des chinesischen Entwicklungsmodells*, Opladen
  (1980) "Chinesische Agrarpolitik in der Periode der technischen Transformation", in: Yu Cheung-Lieh (Hrsg.), *Chinas neue Wirtschaftspolitik*, Frankfurt-New York, S.1-40
Meyer, Johann
  (1976) *Ökonomisches System und wirtschaftliche Entwicklung der VR China*, (Dissertation) Frankfurt a. M.
Ministerium für Landwirtschaft, Viehzucht und Fischerei
  (1986) (Nongmu yuye bu): *Zhongguo nongmu yuye tongji ziliao (1985)* (Statistische Daten zur chinesischen Landwirtschaft, Viehzucht und Fischerei 1985), Beijing
Müggenburg, Norbert
  (1980) "Bedrohung Chinas durch die Wüsten", in: D. Reich etal., S.199-207
  (1980a) "Chinas Wüsten - Maßnahmen gegen die Desertifikation", in: Albrecht, D./Dewitz, U. et al., S.181-203
Myrdal, Jan
  (1981) *Die Seidenstraße*, Wiesbaden
Neef, Ernst
  (1981) *Das Gesicht der Erde*, Frankfurt a.M. (5., überarb. Auflage)
"Ningxia Huizu Zizhiqu Gaikuang" (Autorenkollektiv)
  (1986) ("Abriß der Autonomen Region der Hui, Ningxia"), Yinchuan 2/1987
Nitz, Hans-Jürgen
  (1976) *Landerschließung und Kulturlandschaftswandel an den Siedlungsgrenzen der Erde*, Göttinger Geographische Abhandlungen, Heft 66
Nohlen, Dieter (Hrsg.)
  (1989) *Lexikon Dritte Welt*, Reinbek bei Hamburg
Obenauf, Klaus Peter/Pöhlmann, Gerhard
  (1988) "Manas Reclamation Area. Zur Herausgabe einer Übersichtskarte des Manasgebietes", in: Küchler, J./Pöhlmann, G. (Hrsg.), S.7-34
Olschak, Blanche Christine/Gansser, Augosto/Gruschke, Andreas
  (1987) *Himalaya. Wachsende Berge, lebendige Mythen, wandernde Menschen*, Luzern/Köln
Orleans, Leo A.
  (o.J.) "China's Environomics: Backing into Ecological Leadership", in JEC (Hrsg.), S.116-144
Ostkolleg der Bundeszentrale für Politische Bildung (Hrsg.)
  (1985) *Volksrepublik China im Wandel*, Köln
Pannell, Clifton W./Ma, Laurence J.C.
  (1983) *China. The Geography of Development and Modernization*, London
  (1985) "Recent Chinese Agriculture", in: *Geographical Review*, 75, S.171-185

Peng Jianqun
(1986) "Shihezi-Oasenstadt im Nordwesten", in: *China im Aufbau*, Nr.11, S.47 ff.
Perkins, Dwight H. (Hrsg.)
(1969) *Agricultural Development in China 1368-1968*, Chicago
(1975) "China's Modern Economy in Historical Perspective", Stanford University Press
Pöhlmann, Gerhard
(1980) (Hrsg.): *Studien zur kartographischen Landschaftsdarstellung am Beispiel der Volksrepublik China*, Berlin
Proceedings of Symposium on Qinghai-Xizang [Tibet] Plateau
(1981) *Geological and Ecological Studies of Qinghai-Xizang Plateau*, Vol.II of two volumes: *Environment and Ecology of Qinghai-Xizang Plateau*, Science Press, Beijing und New York
Quaisser, Wolfgang
(1987) "Die zweite Agrarreform", in: *das neue China*, 14.Jg., Heft 2, S.38 f.
Rau, Cornelia
(1982) *Offiziöse Informationszeitschriften als Grundlage von Wirtschaftskarten der Volksrepublik China*, Magisterarbeit, Freiburg
Ravenholt, Albert
(1978) "Whose Good Earth? Health, Diet, and Food Production in the People's Republic of China", *AUFS Reports (American Universities Field Staff Reports)*, 1978/No.34
Reich, D./Schmidt, E/Weitz, R. (Hrsg.)
(1980) *Raumplanung in China. Prinzipien - Beispiele - Materialien*, Dortmund, (=Dortmunder Beiträge zur Raumplanung, 15)
Reisch, Erwin M. (Hrsg.)
(1982) *Agricultura Sinica* (=Gießener Abhandlungen zur Agrar- und Wirtschaftsgeographie), Berlin
Romich, Manfred F.
(1981) *Chinas Volkskommunen. Revolutionäres Erbe oder Aufbruch in eine kommunistische Zukunft?* (Aachener Beiträge zur China-Forschung, Bd.1), Frankfurt a.M.
Rosinger, Lawrence K. (ed.)
(1951) *The State of Asia*, New York
Ruddle, Kenneth/Wu Chuanjun (Hrsg.)
(1983) *Land Resources of the People's Republic of China*, Resource Systems Theory and Methology Series, No.5, The United Nations University/Tokyo
Sang Runsheng
(1986) *Zhongguo jindai nongye jingji shi* (Neuere chinesische Wirtschaftsgeschichte), Beijing

Scharping, Thomas
(1981) *Umsiedlungsprogramme für Chinas Jugend 1955-1980*, Hamburg
(1985) *Chinas Bevölkerung 1953-1982*, Berichte des Bundesinstituts für ostwissenschaftliche und internationale Studien, Köln, Teil II: *Gesamtbevölkerung und Regionalstruktur* (42-1985), Teil III: *Alter, Geschlecht und Sozialstruktur* (43-1985)
(1988) *Bevölkerungspolitik und sozialer Wandel in der Volksrepublik China*, Berichte des Bundesinstituts für ostwissenschaftliche und internationale Studien, Nr.44, Köln
Schätzl, Ludwig
(1978) *Wirtschaftsgeographie. 1.Theorie, 2.Empirie*, Paderborn
Schmitthenner, Heinrich
(1929) "Der geographische Typus der chinesischen Kolonisation", in: *Geographische Zeitschrift*, 35, S.526-540
Schöller, Peter/Dürr, Heiner/Dege, Eckart
(1978) *Ostasien*, Fischer Länderkunde 1, Frankfurt a.M., 3/1982
Scholz, Fred (Hrsg.)
(1985) *Entwicklungsländer. Beiträge der Geographie zur Entwicklungs-Forschung*, Darmstadt
Schran, Peter
(1976) *Guerilla Economy. The Development of the Shensi-Kansu-Ninghsia Border Region, 1937-1945*, State University of New York Press, Albany
Schweizer, Heinrich
(1972) *Sozialistische Agrartheorie und -praxis (Sowjetunion und China) und ihre Relevanz für Entwicklungsländer* (Diss.), Bern-Frankfurt a.M.
Schwind, Martin
(1971) "Der Anteil des Staates an der Prägung der chinesischen Kulturlandschaft", in: *Wirtschafts- u. Kulturräume der außereuropäischen Welt. Festschrift für Albert Kolb*, Hamburg (=Hamburger Geographische Studien, 24), S.245-260
Sen, Amartya K.
(1981) *Poverty and famines: an essay on entitlement and deprivation*, International Labour Organization [Reprint 1988]
Shabad, Theodore
(1972) *China's Changing Map. National and Regional Development, 1949-71*, London revised edition , S.279-331
Shen, T.H
(1951) *Agricultural Resources of China*, New York
Shi Jingyuan
(1989) "Shanshan yuanyichang putao de shifei tedian" (Merkmale der Düngung der Weinstöcke auf der Obstfarm Shanshan), in: *Xinjiang Nongken Keji*, Nr.3, S.30 f.

Shi Nianhai/Cao Erqin/Zhu Shiguang
(1985) *Huangtu gaoyuan senlin yu caoyuan de bianqian* (Wandel der Wald- und Grasländer auf dem Lößplateau), Xi'an
Sick, Wolf-Dieter
(1983) *Agrargeographie*, Braunschweig (Das Geographische Seminar)
Simon, Wieland
(1988) *Ein Acker für Cheng. Ökologische Perspektiven in einem sozialistischen System - Landnutzung und Bevölkerungswachstum in China*, München
Sinha, Radha
(1982) "Le système de responsabilité de la production en Chine", in: *Réforme agraire, Colonisation et coopératives agricoles*, No.1/2, hrsg. von der FAO, Rom 1983, S.43-57
Smil, Vaclav
(1984) *The Bad Earth. Environmental Degradation in China*, New York-London
(1987) *Energy-Food-Environment*, Oxford
Stadelbauer, Jörg
(1984) *Regionalforschung über sozialistische Länder*, Erträge der Forschung, Band 211, Darmstadt
(1984a) "Gezügelte Bevölkerungszunahme und bleibende Ernährungsprobleme. Dargestellt am Beispiel der Volksrepublik China", in: *Geographische Rundschau 36*, Heft 11, S.565-572
(1984b) "Die Entwicklung der Agrarwirtschaft in der Mongolischen Volksrepublik während der 70er Jahre - Ein Beitrag zur Frage der Adoption des sowjetischen Vorbildes regionaler Agrarstrukturförderung", in: *Die Erde*, 115, S.235-260
State Statistical Bureau, People's Republic of China (SSB)
(1985) *China: Statistics in Brief*, Beijing
(1987) *Zhongguo nongcun tongji nianjian 1987* (Statistisches Jahrbuch 1987 der ländlichen Gebiete Chinas), Beijing
Statistisches Bundesamt
(1983) *Länderkurzbericht Volksrepublik China 1983*, Wiesbaden
(1985) *Länderbericht Volksrepublik China 1985*, Wiesbaden
(1987) *Länderbericht Volksrepublik China 1987*, Wiesbaden
Stavis, Benedict:
(1978) *The Politics of Agricultural Mechanization in China*, Ithaca
Stein, M.Aurel
(1912) *Ruins of Desert Cathay. Personal Narrative of Explorations in Central Asia and Westernmost China*, 2 Bände, London; Band II, S.354-361
Stone, B.
(1982) "The Use of Agricultural Statistics", in: Barker et al., S.205-245

Storkebaum, Werner
(1989) *China-Indien. Großräume in der Entwicklung*, Braunschweig
Su Shirong/Wu Youren/Guo Huancheng
(1961) "Yunyong 'Maodun lun' jiejue shaqu nongchang zhisha guihua zhong jige zhuyao maodun de tihui" (Erfahrungen bei der Anwendung der 'Widerspruchslehre' zum Lösen einiger Hauptwidersprüche bei der Planung von Sandkontrollmaßnahmen durch Staatsfarmen), in: *Dili*, Nr.2, S.64-67, 56
Sun Jinzhu
(1980) "Steppendesertifikation im nördlichen China", in: *Dili zhishi*, Nr.3, S.5 f. und S.14; dt. in: Hoppe 1984, S.97-107
Tang, Anthony M.
(1984) *An Analytical and Empirial Investigation of Agriculture in Mainland China, 1952-1980*, Taipei
Tang Jicheng
(1962) "Xinjiang dibiaoshui ziyuan zai nongye shang de shuiwen pingjia" (Hydrologische Bewertung der Grundwasserressourcen Xinjiangs im Hinblick auf die Landwirtschaft), in: *Dili*, Nr.1, S.20-22
Taubmann, Wolfgang
(1987) "Die Volksrepublik China. Ein wirtschafts- und sozialgeographischer Überblick", in: *Die Volksrepublik China*, hrsg. von der Landeszentrale für politische Bildung, Baden-Württemberg, 37.Jg., H.1, S.3-12
Terjung, W.H./Hayes, J.T./Ji H.Y./Todhunter, P.E./O'Rourke, P.A.
(1985) "Potential Paddy Rice Yields for Rainfed and Irrigated Agriculture in China and Korea", in: *Annals of the Association of American Geographers*, vol. 75, S.83-101
Terra, Hellmut de
(1930) "Zum Problem der Austrocknung des westlichen Innerasiens", in: *Zeitschrift der Gesellschaft für Erdkunde zu Berlin*, S.161-177
Thorp, James
(1935) "Colonization Possibilities of Northwest China and Inner Mongolia", in: *Pacific Affairs*, vol.8, S.447-453 [Reprint New York-London 1971]
Tian Fang/Chen Yiyun et al.
(1986) *Zhongguo yimin shilüe* (Geschichtlicher Abriß der Bevölkerungsumsiedlungen in China), Beijing
Ting Kai Chen
(1977) *Die Volksrepublik China. Nord und Süd in der Entwicklung*, Stuttgart 3/1982
Tregear, T.R.
(1970) *An Economic Geography of China*, London
(1980) *China. A Geographical Survey*, London-Sydney
Trinkler, Emil
(1930) "Tarimbecken und Takla-makan-Wüste", in: *Zeitschrift der Gesellschaft für Erdkunde zu Berlin*, S.350-360

Troll, Carl
(1963) "Qanat-Bewässerung in der Alten und Neuen Welt", in: *Mitteilungen der Österreichischen Geogr. Ges.*, Bd.105, H.3, Wien
Tuan, Yi-fu (1970) *The World's Landscapes: China*, London
Vermeer, E.B.
(1977) *Water Conservancy and Irrigation in China: Social, Economic and Agrotechnical Aspects*, Den Haag: University of Leiden Press
(1986) "Agriculture and Ecology in China", in: Arendrup et al., S.143-164
Wagner, N./Kaiser, M./Beimdiek, F.
(1983) *Ökonomie der Entwicklungsländer*, Stuttgart
Walker, Kenneth R.
(1965) *Planning in Chinese Agriculture 1956-1962*
(1982) "Interpreting Chinese Grain Consumption", in: *The China Quarterly*, vol.92, S.575-588
(1984) "Chinese Agriculture During the Period of the Readjustment, 1978-1983", in: *The China Quarterly*, vol.100, S.783-812
Wang Hai
(1984) "Erschließung der Provinz Qinghai",in: *China im Aufbau*, Nr.1, S.30-37
Wang Hesheng
(1963) "Xinjiang diqu nongye yikendi de zhibiao zhiwu qunluo" (Zeigerpflanzen für Neulanderschließungsgebiete in Xinjiang), in: *Dili*, Nr.1, S.18 ff.
Wang Hongnian/Fan Changhai
(1988) "Yi yazhong lüfei wei zhongxin quanmian gaohao gaitu peifei de tansuo" (Forschungen zu einer umfassenden Verbesserung der Bodenfruchtbarkeit rücken das Unterpflügen von Grünland in den Mittelpunkt), in: *Xinjiang Nongken Keji*, Nr.6, S.5 ff.
Wang Hongzhen
(1986) "The Tectonic Framework and the Geotectonic Units" und "Geotectonic Development",in: Yang Zunyi et al., S.237-275
Wang Jiuwen
(1961) "Ganhan diqu zhantu cansha gailiang turang de chubu fenxi" (1. Analysen der Bodenmeliorierung in den Trockengebieten), in: *Dili*, Nr.4, S.151 ff.
Wang Yongyao
(1987) "Ackerboden in der Wüste", in: *China im Aufbau*, H. 2, S.20-23
Wasserwirtschaftsamt (Autorenkollektiv)
(1979) Shuilibu Huanghe shuili weiyuanhui (Komitee für Wasserbauprojekte am Huang He): *Huanghe wan li xing* (Zehntausend Li entlang des Gelben Flusses), Shanghai 2/1984
Weggel, Oskar
(1974) "Wie löst China das Ernährungsproblem?", in: *CHINA aktuell*, April, S.188-198;
(1977) *Miliz, Wehrverfassung und Volkskriegsdenken in der Volksrepublik China*, Boppard

(1981) *China. Zwischen Marx und Konfuzius*, München 2/1987 (neubearb.)
(1982) "Die Renaissance der Produktions- und Aufbaukorps", in: *CHINA aktuell*, Juni, S.354-356
(1987) *Xinjiang/Sinkiang. Das zentralasiatische China*, Mitteilungen des Instituts für Asienkunde Nr.158, Hamburg
(1987a) "Gesetzgebung und Rechtspraxis im nachmaoistischen China. Teil VII: Das Öffentliche Recht - Das Landwirtschaftsrecht", in: *CHINA aktuell*, Nr.4, S.290-316
(1987b) "Gesetzgebung und Rechtspraxis im nachmaoistischen China. Teil IX: Das Öffentliche Recht - Umweltschutzrecht", in: *CHINA aktuell*, Nr. 7, S.575-594

Wegner, Irene
(1981) *Chinas neue Agrarpolitik*, Berichte des Bundesinstituts für ostwissenschaftliche und internationale Studien 29 - 1981

Wen Kexiao
(1988) "Tigao renshi, luoshi cuoshi, zhonghao lüfei" (Das Wissen um den Wert der Gründüngung verbreiten und Maßnahmen dazu in die Tat umsetzen), in: *Xinjiang Nongken Keji*, Nr.6, S.3 f.

Widmer, Urs
(1981) "Zur Modernisierung der chinesischen Landwirtschaft", in: *Geographie heute*, Heft 4, S.1-8

Wiens, Herold J.
(1966) "Cultivation development and Expansion in China's Colonial Realm in Central Asia", in: *Journal of Asian Studies*, 26, S.67-88
(1967) "Regional and Seasonal Water Supply in the Tarim Basin and Its Relation to Cultivated Land Potentials", in: *Annals of the Association of American Geographers*, 57, S.350-366

Williams, Jack F.
(1981) "Toward a Model of Land Reclamation/Resettlement", in: Laurence J.C. Ma/Allen G. Noble, S.73-90

Wilm, Paul W.
(1968) *Die Fruchtbarkeit und Ertragsleistung Nordchinas bis 1949* (=Schriften des Instituts für Asienkunde, 22), Wiesbaden

Wilmanns, Wolfgang
(1938) *Die Landwirtschaft Chinas*, Berlin

Wittfogel, Karl A.
(1931) *Wirtschaft und Gesellschaft Chinas. Erster Teil: Produktivkräfte, Produktions- und Zirkulationsprozess*, Leipzig

Wu Chuanjun
(1981) "The Transformation of Agricultural Landscape in China", in: Laurence Ma, J.C./Noble, Allen G., S.35-44;
(1982) "Proper Utilization of Land Resources and the Modernization of Agriculture in China", unveröfftl. Manuskript, Beijing (Geographisches Institut der Academia Sinica)

Wu Zhengyi (ed.)/Autorenkollektiv
 (1980) *Zhongguo zhibei* (Die Vegetation Chinas), Beijing 2/1983
Xian Xiaowei/Chen Lijun
 (1986) *Xibei ganzao diqu nongye dili* (Agrargeographie der Trockenräume des Nordwestens), Beijing
Xibei Shifan Xueyuan Dilixi
 (1984) (Geographisches Institut der Pädagogischen Hochschule Nordwestchinas) (Hrsg.): *Zhongguo ziran dili tuji* (Physisch-geographischer Atlas Chinas), Beijing
Xinhua (Nachrichtenagentur Neues China)
 (26.11.1974) "Wirtschaftliche Funktionen der Armee in Grenzregionen", in: *CHINA aktuell*, Januar 1975, S.804
Xizang Zizhiqu Gaikuang (Autorenkollekiv)
 (1984) *Abriß der Autonomen Region Tibet*, Lhasa
Xue Muqiao (Hrsg.)
 (1981) *Almanac of China's Economy 1981 - With Economic Statistics for 1949-1980*, Compiled by the Economic Research Centre, The State Council of the People's Republic of China & The State Statistical Bureau, New York-Hong Kong
 (1982) *Current Economic Problems in China*, Boulder/Colorado
Yakhontoff, Victor A.
 (1936) "Mongolia: Target or Screen?", in: *Pacific Affairs*, vol.9, S.13-23 [Reprint New York-London 1971]
Yang Lipu
 (1964) "Xinjiang shuili ziyuan de nongye pingjia" (Landwirtschaftliche Bewertung der Wasserressourcen Xinjiangs), in: *Dili*, Nr.6, S.246-249
 (1987) *Xinjiang zonghe ziran quhua gaiyao* (Zusammenfassender Überblick über die Naturräume Xinjiangs), Beijing
Yang Zunyi/Cheng Yuqi/Wang Hongzhen
 (1986) *The Geology of China*, Oxford Monographs on Geology and Geophysics, No.3, Oxford
Yong Wentao
 (1982) "China wird grün", in: *China im Aufbau*, Nr.10, S.20-23
Young, C. Walter
 (1932) "Chinese Immigration and Colonization in Manchuria", in: *Pioneer Settlement*, American Geographical Society Special Publication No.14, New York, S.330-359
Yu Cheung-Lieh (Hrsg.)
 (1980) *Chinas neue Wirtschaftspolitik*, Frankfurt-New York
Yu Xiaogan/Sun Shangzhi
 (1981) "The upper limit of agriculture in Xizang and its factor analysis", in: *Proceedings of Symposium on Qinghai-Xizang [Tibet] Plateau - Geological and Ecological Studies of Qinghai-Xizang Plateau*, Vol.II, S.2033-2044

Zan Shide/He Jiuyu
(1989) "Sishisan tuan gaitu peifei de xingshi ji qi xiaoguo" (Art und Wirkung der Maßnahmen zur Verbesserung der Bodenfruchtbarkeit auf der Staatsfarm), Nr.43, in: *Xinjiang Nongken Keji*, Nr.4, S.18 ff.
Zang Zhifei
(1987) "Lun Qin Han shiqi hetao diqu de kaifa ji qi yiyi" (Die Erschließung der Hetao-Region und ihre Bedeutung in der Qin- u. Han-Zeit), in: *Xibei Shidi*, vol. 26, No.3, S.1-9
Zeng Zhaoxuan
(1985) *Zhongguo de dixing* (Die Oberflächenformen Chinas), Guangzhou (Buchreihe *Zhongguo dili congshu*)
Zhang Fuchun/Wang Dehui/Qiu Baojian
(1987) *Zhongguo nongye wuhou tuji* (Phänologischer Atlas der chinesischen Landwirtschaft), Beijing
Zhang Junmin/Cai Fengqi/He Tongkang
(1984) *Wo guo de turang* (Die Böden Chinas), Beijing
Zhang Linchi (Hrsg.)
(1986) *Dangdai Zhongguo de nongken shiye* (Die Landerschließungsprojekte des zeitgenössischen China), Beijing
Zhang Xinshi
(1984) "Tashang Ali beibu gaoyuan" (Der Schritt hinauf auf das Plateau im Norden Ngaris), in: *Kaocha zai Xizang gaoyuan shang* (Untersuchungen auf dem Hochland von Tibet), hrsg. von der Redaktion 'Geographisches Wissen', Shanghai 1981/2/1984
Zhao Ji
(1960) "Xinjiang chongji pingyuan, hongji pingyuan de dimao tezheng ji qi kenhuang tiaojian" (Die physisch-geographischen Gegebenheiten der Schwemmfächer und Alluvialebenen und ihre Erschließungsmöglichkeiten in Xinjiang), in: *Dili*, vol.26, Nr.2, S.121-128
Zhao Songqiao*
(1981)/Han Qing: "Landwirtschaftliche Erschließung am Nordrand des Tarim-Beckens", in: *Geographische Rundschau 33*, Heft 3, S.113-118
(1984) "Physical Conditions and Economic Development in China's Arid Lands", in: Diamond/Hottes/Wu (ed.), S.67-73;
(1985) (Hrsg.): *Zhongguo ganzao diqu ziran dili* (Physische Geographie der Trockenräume Chinas), Beijing
(1985a) "Hulunbuir caoyuan de fengsha he heifengbao wenti" (Das Problem der Sand- und Staubstürme in den Hulunbuir-Grasländern), in: Zhao S. (Hrsg.): *Zhongguo ganzao diqu ziran dili*, Beijing 1985, S.203-216

Zheng Du/Yang Qinye/Liu Yanhua
(1985) *Zhongguo de Qingzang gaoyuan* (Hochland von Tibet/Qinghai), Beijing

Zhisha Zaolinxue (Autorenkollektiv)
(1984) *Wüsteneindämmung und Forstwissenschaft*, Beijing

Zhou Tingru/Zhao Ji
(1962) "Fazhan Xinjiang nongmuye de dimao tiaojian" (Physisch-geographische Voraussetzungen für die Entwicklung der Land- und Viehwirtschaft in Xinjiang) in: *Dili*, Nr.2, S.46-51, 69

Zhou Wenbin/Shen Qiao
(1988) "Wujiang zhi ma - Talimu He lianzai zhi wu" (Pferde ohne Halfter - Der Tarim-Fluß), Folge 5, in: *Xinjiang Huabao* Nr.1, S.28-31

Zhu Zhenda
(1961) "Guanyu Taklimakan da shamo neibu kaishi liyong wenti" (Zu Fragen der Nutzung und Erschließung der inneren Takla-Makan- Wüste), in: *Dili*, vol.25, Nr.4, S.156 f., 192;
(1964) Guo Hengwen/Wu Gongcheng: "Taklimakan shamo xinan diqu lüzhou fuqin shaqiu yidong de yanjiu" (Forschungen zu Dünenwanderungen in der Umgebung der Oasen im Südwesten der Taklimakan), in: *Dili*, vol.30, Nr.1, S.35-50

Zi Chen
(1987) "Halt für Wanderdünen", in: *China im Aufbau*, Heft 2, S.24

Zischka, Anton
(1959) *Asiens Wilder Westen*, Gütersloh

---

* Schreibweise in den 60er Jahren noch Chao Sung-ch'iao; in deutschen Publikationen (*Geographische Rundschau* 33, 1985, H.3) z.T. irrtümlicherweise Vor- und Nachname verwechselt und deshalb als Z. Songqiao aufgeführt (anstatt Zhao S.).

LIT 2: Abbildungs- und Kartennachweis

LIT 2.1: Abbildungen
Die in der vorliegenden Arbeit wiedergegebenen Satellitenbilder stammen aus:
Dishi Chubanshe (Geologischer Verlag) (Hrsg.)
(1978) *Diqiu ziyuan weixing xiangpian tuji [Gansu sheng, 54 zhang]* (*ERTS-Satellitenbild-Atlas, Teil Gansu*), 54 Blatt, Beijing

LIT 2.2: Karten
Sämtliche in der vorliegenden Arbeit abgebildeten Karten wurden nach Informationen und Kartenvorlagen folgender Atlanten angefertigt:
Quan Guo Jiaotong Yingyun Xianlu Licheng Shiyitu
   (1973) (Kartenskizzen und Entfernungen der Transportrouten des ganzen Landes), hrsg. vom Volks-Verkehrsverlag (Renmin Jiaotong Chubanshe), Beijing 2/1984
The Administrative Divisions of the People's Republic of China
   (1981) hrsg. vom Landkarten-Verlag (Ditu Chubanshe), Beijing/Shanghai
Xinjiang Weiwu'er Zizhiqu Jiaotong Tuce
   (1985) (Verkehrsatlas der Uigurischen Autonomen Region Xinjiang), hrsg. vom Kartographischen Regionalamt der Uigurischen AR Xinjiang (Xinjiang Weiwu'er Zizhiqu Cehui Huiju), Ürümqi
Zhongguo Dituce
   (1988) (Chinesischer Atlas), hrsg. vom chinesischen Landkarten-Verlag (Zhongguo Ditu Chubanshe), Beijing (7.Aufl.)
Zhongguo Qiche Siji Dituce
   (1986) (Autoatlas von China), hrsg. vom Kartographischen Verlag (Cehui Chubanshe), Beijing 5/1987
Zhongguo Qihou Tuji
   (1966) (Klimaatlas von China), hrsg. vom Meteorologischen Zentralamt (Zhongyang Qixiangju), Beijing/Shanghai
Zhongguo Shuifen Qihou Tuji
   (1984) (Atlas of Water Climatology of China), hrsg. von Lu Yurong und Gao Guodong, Beijing
Zhongguo Ziran Dili Tuji
   (1984) (Physisch-geographischer Atlas Chinas), hrsg. vom Geographischen Institut der Pädagogischen Hochschule Nordwestchinas (Xibei Shifan Xueyuan Dilixi), Beijing
Zhonghua Renmin Gongheguo Fen Sheng Dituji (Hanyu Pinyinbah)
   (1977) (Provinzatlas der Volksrepublik China, Pinyin-Ausgabe), hrsg. vom Landkarten-Verlag (Ditu Chubanshe), Shanghai 3/1983
Zhonghua Renmin Gongheguo Dituji
   (1979) (Atlas der Volksrepublik China), hrsg. vom Landkarten-Verlag (Ditu Chubanshe), Beijing 2/1983

Summary

Land Reclamation in China's Arid Areas
Its Importance for the Nourishment
of China's Population

Among the Asian countries which have come into the centre of Western scientists' interest, in particular geographers' interest, the People's Republic of China (PRC) enjoys special attention. Hardly any other country has been discussed in a more controversial manner due to the contradiction between the uncritical appraisal of the supposed achievements of Mao Zedong's socialist revolution on the one hand and the massive scepticism following in the post-Mao era on the other hand.

At the end of the 1970s, many politicians and scholars still were convinced, that China had solved the "basic problems against which developing countries struggle - mostly in vain: the problems of nourishment, of employment, of basic education for all, of medical care and hygiene". Since more critical information about the country came out of China in the course of a more liberal information policy - starting in the early eighties and ending with the events in June 1989 - many achievements of socialist China have not only been reconsidered, but the former assumptions have been changed into the contrary. This is also true with respect to Western views on the available food supply in China.

The author's main attention is directed toward the problem of nourishment and the problem of land reclamation, a problem of strategic importance for the Chinese government. This study deals with the PRC's land reclamation projects in the arid zones - Xinjiang, Inner Mongolia, Gansu, Ningxia, Qinghai and Western Tibet - and investigates the main problems of those projects with particular stress on the strategies developed to meet the problems in question. The survey evaluates the contribution of the areas reclaimed in the arid zones to the food supply of the country.

1. The basic food supply for China's population had been secured after the foundation of the People's Republic. After the first decade, however, a campaign for a one-sided expansion of grain cultivation - irrespective of the natural conditions - led to massive ecological problems followed by natural disasters, crop failure and the biggest famine in Chinese, if not in world history. The large-scale land reclamations could not mitigate the alarming proportions of the famine.

Summary

In the 1970s the directive "grain as a key link" was given up and the risk of big famines eventually decreased. Although the Chinese population has doubled between 1949 and today, the more pragmatic Chinese leadership in the eighties did not only succeed in securing the people's nourishment but also in increasing its standard. China's food production per head was raised by 24% between 1979/81 and 1988, while the world's average diminished to the figure of 1980. A daily offer of 2.630 kcal per head in 1986 and a food import rate of 3% of all imported goods suggests an acceptable degree of nourishment - especially as the distribution structure in China proved to be more even than in other Third World countries.

An essential factor for stabilizing the food supply is to keep the population growth under control, but recently the population growth rates have increased again, so that this aim is difficult to achieve.

2. In order to cover the demand of grain, the PRC time and again imported different quantities of grain. This led Western commentators to different interpretations. The imports amounting to about 4% of China's own harvests unfortunately have not been related to her grain exports: in the average they came up to half of the imported quantity, but the value of the exported rice was equivalent to the trading value of the imported cheaper wheat. This raises the question whether the wheat was imported to meet infrastructural problems (export rice from the South, import wheat to the North) or had been caused by a lack of food.

In order to secure the population's food supply, China did never rely on the possibilities offered by import but tried to develop her own resources. Apart from intensified farming and land reclamation, the Chinese expect to increase their crop production by developing more sophisticated processing technologies.

3. All this shows that China always followed different strategies to ensure the population's food supply. Land reclamation has been of similar importance as intensified farming on existing crop land. Land has been reclaimed both in zones adjacent to traditional farming areas and in regions which have been absolutely untouched by tilling. Besides the reclamation areas in the mountainous regions of Inner China, near the inland waters and along the coast, reclamation activities have been concentrated on the wide and arid plains - where China for more than two thousand years had done some reclamation, though to a small extent.

4. The bulk of the land (more than 80%) was reclaimed in the time before the Cultural Revolution. Land reclaimed during the "Big Leap" and during the Cultural Revolution mostly had to be given up within a few years, as the reclamation work and the choice of crops had been done without the necessary care for the natural conditions. Only the consolidation period in the late seventies/early eighties brought about an increase in crop production in the arid zones.

5. Particularly in the sixties, reclamation work in China's arid areas undoubtedly transgressed the limits set by the physical geographical conditions and seriously disturbed the ecological balance. As a consequence the aims with regard to land reclamation not only could not be achieved but, as a matter of fact, serious difficulties in the food supply arose, because the whole of China suffered from such man-made ecological damages and disasters.

6. After the end of the Cultural Revolution, Chinese scientists again got their chance, and they instructed the leadership about the causes of the failures. The changes in the economic policy resulted in stressing the consolidation of land reclamation project areas instead of further opening up more steppe land. This is shown both in the statistics of newly opened up acreage the figures of which distinctly dropped in the eighties, and in the extremely diminished investment sums assigned to reclamation work in the state farm budgets. The share of the total investment sum dropped by 98% from 1980 to 1984. Even when talking of the agricultural prospects, new land reclamation projects are no longer mentioned in present-day China.

7. In the meantime, the acreage that has been opened up in the course of the last four decades is supposed to be more or less equivalent to the acreage of farmland lost by house and road construction and the building-up of industrial compounds. Some authors even speak of a net loss of tilled land since 1949 which, however, is to be doubted. Though Chinese statistics seem to prove such assumptions, there is enough evidence for the supposition that the country's total acreage of arable land is seriously underestimated (cf. chapter D.2.1). Consequently there is no reason to maintain that China's land losses in the East will not be compensated by farmland reclaimed in other areas; for the time being, they *are* compensated.

8. Land reclamation measures in the arid zones surely were not able to solve the *general* difficulties of food supply on a *national* scale, but they succeeded to play a partial role in diminishing the nourishment problems in the sixties and seventies. On a regional scale the reclamation projects are of significant importance for the food supply, as they were able to nourish a population that increased much faster than the national average. As far as the supply with high-grade foodstuffs (especially meat and milk) is concerned, the land reclamation authorities (state farms) do play an increasing role: 85% of the milk products offered for sale in big and medium-sized Chinese cities are coming from the state farms.

9. With the recent increase of population growth, the problem of food supply becomes acute again. So far it does not seem very likely that this problem could simply be solved by land reclamation. One principal reason for this is the limited amount of the main resource for crop production: water - and in consequence

the limited potential for a further extension of the arable land in China's arid areas. The leadership's strategies in the arid regions are: grain production where it conforms with the natural conditions; in addition, planting of cash crops that may contribute to capitalization and to the availability of foreign currency (in order to have funds for imports) and animal husbandry as a basis for a broad foundation of high quality and quantity food supply; finally, an increase of agricultural productivity by diversification, specialization and intensified farming.

10. China's future prospects to provide enough food for its still growing population tend to be good, though a further extension of the agricultural areas may not play an important role. Rather, technical improvements and agricultural intensification measures hold a considerable potential for increasing the productivity. The expectation that China met her grain production limit in 1984 (when the PRC harvested 407 million tons of grain), has been disproved by the 1989 figure. Because of the unexpectedly good harvest of 420 million tons, the grain purchase guarantee by the state created financial problems.

Under the present conditions there is no serious danger of an inadequate food supply in the PRC, as long as the population growth rate does not climb further up. The latest news, however, does not yet imply a stabilization of this rate. The economical situation of China has deteriorated within the last few years, especially since 1989. Apart from this, the economic liberalization of the eighties has led to an increasing income polarization. The recent social unrest was not the least caused by the economic dissatisfaction of the population. Especially the Chinese intellectuals have been seriously affected by the alarming economic development of the last years.

Altogether there is no reason to believe that future nourishment problems in China have to be attributed to a decline of food availability. On the other hand, all measures taken to secure the Chinese people's food supply promise a relative stability, as long as the population growth rate is reasonably controlled. On the other hand, the present political state of affairs seems to intensify the chaotic economic situation which could result in financial problems for an increasing part of the population. The financial situation of a family is the decisive factor for its state of nourishment. That means, that there is a certain danger for a food entitlement decline in China. Unless the Chinese leadership introduces certain regulative measures in its economy, the income polarization together with growing prices will create the problem of "new poverty". The land reclamation in the arid West and Northwest of the PRC has helped to enable the state to produce enough food for the whole country, but it cannot help to make it available for every Chinese - this problem has to be solved politically.

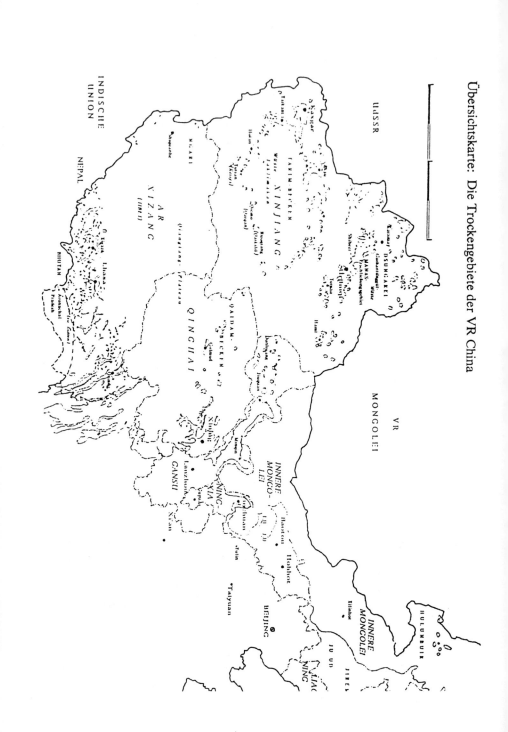

China-Publikationen
Institut für Asienkunde Hamburg

CHINA aktuell - Monatszeitschrift, Jahresabonnement DM 116,00 (zuzüglich Porto)

Ostasiatischer Verein e.V. in Zusammenarbeit mit dem Institut für Asienkunde: Asien/Pazifik. Wirtschaftshandbuch 1991, Hamburg 1991, 424 S., DM 65,00 (auch frühere Jahrgänge lieferbar)

Wolfgang Bartke: Biographical Dictionary and Analysis of China's Party Leadership 1922-1988, München etc. 1990, 482 S., DM 348,00

Wolfgang Bartke: Who's Who in the People's Republic of China, München etc., 1991, 909 S., DM 498,00

Wolfgang Bartke (comp.): The Relations Between the People's Republic of China and
I. Federal Republic of Germany
II. German Democratic Republic
in 1989 as seen by Xinhua News Agency. A Documentation, Hamburg 1990, 492 S., DM 28,00 (auch frühere Jahrgänge lieferbar)

Ruth Cremerius/Doris Fischer/Peter Schier: Studentenprotest und Repression in China April-Juni 1989. Analyse, Chronologie, Dokumente, 2. überarb. u. erw. Auflage, Hamburg 1991, 582 S., DM 36,00

Monika Schädler: Provinzporträts der VR China. Politik, Wirtschaft, Gesellschaft, Hamburg 1991, 384 S., DM 36,00

Andreas Gruschke: Neulanderschließung in Trockengebieten der Volksrepublik China, Hamburg 1991, 282 S., DM 28,00

Andreas Lauffs: Das Arbeitsrecht der Volksrepublik China. Entwicklung und Schwerpunkte, Hamburg 1990, 269 S., DM 32,00

Jürgen Maurer: Das Informations- und Kommunikationswesen in der VR China. Institutioneller Rahmen und Ausgestaltung, Hamburg 1990, 150 S., DM 24,00

Yu-Hsi Nieh (comp.): Bibliography of Chinese Studies 1989 (Selected Articles on China in Chinese, English and German), Hamburg 1990, 129 S., DM 18,00 (auch frühere Jahrgänge lieferbar)

Detlef Rehn: Shanghais Wirtschaft im Wandel: Mit Spitzentechnologien ins 21.Jahrhundert, Hamburg 1990, 201 S., DM 28,00

Jürgen Schröder: Unternehmensbesteuerung in der VR China, Hamburg 1990, 123 S., DM 24,00

Lutz-Christian Wolff: Der Arbeitsvertrag in der Volksrepublik China nach dem Arbeitsvertragssystem von 1986, Hamburg 1990, 344 S., DM 36,00

Wolfgang Bartke: The Economic Aid from the People's Republic of China to Developing and Socialist Countries, 2. überarb. und erweiterte Auflage, München 1989, 160 S., DM 120,00

Werner Draguhn u.a. (Hrsg.): Politisches Lexikon Asien, Australien, Pazifik, 2.neubearb. Auflage, München 1989, 365 S., DM 24,00

Joachim Glatter: Rechtsgrundlagen für Handel und wirtschaftliche Kooperation in der Volksrepublik China, Hamburg 1989, 328 S., DM 35,00

Willy Kraus: Private Unternehmerwirtschaft in der Volksrepublik China, Hamburg 1989, 264 S., DM 28,00 (Paperback), DM 38,00 (Leinen)

Liu Jen-kai: Chinas zweite Führungsgeneration. Biographien und Daten zu Leben und Werk von Li Peng, Qiao Shi, Tian Jiyun, Zhao Ziyang, Hu Qili, Hu Yaobang, Wang Zhaoguo, Hamburg 1989, 463 S., DM 36,00

Erhard Louven (Hrsg.): Chinas Wirtschaft zu Beginn der 90er Jahre. Strukturen und Reformen - Ein Handbuch, Hamburg 1989, 400 S., DM 38,00 (Paperback), DM 56,00 (Leinen)

Rüdiger Machetzki (Hrsg.): Sozialistische und planwirtschaftliche Systeme Asiens im Umbruch, Berlin 1989, 116 S., DM 18,00

Frank Münzel (Bearb.): Unternehmens- und Gesellschaftsrecht der VR China, Hamburg 1989, 349 S., DM 34,00

Matthias Risler: Berufsbildung in China. Rot und Experte, Hamburg 1989, 427 S., DM 36,00

Monika Schädler: Neue Wege für Chinas Bauern. Produktion, Beschäftigung und Einkommen im nichtlandwirtschaftlichen Sektor, Hamburg 1989, 200 S., DM 28,00

Oskar Weggel: Die Asiaten - Gesellschaftsordnungen, Wirtschaftssysteme, Denkformen, Glaubensweisen, Alltagsleben, Verhaltensstile, München 1989, 360 S., DM 48,00

Oskar Weggel: Geschichte Chinas im 20. Jahrhundert, Stuttgart 1989, 410 S., DM 38,00

Institut für Asienkunde (Hrsg.): Shanghai: Chinas Tor zur Welt,2. veränd. Auflage, Hamburg 1989, 111 S., DM 15,00

Udo Dörnhaus: Berufsbildungspolitik Taiwans im Verlauf der wirtschaftlichen Entwicklung 1949-1985, Hamburg 1988, 266 S., DM 28,00

Bernd-Geseko v. Lüpke: Die Taiwan-Politik der Volksrepublik China seit 1980, Hamburg 1988, 264 S., DM 28,00

Uwe Richter: Die Kulturrevolution an der Universität Beijing - Vorgeschichte, Ablauf, Bewältigung, Hamburg 1988, 270 S., DM 28,00

Michael Strupp (Bearb.): Die Verträge der Volksrepublik China mit anderen Staaten 1965. Übersetzung und Kommentar, Wiesbaden 1988, 154 S., DM 45,00 *

Oskar Weggel: China: Zwischen Marx und Konfuzius, 3. neubearb. Aufl., München 1988, 340 S., DM 19,80

Waldemar Duscha: Technologietransfer in die Volksrepublik China durch Wirtschaftskooperation, Hamburg 1987, 329 S., DM 28,00

Erhard Louven: Perspektiven der Wirtschaftsreform in China, Berlin 1987, 134 S., DM 18,00

Rüdiger Machetzki: Die pazifische Herausforderung. Zukunftsperspektiven für Industrie- und Entwicklungsländer, Berlin 1987, 113 S., DM 24,00

Eberhard Sandschneider: Militär und Politik in der Volksrepublik China 1969-1985, Hamburg 1987, 300 S., DM 28,00

Michael Strupp: Chinas Grenzen mit Birma und mit der Sowjetunion, Hamburg 1987, 559 S., DM 39,00

Oskar Weggel: Xinjiang/Sinkiang: Das zentralasiatische China. Eine Landeskunde, 3.Aufl., Hamburg 1987, 242 S., DM 28,00

Werner Handke: Schanghai. Eine Weltstadt öffnet sich, Hamburg 1986, 152 S., DM 21,00

Gerd Helms: "Knigge" für den Umgang mit Chinesen, Berlin 1986, 70 S., DM 18,00

E. Louven/M. Schädler: Wissenschaftliche Zusammenarbeit zwischen der Volksrepublik China und der Bundesrepublik Deutschland. Bestandsaufnahme und Anregungen für die Forschungsförderung, 2. überarbeitete Auflage, Hamburg 1986, 178 S., DM 19,00

Hans Kühner: Die Chinesische Akademie der Wissenschaften und ihre Vorläufer 1928-1985, Hamburg 1986, 180 S., DM 25,00

Oskar Weggel: Weltgeltung der VR China, München 1986, 316 S., DM 25,00

Wolfgang Bartke: Die großen Chinesen der Gegenwart. Ein Lexikon 100 bedeutender Persönlichkeiten Chinas im 20.Jahrhundert, Frankfurt 1985, 356 S., DM 58,00

Wolfgang Bartke/Peter Schier: China's New Party Leadership. Biographies and Analysis of the Twelfth Central Committee of the Chinese Communist Party, London 1985, 289 pp., US$ 50.00

Wolfgang Bartke: The Diplomatic Service of the People's Republic of China as of November 1984, Hamburg 1985, 120 pp., DM 25,00

Werner Draguhn (Hrsg.): Umstrittene Seegebiete in Ost- und Südostasien. Das internationale Seerecht und seine regionale Bedeutung, Hamburg 1985, 343 S., DM 35,00

Institut für Asienkunde (Hrsg.): China heute. Politik, Wirtschaft und Gesellschaft, Berlin 1985, 78 S., DM 18,00

Johann Adolf Graf Kielmansegg/Oskar Weggel: Unbesiegbar? China als Militärmacht, Stuttgart, Herford 1985, 316 S., DM 42,00

Oskar Weggel: Wissenschaft in China. Der neue Mythos und die Probleme der Berufsbildung, Berlin 1985, 169 S., DM 18,00

Hanns J. Buchholz: Seerechtszonen im Pazifischen Ozean. Australien/Neuseeland - Ost- und Südostasien - Südpazifik, Hamburg 1984, 153 S., DM 26,00

Michael Strupp: Verträge der Volksrepublik China mit anderen Staaten. Teil 9: 1966-1967, Wiesbaden 1984, 225 S., DM 54,00 *

Jörg Baumann: Determinanten der industriellen Entwicklung Hong Kongs 1945-1979, Hamburg 1983, 449 S., DM 38,00

Heiner Dürr/Urs Widmer: Provinzstatistik der Volksrepublik China, Hamburg 1983, 315 S., DM 35,00

Bernd Eberstein: Das chinesische Theater im 20. Jahrhundert, Wiesbaden 1983, XXII u. 421 S., DM 128,00 *

Gerold Amelung: Die Rolle der Preise in der industriellen Entwicklung der Volksrepublik China 1961-1976, Hamburg 1982, 212 S., DM 24,00

Eckard Garms (Hrsg.): Wirtschaftspartner China 81/82. Chancen nach der Ernüchterung, 2. erw. Aufl., Hamburg 1982, 556 S., DM 48,00

Gerd Kaminski/Oskar Weggel (Hrsg.): China und das Völkerrecht, Hamburg 1982, 284 S., DM 28,00

Rüdiger Machetzki (Hrsg.): Deutsch-chinesische Beziehungen. Ein Handbuch, Hamburg 1982, 288 S., DM 28,00

Michael Strupp: Chinas territoriale Ansprüche. Aktuelle Probleme der Landgrenzen, der Seegrenzen und des Luftraumes, Hamburg 1982, 199 S., DM 24,00

Thomas Scharping: Umsiedlungsprogramme für Chinas Jugend 1955-1980, Hamburg 1981, 575 S., DM 36,00

Eckard Garms: Wirtschaftsreform in China, Hamburg 1980, 152 S., DM 18,00

Rüdiger Machetzki: Entwicklungsmacht China. Stand, Potential und Grenzen der binnenwirtschaftlichen Leistung, Hamburg 1980, 403 S., DM 35,00

Brunhild Staiger (Hrsg.): China. Ländermonographie, Tübingen 1980, 519 S., DM 56,00

Oskar Weggel: Chinesische Rechtsgeschichte, Leiden, Köln 1980, 266 S., DM 128,00

Holger Dohmen: Soziale Sicherheit in China, Hamburg 1979, 82 S., DM 15,00

Jy Huang/Wolfgang Kessler/Renkai Liu/Frank Münzel (Übers.): Recht in China. Aufsätze aus der Volksrepublik China zu Grundsatzfragen des Rechts, Hamburg 1979, 162 S., DM 15,00

Jörg Michael Luther: Liu Shao-qis umstrittenes Konzept zur Erziehung von Parteimitgliedern, Hamburg 1978, 298 S., DM 24,00

Helmut Martin: Kult und Kanon, Entstehung und Entwicklung des Staatsmaoismus 1935-1978, Hamburg 1978, 101 S., DM 15,00

Harald Richter: Publishing in the People's Republic of China, Hamburg 1978, 114 S., DM 15,00

Brunhild Staiger: Das Konfuzius-Bild im kommunistischen China. Die Neubewertung von Konfuzius in der chinesisch-marxistischen Geschichtsschreibung, Wiesbaden 1969, 143 S., DM 54,00*

Zu beziehen durch:

Institut für Asienkunde
Rothenbaumchaussee 32, W-2000 Hamburg 13
Tel.: (040) 44 30 01 * Fax: (040) 410 79 45

CHINA aktuell
- Monatszeitschrift -

Sie erhalten
12mal jährlich eine umfassende Darstellung in

Außenpolitik - Innenpolitik
Wirtschaft - Außenwirtschaft

der Volksrepublik China, Taiwans, Hongkongs und Macaus
im eben abgelaufenen Monat.
Authentische Information ohne ideologisches Beiwerk, aufbereitet in Form von

Meldungen   Analysen   Dokumenten

sowie einen
Jahresindex

Jahresabonnement (zuzüglich Porto): DM 116,00
Einzelheft (zuzüglich Porto): DM 12,00
Bitte fordern Sie ein Probeheft an.

Zu bestellen beim Herausgeber

*Studentenabonnement
DM 60,- plus Porto
Bei Vorlage der
Immatrikulationsbescheinigung*

Institut für Asienkunde
Rothenbaumchaussee 32   W-2000 Hamburg 13   Telefon (040) 44 30 01-03